作者简介

薛建明　男，江苏淮安人，理学博士，教授，硕士生导师，江苏省淮阴工学院江淮学院院长兼书记，校环境社会学学科方向带头人。在学术研究方面，公开发表论文30余篇；出版专著或参编书籍5部；主持省、市厅级课题10多项；荣获省高校哲学社会科学研究优秀成果奖、淮安市科技进步奖共计四项。

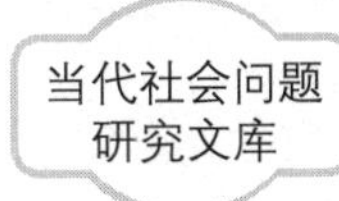

DANGDAI SHEHUI WENTI YANJIU WENKU

当代中国科技进步与低碳社会构建

DangDai ZhongGuo KeJi JinBu Yu DiTan SheHui GouJian

薛建明 著

图书在版编目(CIP)数据

当代中国科技进步与低碳社会构建/薛建明著．—北京：中国书籍出版社，2012.9

ISBN 978-7-5068-3071-3

Ⅰ．①当…　Ⅱ．①薛…　Ⅲ．①科技发展—成就—研究—中国②节能—研究—中国　Ⅳ．①N12②TK01

中国版本图书馆 CIP 数据核字(2012)第 203040 号

责任编辑/ 李卫东

责任印制/ 孙马飞　张智勇

封面设计/中联华文

出版发行/ 中国书籍出版社

地　　址：北京市丰台区三路居路 97 号(邮编：100073)

电　　话：(010)52257143(总编室)　(010)52257153(发行部)

电子邮箱：chinabp@ vip. sina. com

经　　销/ 全国新华书店

印　　刷/ 北京彩虹伟业印刷有限公司

开　　本/ 710 毫米×1000 毫米　1/16

印　　张/ 19

字　　数/ 342 千字

版　　次/ 2015 年 9 月第 1 版第 2 次印刷

书　　号/ ISBN 978-7-5068-3071-3

定　　价/ 78.00 元

前 言

“资产阶级在它不到一百年的统治里创造的生产力，比过去一切朝代创造的全部生产力还要多。……过去哪一个世纪料想到在社会劳动里蕴藏有这样的生产力呢?”这是马克思、恩格斯在《共产党宣言》中对科学技术在整个资本主义发展历程中所起巨大作用的由衷赞美。

当今社会，以信息技术和生物技术为代表的科学技术突飞猛进，人类正在经历一场全球性的科技革命，科技实力已成为综合国力的核心要素，成为一个国家在国际舞台上综合竞争力的主要因素。人类文明的每一次重大进步，都体现着科学技术的作用和意义。科学技术的巨大发展，促进了人类生活方式、生产方式以及思维方式的根本性变化，是近代以来人类社会发展的主旋律。

中国是世界上文明发达最早的国家之一，在16世纪前，中国的科学技术一直处于世界先进地位。由于种种主客观原因，曾在科技上有过光辉成就的中华民族，在近代却远远落后于西方发达国家。中国共产党成立以后，以马克思主义科技思想为指导，紧密结合中国的实际，大力发展科学技术事业。经过90多年的艰苦奋斗，形成了一整套有中国特色的科技观，制定了一系列符合现实国情的科技政策，领导全国人民建立了学科齐全、独立完整的科学技术体系，缩短了我国与发达国家之间科技水平的差距；而且在某些科技领域的研究成果已经达到或超过国际先进水平，对中国现代化建设起到了巨大的促进作用。

纵观中国近代科技进步历史轨迹，在新民主主义革命时期，科学技术作为“一种在历史上起推动作用的、革命的力量”，在探索期的中国现代化进程中还难以发挥作用。导致这种结果的，一方面是由于中国共产党还没有取得政权，党的新民主主义现代化战略思想还难以付诸实践，根据地建设时期虽然重视科学技术并制定了相关的方针、政策，但也由于着眼点在于服务战争而与社会现代化方面的要求联系甚少；另一方面是旧中国的政权忙于争权夺利，不可能顺应社会转型的要求，将社会变迁作为自觉目标，制定并实施切实可行的现代化战略，当然也就谈不上重视和促进科技发展。因此，错过了世界第二次科技革命，中国科技发展水平与世界再一次拉大了距离。从 1928 年至 1947 年，全国的高等学校毕业生总共不过 18 万人；新中国成立之时，从旧社会继承下来的科学研究机构不过三四十个，科技人员不过 5 万人，其中专门从事科学研究工作的人员只有几百人；科研工作缺乏起码的仪器设备，科研经费十分微薄。这种科技发展水平根本不可能为革命时期的经济和社会发展提供强有力的科技支撑。

建国以后，以毛泽东为核心的党的第一代领导集体确立了“科学为人民大众”的新中国科技事业的根本指导思想；发出了“向科学进军”号召，制定了国家科技远景规划；带领全国人民迅速改变了中国科学技术“一穷二白”的落后面貌，并在国防等领域取得了一系列科技成果。20 世纪 70 年代末，社会主义国家普遍掀起了改革浪潮。如果说 20 世纪前期的革命潮流是第二次科技革命与现代化汇流中的历史命题，那么此次改革，无疑是社会主义国家在第三次科技革命与世界现代化汇流中的必然选择。以邓小平同志为核心的党的第二代领导集体，站在新的时代高度，在深刻总结历史经验教训的基础上作出的正确抉择，中国由此拉开了改革开放的历史序幕。在这一历史时期，邓小平阐明了科学技术现代化对国家现代化的关键作用；倡导形成尊重知识、尊重人才的良好社会氛围；强调科技体制改革和发展高科技的重要意义；创造性地提出了“科学技术是第一生产力”的论断，这不仅推进了科技事业本身的现代化，而且开始显示出科技推进生产力和经济发展的巨大作用，为此后科学技术的体制改革深化和现代化动力作用的进一步发挥打下了良好基础。

随着21世纪的来临，信息技术、新材料技术、新能源技术、生物技术、空间开发技术、海洋开发技术等高技术群落，逐渐成为技术发展的趋势和主流，第三次科技革命进入了一个更高的发展阶段。与此同时，世界格局由两极对峙转向了多极化发展，国际形势由原来政治、军事上的冷战状态演化为经济、科技领域的“热战”。以江泽民为核心的党的第三代领导集体继承了邓小平科技思想的精髓，深刻把握20世纪90年代以来世界科技革命的新特点，将科学技术放在优先发展地位；组织实施了“科教兴国”战略；提出了科学技术是先进生产力的体现和标志，并将科技创新提升到民族兴衰的高度。新世纪以胡锦涛为总书记的党中央，在深刻认识到当今世界科学技术正成为经济社会发展的决定性力量，科技自主创新能力正成为国家竞争力核心的基础上，全面落实科学发展观，大力实施科教兴国战略和人才强国战略，把提高自主创新能力摆在全部科技工作的突出位置，在实践中走出一条中国特色自主创新之路，实现了中国科技事业的跨越式发展。

不容置疑，现代社会科学技术在社会发展中的作用日益突显，占据着主导地位。科学技术的迅猛发展，给人类带来了富裕的物质生活和丰富的精神成果。然而，就在人们为科学技术的辉煌成就而欢欣鼓舞时，科学技术的负面影响也日益显现，生态环境恶化、温室气体排放、全球气候变暖等效应严重威胁到整个人类的生存。这恰如哈姆雷特所说：“生存还是毁灭，这是个问题”，现实问题的严峻性驱动着每个有着责任感的人进行理性思考。科技为人类服务，科技更应该与自然共荣共生。随着党的十七大“生态文明”理念的提出，人类社会即将步入低碳时代，而低碳科技正是低碳社会和低碳经济的重要支撑。重视低碳科技的发展，不仅在理论上可以丰富人们对科技的辩证认识，而且更重要的是期望在实践上找到一条使科学技术能更好地为人类服务，以使人类摆脱困境的方法与途径。

作 者

目 录
CONTENTS

第一章

建国前中国共产党科技观的形成及实践

中国共产党从一诞生就秉承着马克思关于“科学是一种在历史上起推动作用的、革命的力量”① 的理论。始终把科学作为一种最高意义的革命精神和振兴中华的重要手段予以遵循和推崇。重视科学技术工作，发展科学技术事业，一直是中国共产党的基本指导思想。从革命根据地时期开始，党的领导人为发展科学技术进行了一次又一次探索，促进了党的科技观初步形成，使得根据地科学技术事业不断地发展壮大，加快了新民主主义革命前进的步伐，为新中国建国初期的科技政策的制定和科技工作的开展奠定良好的基础。

第一节　中共科技观产生的背景分析

中国共产党科技思想的产生离不开中国传统思想文化的土壤。党的科技思想源于对中国传统文化的反思和西方科技文明对当时现实社会的冲击。

一、近现代中国科学技术落后的反思

中国古代有三大技术（建筑、陶瓷和纺织）、四大发明（火药、指南针、造纸、印刷术）、四大传统学科（农学、医学、天文、算术）。并在“3～13世纪，保持一个西方望尘莫及的科学知识水平”。事实上，直到14～16世纪，数学家朱士杰的“四元术”及“招差术”、天文学家郭守敬的简仪和《授时

① 中共中央编译局编：《马克思恩格斯选集》第3卷，人民出版社1995年版，第777页。

历》、航海家郑和“七下西洋”、医学家李时珍的《本草纲目》以及17世纪初地理学家徐霞客的《游记》、科学家徐光启的《农政全书》和技术专家宋应星的《天工开物》，都在世界科技史上占有一席之地。的确如此，6～17世纪，世界重大科技成果中，中国占54%以上，是当时世界科学活动的中心。然而到19世纪世界重大科技成果中，中国只占0.4%，近代世界科学活动的中心转移到了欧洲，中国近代科学技术落后了。

中国的封建统治对科技发展的阻碍。科学精神与封建制度在本性上是根本对立的。科学发展的过程，就是不断发现和创新的过程，因而它要求人们必须具有思想上的自主性。因此，科学精神在社会政治生活中必然引申出自由民主范畴。科学与民主是一对孪生兄弟，求真超越的科学精神与自由思考的秉性，必然引向民主政治；相反，轻视或否定科学、提倡愚民政策，在社会政治生活中必然成专制政治。科学的上述特征和作用表明，科学是一个与封建制度对立的价值体系，科学所要冲破的东西，正是封建制度所要树立的东西。所以，中国封建专制制度直接限制和否定了近代科学的产生和发展。

封建观念形态抑制科学技术的进步。中国的传统科技体系和社会占统治地位的政治、伦理观念密切相关，一方面以各种实用技术为核心，强调科技的实用性，另一方面，科学的理论思维充满了玄虚色彩，天人合一，把它们作为对自然认识的基本出发点。农业耕作在空间上的稳定性和在时间上的固定性特征，使华夏民族很早便成了根深蒂固的稳定和秩序的观念。封闭、保守的观念体系直接限制了人们对外在客体的不断追问，这种观念体系不是将人们的精神活动引向自然界，而是引向主体自身，主要去感悟主体行为与周围环境是否吻合即道德实践问题。因而与中国农耕文化相适应的观念形态表现出重道德而不重自然、重人伦而不重科学的特征。这种观念形态所塑造的民族精神和国民性格抑制了科学的不断发展。

中国古代科学技术体系结构不合理。从某种意义上说，中国传统科学的思维方式在通向近代以实验和数学为基础的定量的实证分析方面存在不足。科学发展史表明，形式逻辑是整理经验材料，构造理论体系所必不可少的重要工具。当一门科学的经验材料积累到一定数量时，能否运用形式逻辑方法对其加以整理概括，从而建立一个初步的理论体系，对其进一步的发展至关重要。审视一下中国古代的三大技术、四大发明和四大传统学科：农学、医学、天文和算术，就会发现中国古代科学技术最明显的特征就是满足于实际上的应用而忽视了理论上的探讨。而在西欧文艺复兴时期，整个社会对民主、自由、独立精神的追求，对逻辑思辨和实验方法的高度关注，促使了西方科技文化在这个时代得到了不断地放大。伽利略之所以被称颂为近代科学的开创者，就在于他坚持了逻辑和实验的结合，为近代科学提供了范例。科学史家萨顿说“直到14世纪末，东方人和西方人是在企图解决同样性质的问题时共同工作的，从16世纪开始，他们走上不同的道路。分歧的基本原因，虽然不是唯一的原因，是西方科学家领悟了实验的方法加以利用，而东方的科学家却未领悟它。”

二、坚船利炮敲开“闭关锁国”大门

19世纪后半叶新的技术革命使西方资本主义生产力大大提高，工业品生产成本降低，品种更加丰富多样，他们攻占中国市场的能力大大加强。1870～1894年间，中国进口贸易的增长速度快于出口贸易的增长。至1894年，中国进口净值已经从1873年6663.7万关两增至16210.3万关两，增长了近一倍半。① 这一时期，中国进口商品品种大大增加。从当时外国驻华领事的《商务报告》和中国《海关报告》中，或从中外人士文论中，常常可以看到关于洋油、火柴、洋伞、肥皂等等洋货新品种打入中国市场的消息。煤油，俗称“洋油”，是十九世纪80年代中期新发展的进口商品。它比中国旧时照明用的豆、茶、棉、麻等植物油（土油）点灯亮度高，价格又仅为植物油的50%～70%，所以逐渐取代了照明用土油，很快在各地城乡推广开来，其所占商品进口总额的比重也不断增加。染料、机器、火柴等商品情况也与此相似。洋油（煤油）、洋火（火柴）、洋铁等外国工业品的输入增加，对中国同类手工业生产也起着破坏作用。榨油业原是中国自然经济中广泛存在的一项农民家庭副业，或者是适应村落自然经济的需要而建立的手工小作坊。由于外国煤油输入的迅速增长，使中国各地榨油业受到极大打击，原来用于照明的华南花生油、华东菜油“销路日滞”；华北一些州县棉籽油、蓖麻籽油等行业，“因煤油盛行，多已歇业”；远在内地的四川，也因煤油输入，当地原有的白蜡业销路“大大地下降了”。火柴大量进口，摧毁了中国原有的火石、火镰制

① 陈争平、龙登高：《中国近现代史教程》，清华大学出版社2002年版，第32页。

造业。洋铁五金输入，也使中国土铁业等深受打击。这些旧有手工行业的没落，加速了中国自然经济的分解过程。①

19世纪最后的二十多年，世界各主要资本主义国家的新型工业产品对中国的自然经济冲击最厉害的是棉纺织业。世界各主要资本主义国家的工业革命几乎都是从纺织业，特别是棉纺织业起步。棉纺织业成为19世纪资本主义工业生产的主要产业，棉纺织品也就成为资本主义国家占领海外市场的主要商品。洋纱较之中国的土纱条干均匀，不易断头，价格低廉，在中国城乡市场洋（机）纱严重排挤土纱。中国原有手工织户在残酷的市场竞争中为了得以生存，纷纷改用价廉质优的洋纱织布，以此增强对洋布的抵抗力，以至这一时期洋纱进口增长速度比洋布更快。从海关公布的全国进口统计来看，1874～1894年20年间，洋布进口值增长了88.4%，而洋纱进口值则增长了986.7%。洋棉布、洋棉纱和鸦片这三项在19世纪时占据了中国进口商品的绝大部分，在进口总额中所占比重高达50%～75%。② 这种“耕织分离”、“纺织分离”，对以农民家庭成员自然分工为基础、“男耕女织”特征的中国自然经济形态产生了严重冲击。

洋货的冲击，使传统的以小作坊为主体的手工业逐渐退出历史舞台，客观上推进了近代中国引进西方先进生产机器的步伐。这样或多或少的带来了一系列近代生产技术和近代科技。同时，技术有用、技术有大用的观念开始扎根于国人。科技工具化的思潮开始对社会产生着一定积极的影响。

三、“科学救国”兴起与西方技术的引进

洋务运动开创中国引进西方先进技术之先河。19世纪60年代初，清朝统治者在两次鸦片战争中吃过西方“坚船利炮”的苦头，在镇压太平天国起义时又尝到了有西方洋枪洋炮的甜头。伴随着商品经济的进一步发展，外来工业和科技文明的示范作用对中国社会产生了越来越大的影响。清朝统治集团内部曾国藩、李鸿章、左宗棠等在镇压起义中立下大功，实力不断增强的封

① 陈争平、龙登高：《中国近现代史教程》，清华大学出版社2002年版，第88页。

② 张国辉：《洋务运动与中国近代企业发展》，中国社会科学出版社1979年版，第225～229页。

疆大吏、大员，为了进一步镇压各地农民起义，为了巩固封建统治和各自的封建割据势力，主张依靠外国侵略者的支持和帮助，购买和仿制西方新式武器和船舰，学习西方先进技术以“借法自强”。洋务运动在引进新式生产方式等方面开国内风气之先，因而许多史学家便以其作为中国早期现代化的起点。

维新运动倡导引入先进的科学技术。甲午战争结束，《马关条约》签订后，国人深感亡国的危机，爱国的志士奔走呼告，谋求挽救国家危亡的办法。这年8月康有为等首先在北京成立强学会，出版报刊，宣传鼓吹变法图强，继此之后，一时学会风起云涌。1896年，一些关心农业的维新人士在上海组织的农学会，在农业方面率先引进西方科学技术，它和浙江蚕学馆、湖北农务学堂（1898）、“直隶高等农业学堂”（1904）、“中央农事试验场”（1906）等一起揭开了我国近代改进农业的序幕。而1905年，清廷废科举，中国开始建立现代意义上的科学教育体制。

五四运动时期科学文化的传播。20世纪二三十年代是中国近代科学发展的重要时期，此时正发生着中国科学发展史上最有意义的变革，这就是“科学共同体”观念形成并不断加强。1921年以前，中国成立了三个科学团体，分别是中国科学社，1914年在美国成立，1919年迁回国内，会刊《科学》和《科学画报》；中华农学会，1917年在上海成立，会刊《中华农学会报》；中华学艺社，1920年在上海成立，会刊《学艺》。这些科学团体由自然科学工作者组成，开展了大量工作，在近代科学引入中国过程中起到了重要作用。他们开展科学研究，发展科学事业，开展学术交流，推动联络研究，“合群力研究与探讨”,① 以近代学会为代表的“科学共同体”的普遍建立，形成了有效能的科研群体，加强了中国近代科学技术工作者之间的交流与合作，大大推动了科学研究的发展。科学发展的内在动力已经基本形成，它标志着中国近代科学研究的真正开始和近代科学在中国的确立。与此同时在“五四”时期，科技出版物使自然科学知识在中国得到了空前的传播。仅据《五四时期期刊介绍》②，在162种报刊中，刊载了有关自然科学方面的评论、介绍、通讯、科学史和专著等文章共660篇。如果加上科学专刊，如《科学》、《理化杂志》等，“五四”时期发表的自然科学方面的文章不下千篇。

---

① 陈遵妫：《中国天文学会》，载《科学大众》，1948年第4期，第6页。

② 马恩列斯编译局研究室：《五四期间期刊介绍》，三联书店1979年版。

民国时期国人系统地引进、学习并研究科学技术。20 世纪二三十年代是中国近代科学发展的重要时期，此时正发生着中国科学发展史上最有意义的变革，这就是“科学共同体”观念形成并不断加强。自 1914 年中国科学社成立①后，以各种包括单科的、综合的科学学会为表征的“科学共同体”在二三十年代得到全面发展。据统计，1919～1937 年成立的各类科学技术团体达到 394 个，② 而最主要的科学团体有 42 个。③ 正是这些“科学共同体”的建立，才使得处于当时政治局面混乱时期的中国科学得以不断向前推进。1928 和 1929 年，南京国民政府建立中央研究院和北平研究院，在上海、南京和全国其他地方共设立了物理、化学、工程、地质、天文、气象、心理、动植物等 10 个研究所，以及理化、生物、人地三大部，形成多学科的综合研究中心，加上各种各样的学会、学社、研究所等科学共同体的相继建立，表明中国系统地引进、学习和研究现代科学技术到了历史的新高度，科学在中国已深深地扎下了根。

作为这一时期国人引进和学习先进科学技术的一个成果，影响了毛泽东等党的主要领导人，并通过他们使科学技术工作成为中共领导的革命根据地的各项工作中最重要的组成部分之一。④ 国统区培养的各种各样的科技人才中有一大批进入革命根据地，他们和革命根据地自己培养的科技工作者一起，对中共领导区域的科学技术事业的发展有着很大的促进和推动作用。

---

① 中国科学社应是中国第一个真正意义上的科学共同体，它成立于 1914 年，但因其早期主要的活动是在美国，直至 1919 年才正式迁往国内，它在国内的主要活动也正是从此时开始的。

② 资料来源：《中国科学技术团体》，上海科普出版社 1990 年；《中国科学技术团体》（增补），上海科普出版社 1995 年。此处所说科学团体主要指各类科学学会和协会，不包括后来成立的以中央研究院为代表的各种科学研究机构。

③ 段治文：《试论二三十年代中国的科学团体与科学发展》，载《自然辩证法研究》，2002 年 8 月第 18 卷第 8 期。

④ 延安时期，毛泽东藏书中有不少自然科学书籍，如商务印书馆出的汤姆生《科学大纲》，辛垦书店出的普朗克《科学到何处去》，琼斯《环绕我们的宇宙》，爱丁顿《物理世界的本质》等。中国人民政治协商会议第一次开会前，毛泽东邀请商务印书馆创始人张元济等同游天坛，曾向张说：他读过商务出的《科学大纲》，从中得到很多知识。见龚育之著：《自然辩证法在中国（新编增订本）》，北京大学出版社 2005 年版，第 111 页。

四、马列主义科技观的传入

“十月革命一声炮响，给我们传来了马克思列宁主义。”马列主义科技观也随之陆续传入中国，它们是党的科技思想最主要的渊源之一。但较之于马列主义“阶级斗争”思想对中国共产党的影响，马恩列斯关于科学技术的思想对党的影响要晚得多。

据中共中央马克思恩格斯列宁斯大林著作编译局马恩室研究，最早译成汉语的马克思、恩格斯原著是《共产党宣言》序言（即《〈共产党宣言〉1888 年英文本序言》），由民鸣译，发表在日本东京《天义报》上，时间在 1908 年。1920 年 8 月陈望道译的《共产党宣言》（全文）由上海社会主义研究社出版，这是最早的完整的中文版《共产党宣言》。此外《社会主义从空想到科学的发展》、《雇佣劳动与资本》、《〈政治经济学批判〉序言》及《资本论》第一卷等分别由不同的译者以不同的名称摘译，① 这些译文中有较多的马克思、恩格斯关于科学和技术的论述，是马克思、恩格斯科技思想在中国传播的肇始。但需要指出的是，它们并未受到毛泽东等党的领导人重视，② 当然也未能影响到此期中国共产党的科学技术思想和政策措施。

此后，陆续有更多的马列著作被译成汉语。20 世纪二三十年代，国人翻译出版马恩著作数量更多。恩格斯所著，含有“科学是一种在历史上起推动作用的革命力量”这一马克思主义著名论断的《卡尔·马克思的葬仪》、马克

---

① 中共中央马克思恩格斯列宁斯大林著作编译局马恩室：《马克思恩格斯著作在中国的传播》，人民出版社 1983 年版，第 369～372 页。

② 毛泽东曾说：“记得我在 1920 年，第一次看到考茨基的《阶级斗争》，陈望道翻译的《共产党宣言》，和一个英国人作的《社会主义史》，我才知道人类有史以来才有阶级斗争。……可是这些书上……，我只取了它四个字：‘阶级斗争’，……”同样，目前所见五四前后周恩来有关科学技术的论述只有一篇文章，周恩来在《共产主义与中国》（1922）一文中说：“共产主义发达实业之大计在此，由此乃能使产业集中，大规模生产得以实现，科学为全人类效力，而人类才得脱去物质上的束缚，发展自如。”他还说，资本主义的害处“不在他利用科学，乃在他闭塞工人的知识”，革命成功后，劳动阶级的政府要重用“科学家来帮助无产者开发实业，振兴学术”。详见李吉：《毛泽东早期科技思想的发展和特点》，载《益阳师专学报》，1994 年 10 月第 15 卷第 4 期；刘焱编：《周恩来早期文集 1912·10～1923·6》下卷，南开大学出版社 1993 年版，第 377 页。

思恩格斯等著的《辩证法经典》、恩格斯著《自然辩证法》等含有大量马恩科技思想的论文论著在1928～1932年间陆续翻译出版。① 这些内容在第二次国内革命战争时期毛泽东等主要领导人是否看到，我们并不清楚。但从此期毛泽东等人的主要工作及其当时有关科学技术方面的讲话来看，应该是没有看到，至少是在当时他们并未注意到，也未在革命根据地的科学技术实践中得到体现。

1930年4月，上海亚东图书馆出版了程始仁译的马克思恩格斯等著的《辩证法经典》，内容包括《思辨的构成之秘密》即《神圣家族》第5章摘译、《关于傅渥耶巴赫的论纲》即《关于费尔巴哈的提纲》、《唯物的见解和唯心的见解之对立》即《德意志意识意识形态》第1卷摘译、《经济学的形而上学》即《哲学的贫困》第2章摘译、《经济学研究之一般的》即《〈政治经济学批判〉序言》摘译、马克思的《经济学批评》即《卡尔·马克思〈政治经济学批判〉》、《给古盖尔曼的书信（一八六八年七月十一日）》即《马克思致路德维希·库格曼1868年7月31日》摘译、《唯物辩证法与马克思主义》即《反杜林论》引论摘译。1932年8月上海神州国光社出版了杜畏之译的恩格斯著《自然辩证法》，包括《自然辩证法》、《卡尔·绍莱美尔略传》即《卡尔·肖莱马》、《反杜林论别序》即《反杜林租赁经营》引论摘译。②

只是到了延安时期，马克思、恩格斯的科技观才开始直接影响到毛泽东等党的主要领导，并开始在中国共产党的科技观和政策中得到体现和应用。这一时期党的领导人特别重视自然辩证法的学习和创新，提出要用马克思唯物史观来指导自然科学研究。建国后，1954年龚育之编《列宁、斯大林论科学技术工作》，③ 1978年人民出版社约请中国科学院自然科学史研究所专家编辑《马克思恩格斯列宁斯大林论科学技术》④ 则标志着中共系统地学习研究马列主义科技思想达到了历史的新高。

---

① 中共中央马克思恩格斯列宁斯大林著作编译局马恩室编：《马克思恩格斯著作在中国的传播》，人民出版社1983年版，第373～383页。

② 中共中央马克思恩格斯列宁斯大林著作编译局马恩室编：《马克思恩格斯著作在中国的传播》，人民出版社1983年版，第380～383页。

③ 龚育之编：《列宁、斯大林论科学技术工作》，中国科学院出版社1954年6月版。

④《马克思恩格斯列宁斯大林论科学技术》编辑组：《马克思恩格斯列宁斯大林论科学技术》，人民出版社1978年版，出版说明、序。

第二节　“五四”前后中共科技观的萌生

政党是由具有相同信仰的人们所组成的共同体。党的早期领导尤其是主要创始人关于对科学的认识，直接催生了中国共产党科技观的萌生。陈独秀、李大钊、瞿秋白、周恩来等在中共建党前后对科学都有相当的认识，这其中尤其是以陈独秀为最，他在科学、科学思想、科学精神、科学方法和唯物史观等方面远远在其他人之上，对当时和后世都有着深刻而久远的影响，不愧为高举“德”、“赛”大旗的旗手。

一、科学启蒙与人的解放的学说

我国现代科学产生的历史是和“五四”新文化运动的历史相连的，科学是五四时期思想启蒙的重要内容之一，与民主处于同等重要的地位。那么什么是科学？1920年4月，陈独秀对科学作出了明确的界定：“科学有广狭二义，狭义的是指自然科学而言，广义是指社会科学而言。社会科学是拿研究自然科学的方法，用在一切社会人事的学问上，像社会学、伦理学、法律学、经济学等，凡用自然科学方法来研究、说明的都算是科学，这乃是科学最大的效用。”① 瞿秋白在回答什么是科学时指出：“宇宙间及社会里一切现象都有因果可寻：——观察、分析、综合，因而推断一切现象之客观的原因及结果，并且求得共同的因果律，便是科学。”② 从上述言论可以看出，党的早期领导人对科学的理解已经包括自然科学和社会科学，并将其作为思想启蒙运动的一面旗帜。

鉴于此，陈独秀认为，科学与民主一样，也是一种关于人的解放的学说，在人的现代化过程中具有十分重要的意义。始于1840年的中国现代化，其核心内容之一就是人的现代化。但近代诸多革新家们并未充分认识到这一点，他们注重学习西方“长技”的表象，而没有领会其精神实质，即人的解放及

---

① 《陈独秀文章选编》（上册），三联书店1984年版，第512页。

② 《瞿秋白文集》第2卷，人民出版社1988年版，第544页。

其现代化。从近代中国所引进的西方先进设备、先进政体之所以未能达到应有的功效来看，原因也正在于此。因此，陈独秀指出，如果认为引进西方的技术和先进机器便可以致富强，是“至为肤浅”的认识，只有以民主政治取代封建专制政治，才是现代化的根本问题。然而这一根本问题的解决，并不是建立某种类似西方的民主政体便可大功告成。因为辛亥革命之后，人民“于共和国体之下，备受专制政治之痛苦”，因而为使“共和国体能够巩固无虞，立宪政治能够畅行无阻”，必须进行民主和科学思想的启蒙，以现代思想改造国民精神素质，才能使民主政治有坚实的基础。① 据此，陈独秀进一步指出：“国人而欲脱离蒙昧时代，羞为浅化之民也，当以科学与人权并重。”② 他认为，随着科学日新月异的发展，人类将来的一切思想行为，“必以科学为正轨。”他说：“人类将来之进步，应随今日方始萌芽之科学，日渐发达，”“举凡一事之兴，一物之细，罔不诉之科学法则，以定其得失从违。”③ 李大钊也论述了科学与人类社会进步的关系，他说“盖人类之智慧无涯，斯宇宙之利源未尽”，重要以科学的精神求索真理，必然能够使人类早日登于文明幸福之境。④ 可见，陈独秀等中共早期领导人从现代化的角度，揭示了科学对人的思想启蒙、人的解放的重要意义，他们也正是据此而开展对科学的论述和探索。从这个意义上说，科学就是关于人的解放学说，中国要真正走向近代化乃至现代化，唯有用科学启迪民智，促进人的现代化，而人类社会发展历程也表明，人的现代化恰恰是科学技术发展的动因之一。

二、以科学方法认识自然和社会

几千年来，阴阳说成为中国人观察和认识事物的主要办法。认为世界上一切事物皆由对立构成，即所谓“阴阳”，它既是事物的存在形式，也是事物的变化依据。但是由于缺乏建立在受控实验基础上的定量分析，加上阴阳说的哲学命题又被无限外推，取代了实证性科学研究，因而这种方法往往不能把握事物的具体特征、确切性质和本质联系，只能根据经验做直观的猜测，

---

① 《陈独秀文章选编》（上册），三联书店 1984 年版，第 106～109 页。

② 《陈独秀文章选编》（上册），三联书店 1984 年版，第 78 页。

③ 《陈独秀文章选编》（上册），三联书店 1984 年版，第 78 页。

④ 《李大钊文集》（上册），人民出版社 1984 年版。

使各门学科都难以摆脱原始朴素的状态。

基于上述情况，陈独秀尖锐指出，中国古代科学之所以发展缓慢，近代科学之所以很难在中国诞生，皆与人格化的自然观有着极大的关系。以人伦解释自然，是中国至今尚未走出蒙昧时代的标志。他说："士不知科学，故袭阴阳家符瑞五行之说，惑世诬民，地气风水之谈，气灵枯骨。农不知科学，故无择种去虫之术。工不知科学，故货弃于地，战斗生事之所需，一一仰给于国。商不知科学，故惟识罔取近利，未来之胜算，无容心焉。医不知科学，既不解人身之构造，复不事药性之分析，菌毒传染，更无闻焉，唯知附会五行生克寒热阴阳之说，袭古方以投药饵，其术殆与矢人同科。"这是"无常识之思维，无理由之信仰"，干扰了形式逻辑思维的发展，使中国人的自然观始终徘徊于原始辩证阶段，摆脱不了根据表象猜测的稚气，难于走向近代。因此，他郑重宣布："欲根治之，网维科学"。① 即绝不能以人类社会的伦理随意比附自然现象，而应根据事物自身的性质，以科学说明真理。

陈独秀这里所倡导的"以科学说明真理，事事求诸证实"，② 即是以自然科学的实验作为检验一切理论和规律的标准。他主张以自然科学的实验方法和形式逻辑方法代替"圣教"、"圣言"来检验真理，来分析"人事物质"，即用科学的方法认识自然和社会，是他认为人们的思想如果离开自然科学、科学方法，违反形式逻辑，就要成为主观想象、主观妄想、胡思乱想。

欧几里得的《几何原本》是西方科学思想的重要基础，但它在明末传入中国后，却遭到了几百年的冷落，原因就在于它既不符合人伦化的天道观，又不符合阴阳认识论。加之外在权威支配着中国人的认识过程，一切唯上惟官惟天地鬼神，就是不相信自己的理性，不相信自己的认识能力。这种状况严重地阻碍着中国人正确地认识世界，阻碍着科学的发展和进步。因此，陈独秀等提出的以自然科学的实验作为检验一切理论和规律的标准，对近代科技在中国的发展有着一定的积极意义。

三、"科玄论战"：科学与人文的争斗

五四以后，玄学欲借尸还魂，将儒家学说特别是宋（明）理学复活以解

---

① 《陈独秀文章选编》（上册），三联书店 1984 年版，第 78 页。
② 《陈独秀文章选编》（上册），三联书店 1984 年版，第 78 页。

决人生观问题，受到了科学派的强烈批判，史称“科玄论战”。从20世纪的中国历史进程的演进看，“科玄论战”的爆发不是偶然现象，实际上是五四以来东西方思想大碰撞的延续。以张君劢、梁启超为代表的玄学派认为人生观的问题是科学无法解决的；以丁文江、胡适为代表的科学派主张“科学可以解决人生观的全部”。这场论战是一场文化保守主义和唯科学主义之争。马克思主义者陈独秀、瞿秋白也相继参加了论战。他们用马克思唯物史观对玄学派与科学派的观点进行批判，从而形成了论战的第三方，但事实上却倾向于科学派。因此，瞿秋白在解释科学与人生观的关系时指出，“科学的因果律不但足以解释人生观，而且足以变更人生观”①。但瞿秋白对唯科学主义也进行了严肃的批判，他认为，“技术和机器，说是能解放人类于自然权威之下，这话不错，然而他不能调节人与人之间的关系”。瞿秋白指出的技术是人类改造自然的工具，但不能直接用于对社会生活中的人际关系的调节和改造，所以科学派奉行的唯科学主义路线是行不通的。对关于科玄论战，陈独秀也坚持唯物史观：第一，物质第一性，精神第二性，物质决定精神；第二，像物质世界一样，精神世界也是有客观规律并且这个客观规律是可以认识的；第三，像自然科学一样，对精神世界的认识也是渐进的或曰逐步完成而不是一蹴而就的，即社会科学对精神领域的认识也是逐步的和发展的；第四，社会科学就是用自然科学的研究方法如实证、形式逻辑等研究人类社会现象并正确把握其规律，当然也就能够正确认识“人生观”。陈独秀是无神论者，其彻底的唯物论观点是：“其实我们对于未发现的物质固然可以存疑，而对于超物质而独立存在并且可以支配物质的什么心（心即是物之一种表现），什么神灵与上帝，我们已无可存疑了。”② 他还说：“我们相信只有客观的物质原因可以变动社会、可以解释历史、可以支配人生观，这便是‘唯物的历史观’。”③

在这场“科玄论战”中，陈独秀、瞿秋白等党的早期领导人宣传了唯物史观，扩大了马克思主义的影响，为科学地解决人生问题提供了正确的思想武器。它构成了中国人接受马克思主义哲学的一种无法剔除的解释学背景，使马克思主义迅速在中国大地上得到广泛的传播。而且站在唯物主义的高度

① 《瞿秋白文集》第2卷，人民出版社1988年版，第307页。
② 《陈独秀著作选》第2卷，上海人民出版社1993年版，第553页。
③ 《陈独秀著作选》第2卷，上海人民出版社1993年版，第554页。

对科学技术的作用和发展进行精辟的分析，为中国共产党的科技思想的形成与发展奠定了一定的基础。

党的早期领导人，陈独秀、瞿秋白、李大钊等都是在学习西方科技知识后走上革命道路并高举了科学和民主的大旗。因此，在这场以科学和民主为旗号的思想解放运动中，科学被提升到了前所未有的高度。这对近现代中国的科学技术发展有着积极的意义。首先，科学主义它不仅阐述先进西方科学技术对社会进步的作用，而且更注重用科学的精神、科学的态度去反对封建迷信和愚昧盲从，这正是中国社会要迈入现代社会所必需的；其次，科学主义极大地推动了现代中国科学事业的发展。约瑟夫·本·戴维曾指出，在西方条件下的科学主义有助于科学体制化，科学体制化又将促使独立的科学群体产生，从而最终在制度和行为上摆脱科学主义。① 陈独秀等人所宣传的科学主义在推动中国科学体制化方面亦如本·戴维所描述的那样，也同样有着不可抹杀的功绩。因为这种科学主义极大地抬高了科学的威望和社会对它的评价，这就为此后中国实现科学体制化提供了有力的社会影响和条件，从而促进了中国现代科学事业的发展。因此，可以说党的早期领导人的科学思想催生了中国共产党科技观的萌生。

第三节　土地革命时期中共科技观的初创

八一南昌起义，标志着中国共产党人没有被白色恐怖所吓倒，他们高举武装斗争和土地革命的旗帜，经过两年多的浴血奋战，突破了敌人的重重包围，战胜艰难险阻，建立了农村革命根据地。1931 年 1 月 7 日在江西瑞金召开了第一次全国苏维埃代表大会，正式成立了中华苏维埃共和国。中国共产党在创建农村革命根据地以后，为了改善人民群众的物质和文化生活，巩固革命根据地和红色政权。根据经济建设、文化建设和战争形势的迫切需要，着手对军工、医疗、农业、无线电通讯等技术工作开始创办和研究，初创了革命根据地的科技事业。

---

① 魏宏运：《抗战初期工厂内迁的剖析》，载《南开学报》，1999 年第 5 期。

一、发展科技事业的指导思想

由于土地革命时期的根据地，多处在贫瘠的山区，以农业经济为主，工业极为落后，严酷的战争环境，迫使党的领导人高度重视发展经济、发展军事工业以巩固来之不易的革命果实。而经济和军事工业的发展离不开科学技术的支撑。因此即使在当时频繁的战争环境之下，毛泽东、周恩来、朱德等老一辈无产阶级革命家还是相当重视科学技术工作，他们对技术工作非常关心，并做出指示，有力地推动了根据地技术工作的建立。

这一时期，党的领导人有关科学技术方面的认识及发展革命根据地科学技术事业的思想都处于初创时期。他们的着眼点放在“技术”层面上，强调“建立在现代科学基础上”的技术有用、有大用。

为了发展农业经济，毛泽东曾经提出了组织开展农业科学研究的思想。1934 年，毛泽东在第二次全国工农代表大会上的报告中指出：“目前自然还不能提出国家农业和集体农业的问题，但是为着促进农业的发展，在各地组织小范围的农事试验场，并设立农业研究学校和农产品展览所，却是迫切地需要的。”① 当时的苏区，为了发展农业生产，在各县都有国家办的农业试验场，搞科学试验，指导农民开展科学种田。为打破国民党的包围封锁，发展自给自足的农业经济起到了积极作用。

在战争年代，武器装备的科技含量对战争的胜负有着关键的影响。毛泽东等领导人对此给予十分的关注。毛泽东认为无线电是一门很有用的新技术，并认识到建立自己的无线电通讯事业的重要性。他也曾赞誉通信兵：“你们是科学的千里眼，顺风耳。”② 周恩来把革命、科学与实业紧密地结合起来，在他的策划下，上海的党中央机关建立了秘密电台。朱德也非常关心军事工业的建设，多次勉励科技人员为军事建设服务。

要发展苏区的经济和军工业，技术人才的引进和培养就显得十分重要。中华苏维埃临时中央政府为征求专门技术人才发布过一个启事：“中华苏维埃

---

① 毛泽东：《我们的经济政策》（1934 年 1 月 23 日），见《毛泽东选集》第 1 卷，人民出版社 1966 年版，第 188 页。

② 中国人民解放军总参谋部通信部编研室：《红军的耳目与神经——土地革命战争时期通信兵回忆录》，中共党史出版社 1991 年版，序言。

临时中央政府现以（因）苏区缺乏技术人员，特以现金聘请。凡白色区域的医师、无线电人才，军事技术人员同情于苏维埃革命而愿意来者，请向各地共产党组织及革命众团体接洽，并填写履历，转询中华苏维埃共和国中央政府内务人民委员会，即可答复并谈判条件，于订立合同后，护送入苏区。”① 当时川陕省苏维埃政府和西北军区政治部还曾发出布告，规定“对于医生、军人、技师、熟练工人、科学家、文学家等专门人才，知识分子和学生，不但不迫害，如果这些人才愿意忠诚在苏维埃政府下服务，政府予以特别优待”。② 1931 年 9 月，鄂豫皖区苏维埃政府颁布了《优待医生暂行条例》。③ 用十分优厚的条件来鼓励医生致力于苏区的医疗卫生事业，更好地为人民的健康、为革命战争服务。毛泽东积极赞成引进和重用技术人才，但对使用知识分子过程中“唯成分论”的现象提出了批评，告诫全党不能只看知识分子的家庭出身，而更应注重知识分子本人的工作情况。这就为抗日根据地时期党的知识分子政策的形成，奠定了思想基础。

在引进技术人才的同时，我党还依靠革命阵营力量，抓紧各种专门人才的教育和培养。苏区实行义务教育。在工农课本里编入了初级的科学知识。还创办了各种专门的学校，如中央农业学校、中央苏区和鄂豫皖苏区的无线电通讯学校、红军卫生学校等等。中央苏区的通讯学校设在瑞金的洋溪村，是在无线电训练班的基础上设立的。它培育了我们党最早的一代通信战士。红军卫生学校先后培养军医 200 多名，培养卫生长、卫生员、药剂师、护士等四五百人。这些学校培养了当时大批急需的专门技术人才。

此外，党的领导人十分关注与夺取革命胜利密切相关的诸如制盐、造币、印刷等工业领域的技术。此时中国共产党领导区域的科学技术工作只是初步的、基础性的，播下了科学和技术的种子，为后来建立和发展科学技术事业积累了初步经验，并培养了一批技术人员和干部。这既是党领导根据地技术事业的开端，也是党的科技思想发端。

---

① 中国现代史资料编辑委员会翻印：《苏维埃中国》，1957 年版，第 135 页。

② 《川陕革命根据地历史文献选编》（上），四川人民出版社 1986 年版，第 234 页。

③ 《鄂豫皖苏区历史简章》，湖北人民出版社 1983 年版，第 213 页。

二、发展科技事业的措施和成就

（一）军工技术的初步形成

土地革命时期的革命根据地，多处在贫瘠的山区，以农业经济为主，工业极为落后。现代工业几乎没有，只有在县城和经济条件较好的镇上才有专业性的手工业和少数手工业作坊。随着革命战争的向前发展，这种分散的、个体的、技术落后的手工业是满足不了战争环境下的军需民用的。为了保证大规模的革命战争的物质供应，打破敌人对根据地的经济封锁，党和苏维埃政府从实际出发，大力发展革命根据地的军需工业。

当时根据地的环境就决定了其工业建设的特点是直接为革命战争这一中心服务。为了革命斗争的需要，以保障红军的装备，根据地的军事工业开始诞生。起初，各根据地兴建了一大批简单的修械所（修械处、枪械局）等，后来在此基础上把它们合并、扩建为有一定规模的兵工厂，因而形成了以兵工厂为主体的军事工业。主要有：中央军委兵工厂（官田兵工厂）、闽浙赣省兵工厂（洋源兵工厂）、湘赣军区兵工厂、鄂东南兵工厂、鄂豫皖边区军委兵工厂、川陕根据地的罗坪山兵工厂（通江兵工厂）、湘鄂西兵工厂等。①

（二）开展农业科技的研究

农业的发展，需要不断提高生产技术水平，各级苏维埃政府十分重视科学技术在农业生产中的作用。开办农事试验场和研究所是当时苏区提高和推广农业先进技术的重要措施之一。

早在1930年，永定县工农民主政府就提出："迅速以区为单位组织农事试验场及农业研究会，以改良农业生产"。② 接着，福建省和江西省都作出决议要设立农事试验场（研究所）改良生产。1933年，江西省工农民主政府又提出："必须迅速建立农业试验场、展览所（新边区例外），提倡与改进农业

---

① 见：方志敏、邵式平：《回忆闽浙赣皖苏区》，江西人民出版社1983年版，第413～414页；李滔、易辉：《刘鼎》，人民出版社2002年版，第34～35页；吴汉杰：《官田兵工厂》，载《星火燎原》（第2集），中国人民解放军三十年征文编辑委员会编，1962年版，第171页；《川陕革命根据地历史长编》，四川人民出版社1982年版，第419页；陈立明等主编：《中国苏区辞典》，江西人民出版社1998年版，第413页。

② 孔永松、邱松庆：《闽粤赣边区财政经济简史》，厦门大学出版社1988年版，第134页。

生产，发扬群众劳动热情，以各项栽种优良的生产方法传布到各县区乡与每个群众中去。”“各县对于农事试验场的建立，应该从先进及附近的区乡中去建立二个或三个为全县的模范，然后以建立的经验运用到未建立的区乡去，来迅速的普遍的建立全县试验场、展览所”。① 江西省第二次工农兵代表大会决定：“在兴国等县开始设立农事试验场以推进农业生产技术的改良。在博生设立农产品陈列所，陈列最好的农产品作为模范并以实施奖励。”②

1933 年 9 月，苏维埃中央政府土地部在瑞金直属县设立了农事试验场，并“责成农事试验场各负责同志，以后要切实负起他的供给各地农业上的经验与智识的作用上来；在今年特别是种棉经验的供给，同时须尽可能地提前提出各主要农产品的培植、防害、施肥等改良方法，来供给中央土地部，以指导各地。”③

尚处战争年代的瑞金等地的农事试验场、研究所，虽然规模有限、试验也是初步的，但对供给各地农业上的经验与知识，促进苏区农业生产的发展，仍起了一定的作用。农业试验场、农产品展览的建立，为改良品种，推广先进技术和培养农业技术人才，起了积极作用，有效地克服了由于敌人经济封锁给根据地带来的棉布、粮食缺少的困难。

（三）无线电通讯事业的初创

电讯是革命战争中不可缺少的军事手段和设备。根据地初建立时，通讯全靠交通站步行传递。毛泽东、周恩来等老一辈革命家认识到电讯的重要性，及时作出了创建红军通讯事业的战略决策。在共产国际帮助下，培育出了我党第一批无线电通信人员。1929 年冬天，党组织派李强和张沈川到上海成功安装一部 50 瓦的无线电收发报机。④ 建立起我党的第一座地下无线电台。

1931 年 1 月 6 日，中央红军无线电队在江西宁都的小布正式成立。同年 5 月红军在粉碎第二次“围剿”中又俘获公秉藩师的无线电人员和 100 瓦电台。⑤ 与此同时，湘鄂西、闽浙赣、陕北等苏区也都建立了自己的无线电台。

① 《中央革命根据地史料选编》（下），江西人民出版社 1982 年版，第 533 页。
② 《中央革命根据地史料选编》（下），江西人民出版社 1982 年版，第 616 页。
③ 谢绍武：《农事试验场的初步工作》，载《红色中华》（第 162 期），1932 年 3 月 15 日。
④ 史光：《早期的人民无线电广播事业》，载《中国科技史料》，1982 年第 3 期。
⑤ 史光：《早期的人民无线电广播事业》，载《中国科技史料》，1982 年第 3 期。

1931 年，红军无线电总队在福建建宁成立，王诤任总队长，伍云甫任政委。① 保障了总部同各军、军团以及后方的无线电通信。大大密切了党中央与红军总司令部和苏区中央局的联系。无线电总队还注意吸取敌方无线电通信保密性差的教训，从一开始就制定了有关电台的呼号，通信密码等一系列有关措施，建立起红军特有的无线电通信制度，对于发挥无线电联络的作用，保证战争的胜利，起了良好的作用。

此外，红军利用无线电台办起了通讯社。它是我党创办的第一个播发文字广播的通讯社。② 军委还建立了通信材料厂。其主要任务是修理各种电讯设备和器材，使废旧器材成为有用之物，同时也制造某些可以制造的零部件。当时"能够做电源插头、蓄电池、活塞涨圈、齿轮等。……还能做落地就响的手榴弹。……还改装成功一台手摇发电机。"③ 通讯材料厂的建立，对培养技术力量和克服器材困难起了一定的作用。无线电通信在革命战争中所起的作用是明显的。沟通党中央和各苏区、各军团之间的联系，进行无线电侦察，新闻广播等。

（四）医药卫生事业的发展

为了保护和提高部队的战斗力，苏区党和政府克服重重困难，利用民房、祠堂和山洞等，先后办了规模医疗水平不等的医院。红军医院的医疗设备和医疗水平，也在极其困难的条件下不断得到改善和提高。如中央红色医院有手术室、药房和化验室。手术器械也相当齐备，能做一般的手术和某些腹部手术，后来还有一台小型 X 光机。④ 这所医院的医疗设备和医疗水平在中央革命根据地是最好的。鄂豫皖苏区的红四方面军总医院能抢救和医治重危伤病员，也能施行较复杂的脑外科手术和截肢手术等。⑤ 湘鄂西革命根据地的邓家庙医院设备齐全，其医疗技术能取体中异物、去腐骨、截肢、结扎和缝合

---

① 中国人民解放军总参谋部通信部编研室：《红军的耳目与神经——土地革命战争时期通信兵回忆录》，中共党史出版社 1991 年版，第 4 页。

② 史光：《早期的人民无线电广播事业》，载《中国科技史料》，1982 年第 3 期。

③ 中国人民解放军总参谋部通信部编研室：《红军的耳目与神经——土地革命战争时期通信兵回忆录》，中共党史出版社 1991 年版，第 40 页。

④ 中国人民解放军历史资料丛书编委：《院校 · 回忆史料》，解放军出版社 1995 年版，第 51 页。

⑤ 谭克绳、欧阳植梁主编：《鄂豫皖革命根据地斗争史简编》，解放军出版社 1987 年版，第 365 页。

血管等。① 赣东北红军医院不仅能治一般的伤病，还能从伤口内部取出弹头、弹片，甚至能做截肢、剖腹产等复杂手术。② 由于红军的壮大和战斗的频繁，战伤处理和日常医疗工作日见重要。1931 年春，中央指示贺诚组织成立中国工农红军军事委员会总军医处。同年 11 月，中央苏区工农政府成立，中央内务部下设卫生管理局。省市、县区各级苏维埃设立卫生运动委员会，管理医药卫生工作。

为了解决由于敌人严密封锁造成药品缺乏的困难，各根据地先后开办了一些药厂。1932 年，在江西开办了中央卫生材料厂，由苏联医科大学毕业的唐仪贞（女）任厂长。主要生产脱脂棉、打丸机、蒸汽消毒机。红军卫生材料厂制药车间还把中药制剂丸、散、膏、丹改成西药剂型。③ 湘鄂赣、湘鄂西、川陕等革命根据地也都建立了制药厂，生产一些医药制剂和简单的医疗器械。这样使红军获得了较为固定可靠的医疗物资保障，同时培养了一批制药技术人才，为红军制药事业打下了基础。此外，总卫生部还出版了《红色卫生》、《健康报》等医学刊物，刊登了许多介绍医疗知识的文章，交流治疗经验，帮助医务人员提高医疗业务水平。

总之，我们党在革命根据地，根据当时形势的需要创办了一些必要的技术部门，开展了一些力所能及的技术研究工作，而且党的科技事业也从此诞生。各革命根据地在不断摸索中形成了军工生产技术，进行了必要的农业科技研究试验，并建立了自己的无线电通讯事业，创办了具有一定医疗设备和医疗水平的各级医疗机构，还兴办了各种科技学校，培养大量的技术人才。这对根据地的巩固和扩大，及经济、文化建设都发挥了重要作用。这是我们党对发展科学技术事业作出的最初尝试。

第四节　抗日战争时期中共科技观的形成

抗日根据地特别是陕甘宁边区虽处战争环境，但是比土地革命时期根

---

① 《湘鄂西革命根据地史》，湖南人民出版社 1988 年版，第 361 页。

② 舒龙、凌步矶：《中华苏维埃共和国史》，江苏人民出版社 1999 年版，第 469 页。

③ 陈立明等主编：《中国苏区辞典》，江西人民出版社 1998 年版，第 139 页。

据地的情况要稳定的多，中国共产党已经开始把发展科学技术当做一项普遍提出的任务摆到议事日程上来了。这一时期，党中央领导人发表了许多有关论述，对科学技术予以极大的关注，形成了自己的思想体系并在实践中得到发展。在整个抗战时期党的领导人科学技术观有两大发展：一是由土地革命时期单纯的技术领域扩展到科学和技术领域；二是对科学的认识由自然科学领域扩展到社会科学领域。在此期间在国统区大量出版的马克思主义著作通过各种渠道传到延安，成为了中共领导人学习马克思科技观的主要教材。因此，马克思、恩格斯的有关科技学说对党的领导人产生了深刻的影响。

一、确立了马克思主义的科技理论

什么是科学，科学的功能是什么？这是制定抗战时期科学技术政策必须首先解决的认识问题。按照马克思的理论，科学技术有两大社会功能：一种是生产功能，一种是认识功能。这两种社会功能使科学技术成为强大的物质武器和有力的精神武器。为此，毛泽东从理论上进行了深刻地分析。1940 年，他指出："自然科学是人们争取自由的一种武器。人们为要在社会上得到自由，就要用社会科学来了解社会，改造社会，进行社会革命。人们为着要从自然界里得到自由，就要用自然科学来了解自然，克服自然和改造自然，从自然界里得到自由。"①

"自然科学是人们争取自由的一种武器"的论述，标志着党的领导人对自然科学的社会功能和作用认识已经上升到马克思主义哲学层面。事实上，早在 1937 年，毛泽东就在《矛盾论》中指出："按照唯物辩证法的观点，自然界的变化，主要的是由于自然界内部矛盾的发展。""自然界存在着许多的运动形式，机械运动、发声、发光、发热、电流、化分、化合等等都是。所有这些物质的运动形式，都是互相依存的，又是本质上互相区别的"，所以"科学研究的区分，就是根据科学对象所具有的特殊的矛盾性"。② 在这篇文章中毛泽东清楚地阐述了马克思主义哲学与自然科学的关系。他要求人们在研究

---

① 《新中华报》，1940 年 3 月 5 日。

② 《毛泽东选集》第 1 卷，人民出版社 1966 年版，第 302 ~ 309 页。

自然科学时，必须以马列主义哲学为指导，在社会科学的指导下去改造自然界。因此，他进一步指出；“马克思主义包含有自然科学，大家要来研究自然科学，否则世界上就有许多不懂的东西，那就不算一个最好的革命者。”①

用马克思主义基本原理来指导自然科学研究，是中国共产党的一大创举。中共中央在组织科技工作者的讨论中指出，“自然科学是研究自然界发展规律性的科学，它是人们探索真理的武器……自然科学的社会本质则表现在其物质功能和技术功能的交互作用上。”为了开展学习，于光远从德文新译《自然辩证法》，并陆续在延安报刊上发表了《劳动在从猿到人转变过程中的作用》、《〈自然辩证法〉著作大纲》。② 另外，在抗战时期党中央其他领导人也充分利用一切可以利用的场合宣传这一党的发展科技指导思想。1941 年 8 月朱德发表了题为《把科学与抗战结合起来》的文章指出：“中华民族正处于在伟大的抗战建国过程中，不论是要取得抗战胜利，或者建国的成功，都有赖于科学，有赖于社会科学，也有赖于自然科学。”③ 徐特立在《怎样进行自然科学研究》中认为，“我们提出科学化的口号，并不是说中国没有自然科学或缺少某种自然科学而倡导学习科学，而是要把教条化的，神秘化的，庸俗化的科学转化为辩证唯物论的科学。科学化的口号是学习的方法和路线，不是教我们无原则无目的而生吞活剥去学科学，而是教我们用辩证唯物论的方法去学科学。”④ 此外，陈云、李富春、吴玉章等同志也就科学的对象、性质、在社会发展中的功能和地位，以及科学技术对发展边区农业产生的重要作用问题，作了大量的精辟论述，初步形成了自己的科技思想，丰富并发展了马克思主义的科技思想。

在中国共产党的影响下，根据地的科学工作者逐步接受和宣传马克思主义的科技思想。他们结合边区经济发展和抗战的需要，纷纷成立各种社团以适应形势的需要。边区国防科学社于 1938 年 2 月 6 日由高士其、陈康白、李世俊等发起成立的，它是抗日根据地的第一个科学技术团体。其宗旨和主要

---

① 《毛泽东选集》第 2 卷，人民出版社 1993 年版，第 270 页。

② 龚育之著：《自然辩证法在中国》（新编增订本），北京大学出版社 2005 年版，第 13 页。

③ 《解放日报》，1941 年 11 月 26 日。

④ 徐特立：《怎样进行自然科学的研究》，见武衡主编：《抗日战争时期解放区科学技术发展史资料》第 7 辑，中国学术出版社 1988 年版，第 7 ~ 8 页。

任务：在新哲学的基础上研究国防科学的理论与实施。协助国防工业的建设，指导农业的改良和进行医药材料的供给等。① 陕甘宁边区自然科学研究会是在毛泽东、吴玉章等人的发起和资助下于1940年2月5日在延安成立的，它对当时的边区经济文化以及后来对全国都产生了重要影响。毛泽东、陈云等同志出席成立大会并发表了讲话，对自然科学与社会科学之间的关系作了辩证的分析，进一步提出了“自然科学要在社会科学的指导下去改造世界”②。为此，《自然科学研究会宣言》在其纲领中鲜明地提出了以“运用唯物辩证法研究自然科学、开展自然科学大众化运动、从事自然科学的探讨、解决自然科学中的理论和应用上的问题。”等为核心内容的四大项重要任务。③ 自然科学研究会当时会员人数已经达到330人，按学科分：理科110人，工科120人，医科50人，农科45人。专业学会逐渐增加到机电、炼铁、土木、航空、数理、化学、农业、生物、医药、地矿（地质）等十个。④ 另外，许多综合或单科的自然科学学会、协会、研究会，先后在陕甘宁、晋察冀、晋西北等抗日根据地出现。这些协会的宗旨和任务都很明确：确立以马克思主义为指导的开展自然科学的科研方向；团结根据地一切自然科学工作者，为抗击日本侵略者而斗争；帮助根据地经济建设，改善人民生活；促进自然科学研究，培养自然科学工作干部，普及自然科学知识。协会各种活动的开展，对宣传党以马克思主义为指导的科技思想，发展根据地的科技事业起到了积极的作用。

二、提出“科学大众化”方针

科学文化知识是人类改造自然、改造社会的经验总结，任何一个社会，如果科学文化愈发达，科技人才愈多，那么这个社会的发展愈快。因此，党中央把科学的普及与宣传工作作为当时在根据地进行辩证唯物主义普及的一个重要内容，强调革命队伍中的每一个人都要研究自然科学。毛泽东指出：“因为自然科学是很好的东西，它能解决衣、食、住、行等生活问题，所以每

---

① 何志平主编：《中国科学技术团体》，上海科学普及出版社1990年版，第385页。

② 《新中华报》，1940年3月5日。

③ 何志平主编：《中国科学技术团体》，上海科学普及出版社1990年版，第388页。

④ 尹恭成：《近现代中国科学技术团体》，载《中国科技史料》，1985年第5期。

一个人都要赞成它，每一个人都要研究自然科学。"① 1941 年，朱德在庆祝自然科学研究会第一届年会上也提出，"自然科学，这是一个伟大的力量"，"谁要忽略这个力量，那是极其错误的"。② 这些论述，实际上反映了毛泽东在抗战初期制定的"民族的、科学的、大众的"科学文化纲领，他在解释"大众的"含义时明确指出科学和文化事业"应为全民族中百分之九十的工农劳苦民众服务，逐渐成为他们的文化"，这就为抗日根据地科学和文化事业的发展制定了"科学大众化"的指导方针。应该说它是建国初期党的"科学为人民大众"思想的先声。

在"科学大众化"号召下，根据地掀起了一个全民爱科学，人人投入的广泛的群众运动，这可以说是自中国共产党成立以后开天辟地的第一回。陕甘宁边区为了推动科学大众化运动，当时党报《解放日报》于 1941 年发表了《提倡自然科学》社论，文章叙述了自然科学对边区经济建设、文化建设的重要意义后，特别提出"要努力于通俗化的工作，不仅在一般民众中间，而且在一般干部中间，自然科学的知识是很贫乏的。"社论要求多组织一些通俗的科学演讲，编辑一些初级的、中级的自然科学读物。在党中央和边区政府的号召下，边区从乡镇到乡村，普遍建立识字班、读书班。延安各机关组织了"自然科学普及小组"，建立学习制度，规定机关工作人员每日两小时的学习时间。中央党校、马列学院、自然科学院专门开设和讲授"自然科学概论"、"自然科学史"、"最新自然科学简介"等课程。徐特立、温济泽经常担负巡回演讲工作，让根据地的人民都能了解科学、应用科学。一系列学术活动纷纷展开，科研成果累累，学科学，爱科学深入人心蔚然成风。

1941 年 11 月 21 日，边区可以看到日食现象。自然科学研究会借此机会，在延安举办"关于日食的科学知识"的科普讲座，发表"日食在科学上的意义"的文章，并组织实际观察工作，用科学知识来教育广大群众，破除群众中当时流行的"天狗吃太阳"的迷信传说。研究会还在《解放日报》上开辟《科学园地》、《卫生》等副刊，以及《自然界》、《农业知识》等专栏。中宣部、中央文委、通俗读物出版社出版发行大量科普读物。仅 1942 ~ 1944 年，出版的《司药必携》等科普读物和宣传材料就达 79700 册。边区政府先后举

---

① 《新华日报》，1940 年 3 月 15 日。
② 《解放日报》，1941 年 8 月 2 日。

办了工业、农业、自然科学等展览会，以此向边区人民宣传科学知识仅 1944 年举办的延安卫生展览会就吸引一万多群众参观，收到了很好的效果。针对根据地人民存在不讲卫生的习惯。广大医务工作者深入农村，调查研究，搜集整理了流传在民间的验方，编辑成通俗读物《怎样养娃》、《母亲须知》、《妇婴卫生》等，发行量高达 12 万册。中央总卫生处还在《解放日报》上开辟了《卫生》专栏。为了使群众能够形象地学习卫生知识，陕甘宁边区政府还多次举办卫生展览，展出了标本、挂图、卫生统计数字及迷信用具等，用事实教育人民群众。

要开展科学大众化运动，普及群众的科学文化知识，离不开教育事业的发展。抗战时期各根据地相继制定并通过有关的法令或决议，提出必须创办各类科技学校，以多种形式培养科技人才。1938 年 1 月晋察冀边区军政民代表大会通过了《文化教育决议案》规定了文化教育工作的基本方针和任务，"造就专门技术人才建立抗战时期各种事业"，"举办特种技术人才训练，开设各种技术训练班，讲习所等"。① 1939 年 1 月陕甘宁边区第一届参议会通过了《发展国防教育提高大众文化加强抗战力量案》，其中就有一项是"创设技术科学学校，造就建设人才"。② 同年 1 月陕甘宁边区政府教育厅公布了《1939 年边区教育的工作方针与计划》，"训练战时科学技术人才"就是当时提出的 8 条方针之一。1940 年 8 月中共中央北方局公布的《中共晋察冀边区目前施政纲领》中指出："建立并改进大学及专门学校，加强自然科学教育，优待科学家及专门学者。"③ 1941 年陕甘宁边区第二届参议会通过了自然科学研究会提出的《发展边区科学事业案》，其中有"充实自然科学院，并举办职业学校，培养科学及技术人员。"④ 由于抗战和建国事业的需要，当时已经相当重视发展自然科学教育，培养科学技术人才。

抗日根据地创办的高等科技学校主要有两所：一是中国医科大学，二是延安自然科学院。抗日根据地设立的中等科技学校主要有：理工类，陕北通

---

① 《晋察冀抗日根据地史料选编》（上册），河北人民出版社 1983 年版，第 21 ~ 23 页。

② 中国科学院历史研究所第三所编：《陕甘宁边区参议会文献汇编》，北京科学出版社 1958 年版，第 46 页。

③ 魏宏运：《抗日战争时期晋察冀边区财政经济史料选编》（第一篇总论），南开大学出版社 1984 年版，第 87 页。

④ 《延安自然科学院史料》，中共党史资料出版社、北京工学院出版社 1986 年版，第 108 页。

信学校、延安摩托学校、太行工业学校；医学类，延安药科学校、晋察冀边区白求恩卫生学校、晋绥军区卫生学校；农业类，延安农业学校等。而边区中小学的发展速度更是史无前例。1937 年春，边区有小学 320 所，学生 5600 人，到 1940 年春增加到 1341 所，学生达到 41000 人。仅从 1938 年到 1941 年的 3 年间，就新办了小学 500 多所，中等学校 7 所。① 另外各抗日根据地的科研机关，例如实验农场、工矿部门的技术研究机构和科学技术团体等单位也利用一切条件举办各种短期学习班，以培养根据地所需的科技人才。抗日根据地的教育事业的蓬勃发展，不仅体现了以马克思唯物史观为指导的中国共产党科技活动的大众化色彩，而且也为新中国的科技事业发展奠定了人才基础。新中国成立以后，延安自然科学院的广大师生，大部分都成为新中国科技战线上的骨干力量。

三、制定培养科技人才的知识分子政策

科技人才是发展抗日根据地科技事业的关键。发展科学技术，夺取抗战胜利，这在很大程度上与重视发挥知识分子的作用有关。而当时的科技人员队伍的途径主要是从根据地外引进和自力更生培养。由于培养科技人才受到许多条件的限制，从国统区引进科技人才成为根据地汇集科技人才的重要途径。

为了从国统区引进科技人才，党中央和根据地政府颁布了一系列决议和文件。1939 年 12 月，党中央发布了《大量吸收知识分子》的决定，向全党指出：在长期的残酷的民族解放战争中，在建立新中国的伟大斗争中，共产党必须善于吸收知识分子；没有知识分子的参加，革命的胜利是不可能的。号召全党同志要重视科技人才。1941 年 5 月 1 日，中共中央政治局批准通过《陕甘宁边区施政纲领》，明确规定："尊重知识分子，提倡科学知识与文艺运动，欢迎科学艺术人才"，"欢迎医务人才"，② 从而使这些决议和指示能够得到法律上的保证。1942 年 1 月 1 日边区政府正式公布实施《陕甘宁边区施政

① 《陕甘宁边区抗日民主根据地》（回忆录），中央党史资料出版社 1990 年版，第 328 页。

② 中国科学院历史研究所第三所编：《陕甘宁边区参议会文献汇编》，北京科学出版社 1958 年版，第 105 页。

纲领》。《解放日报》发表的《论经济与技术工作》、《欢迎科学艺术人才》等社论中也指出："伟大的抗日民族解放战争，……要求我们有大批的从事各种技术工作的人才"①，"我们虔诚欢迎一切科学艺术人才来边区"。② 1942 年 5 月陕甘宁边区政府发出《关于建设厅技术干部待遇标准的命令》。随后，又批准实施《1943 年度技术干部优待办法》。这两项法令规定对科技人才实行优待政策，以吸引科技人才。

为了发挥科技人才的作用，朱德等领导人进一步阐述了党的科技人才的政策。朱德提出："我们更热诚地欢迎边区以外的工程师和各种专家以及熟练工人及学徒大批到边区工作。"③ 欢迎一切同情革命之技术人员来边区参加工作，并愿意在各方面提供帮助。在党中央的关心下，尽管边区的物质条件十分薄弱，边区政府为了给科研工作者创造必要的科研条件，想方设法给了科技人员许多优待条件。1943 年 3 月，边区政府统一制定了对各类技术人员优待标准的办法，规定按技术干部的学历、实际能力、现任职务、服务年限分为甲、乙、丙、丁四类，规定了每类的待遇标准。当时延安的干部实行的是津贴制，干部一般每月拿一至五元，而技术干部则可以拿到二十元。总体说来，当时技术人员的待遇远远超过了一般干部的待遇。④ 党和政府还十分重视奖励科技人员，不仅在政治上给予崇高的荣誉在物质上也给予适当的奖励。1939 年 4 月边区政府颁发了《陕甘边区人民生产奖励条例》规定："凡边区人民在生产运动中有特殊成绩者，按条例呈请奖励。"⑤ 边区政府专门设立了改进技术奖，奖励对生产工具及工艺有改进和发明的创造者；边区医药学会颁发了《白求恩奖金条例》，规定甲等奖毛泽东题词奖状一张，边币 200 元，《国防卫生》杂志全年一份等。其他各抗日根据地也都有类似的规定出台。优厚的待遇，不仅改善了他们的生活，更重要的是温暖了他们的心，使他们亲身体会到国民党统治区和解放区两种截然不同的对待知识分子的态度，从而甘心情愿的为抗战建国发挥更大的作用。

① 武衡：《抗日战争时期解放区科学技术发展史资料》第 1 辑，中国学术出版社 1983 年版，第 51 页。

② 武衡：《抗日战争时期解放区科学技术发展史资料》第 1 辑，中国学术出版社 1983 年版，第 61 页。

③ 《新中华报》，1940 年 3 月 5 日。

④ 《陕甘宁边区抗日民主根据地》（回忆录），中央党史资料出版社 1990 年版，第 234 页。

⑤ 《陕甘宁边区政府大事记》，档案出版社 1990 年版，第 35 页。

在团结和重视科技人才的前提下，中国共产党还十分注重对知识分子的思想改造。要求他们自觉的接受马克思主义的指导，克服自身存在的资产阶级私心杂念，理论联系实际，全心全意的运用所掌握的知识为工农服务。为了加强对知识分子的思想教育，中共中央 1941 年 12 月发布了《关于延安干部学校的决定》，其中规定政治课课时应占 20%，专门课课时应占 80%，在此之前，政治课的课时更多。1942 年，八路军总政治部发布了《关于对待部队中知识分子干部问题的指示》。《指示》中认为在军队中对待知识分子有三个方面的内容："容"、"化"、"用"。"容"，就是争取知识分子加入革命队伍，使他们成为优秀的干部；"化"，就是转变知识分子小资产阶级的思想意识，使他们革命化、无产阶级化；"用"，就是正确分配他们的工作，使他们有相当的发展前途，教育现有的知识分子，吸收新的知识分子加入军队。加强对知识分子的教育，在思想上实行革命化，确立革命的人生观，为工农服务，培养其集体主义精神，扫除无组织、无政府主义与个人主义。这个《指示》实质上体现了中共关于改造知识分子的基本方针。对于根据地知识分子来说，思想方法得以转变，一方面是由于理论的学习和当时反对教条主义的整风运动，另一方面是由于科学技术工作的实践经验。其实，这一条，无论是延安时期，还是建国初期都是贯穿始终的。

抗日战争时期党的知识分子政策，极大的焕发了广大科技人员的革命热情和抗战积极性。在各个抗日民主根据地，广大科学技术工作者和教育工作者，以其全部精力把自己的聪明才智贡献给民族的解放事业，迅速推动了抗日民主政权的教育和科学技术的建设，为抗日战争的胜利作出了不可磨灭的巨大贡献。

四、倡导科技发展和抗战事业结合

1939 年，国民党对共产党领导的陕甘宁边区实行经济封锁，使根据地的财政和人民生活发生了困难；同时，根据地当时正处于战争的特殊的时期。因此，党中央十分强调科技活动要与经济建设和抗战事业紧密结合，提出了"以科学技术促进经济的发展，为抗战建国服务"这一科技方针。

在抗战时期，为了克服边区经济物质困难，保证抗日战争的胜利，发挥科学技术在革命中的重要作用。1941 年 5 月，中共中央做出《关于党员参加经济工作和技术工作的决定》，指出："各种经济工作和技术工作是革命工作中不可缺少的部分，是具体的革命工作。"① 号召共产党员积极参加经济和科技工作。中共中央机关报《解放日报》连续发表了《论经济与技术工作》等重要社论。社论指出："在边区的经济建设上，技术科学，尤其是一个决定的因素。不论是改良农牧，造林，修水利，开矿，……都必须有专门的知识技能，必须受科学的指导"，"提出自然科学正是发展抗日的经济文化建设，以达到坚持长期抗战与增进人民幸福这个目的所必需的、所应有的步骤"，②"提倡自然科学是为着改进农业和工业的生产技术，发展与提高物质生产"。③ 中央一系列政策和措施的出台，表明了党高度重视用科学技术来促进边区的经济发展。

由于根据地的农业生产占据着经济的主导地位，提高、改良和推广农作技术成为发展农业经济的关键。为此，毛泽东曾经提出，发展农业生产必须提高农业技术，从现有的"农业生产技术与农业生产知识出发，依可能办到的事项从事研究，以便帮助农民对于棉粮各项主要生产事业有所改良。以达到增产的目的"。④ 他还对改良农业技术缺少热情的同志进行了批评，并指出提高农业技术要切合根据地实际情况，量力而行。各根据地在制定农业生产计划中，也明确规定发展农业生产必须依赖科学技术。1939 年 3 月 4 日，陕甘宁边区政府颁布的《施政纲领》明确规定："开垦荒地，兴修水利，改良耕种，增加农业生产"⑤。1941 年，陕甘宁边区农业生产计划还从改良工具、提高技术、改善农作法等方面对发展农业技术提出了更为具体的措施和规定。在边区政府的 1944 年农业生产计划中，农业技术进一步得到强调："提倡改良农作法，深耕细作，多施肥，多锄草，多修水利，除虫，选种，足

① 《解放日报》，1941 年 6 月 8 日。

② 武衡：《抗日战争时期解放区科学技术发展史资料》第 1 辑，中国学术出版社 1983 年版，第 63 页。

③ 武衡：《抗日战争时期解放区科学技术发展史资料》第 1 辑，中国学术出版社 1983 年版，第 62 页。

④ 毛泽东：《关于发展农业》，见《中共党史参考资料》（第九册），中国人民解放军政治学院党史教研室编，第 224 页。

⑤ 武衡：《抗日战争时期解放区科学技术发展史资料》第 1 辑，中国学术出版社 1983 年版，第 66 页。

苗……”① 党中央和陕甘宁边区政府对农业技术工作的重视和领导，极大地推进了边区农业技术的进步，促进了陕甘宁边区农业生产的发展。

根据地的工业建设更是迫切需要科学技术的指导。根据地由于遭到敌人的军事包围和经济封锁，原有的手工业受到极大的破坏，而机器难以进口，棉花、布匹等日用品也无法进入。为了粉碎日伪顽军对根据地的封锁，我党决定自力更生，发展根据地的工业建设，但发展工业的“关键在于资本与技术”。1944 年 5 月 29 日中共西北局颁布了《关于争取工业品完全自给的决定》清晰地表述了发展工业建设必须发展科学技术。即：“应当尊重党外技术干部，学习掌握工业技术，克服不学习工业技术的偏向。……政府应奖励技术的发明，各工厂与经济机关，应有研究技术的组织与设备，以便改进工业技术，促进边区工业的发展，提高产品质量。”② 为了总结工业建设的经验，边区政府于 1944 年 5 月召开了边区厂长及职工代表大会，进一步强调发展工业技术的问题，指出了改进工业品质量的关键是提高工业技术，提高技术的办法主要是依赖工程师及全体职工发挥最大的积极性和创造性。党中央和边区政府制定的依赖科技进步促进边区工业建设发展的政策，推动了边区工业的迅速发展，至 1945 年，边区工业品已基本上达到了自给。

一切为着抗战，一切服务于抗战，这是党对根据地科技工作者提出的中心任务。将科学技术与抗战大业结合起来，是抗战发展的需要。朱德在《把科学与抗战结合起来》一文中指出：“现在中华民族正处在伟大的抗战建国过程中，不论是取得抗战胜利，或者建国的成功，都有于科学”，“一切科学，一切科学家，要为抗战建国而服务、而努力，才有利战胜日本法西斯强盗”。③ 为了保证抗战时期军事斗争的需要。1939 年中央军委颁布了《关于兵工厂建设的指示》，要求各抗日根据地对兵工建设“要注意吸收专家，给以负责工作……对技术工作不加干涉，也不负责监督技术的责任”④。陕甘宁边区政府则在施政纲领中以法律的形式明确规定科学技术必须与抗战大业结合起

① 《陕甘宁边区政府文件》第 3 辑，档案出版社 1987 年版，第 97 页。

② 武衡：《抗日战争时期解放区科学技术发展史资料》第 2 辑，中国学术出版社 1984 年版，第 28 页。

③ 武衡：《抗日战争时期解放区科学技术发展史资料》第 3 辑，中国学术出版社 1984 年版，第 30 页。

④ 《解放日报》，1941 年 6 月 12 日。

来："一切科学研究，不论是一般的还是专门的，理论的还是技术的，都应服从于发展抗日的政治经济文化建设，要达坚持长期抗战增进人民福利"①。陕甘宁边区自然科学研究会的一系列文件和活动也充分体现了党的将科学技术与抗战大业结合起来的思想。该会明确要求会员积极参加军事建设，掌握与提高自然科学成为抗战中的力量，为抗战到底，为加强团结而服务，来配合政治、军事、经济、文化的抗战。在党的号召下，广大科技工作者纷纷深入各兵工厂，进行军事科研工作。在极其艰苦的条件下，充分利用现有资源，对生产工具进行改造，土洋结合，迅速生产出枪弹等军需品，基本上保证了战争的供给。

党提出将科学技术与经济建设和抗战事业结合起来的政策，使根据地的工业、农业、军工和医疗卫生等方面有了较快的发展。一是农业科技方面引进、培育和推广优良品种，大力加强病虫害防治、植棉技术推广及农具改良等工作，② 畜牧兽医科技方面也有较大的进步。农业科技成果的及时推广，发展了根据地经济，保障了根据地军民生活的自给自足。以陕甘宁边区为例，粮食总产由1937年的110万石增加到1944年的200万石；棉花种植面积由1939年的3763亩增加到1945年的350，000亩；牛和驴的总数由1937年的10万头增加到1945年的40.4万头；羊的总数由1937年的40~50万头增加到1945年的195.5万头。③ 二是工业方面的科技成果。工业科技的提高及其科技成果的转化，有力地促进了根据地工业体系的建立。主要是机械及军事工业、纺织造纸、化学工业、冶金石油、无线电通信等。④ 三是医药卫生方面的科技成果。各抗日根据地都建立健全医疗机构，设立了各级医院，向群众普及卫生知识，进行卫生防疫研究，开展急需药品和医疗器械的研制。其中主要在药品和医疗器械的研制、生产方面取得不少的成就。医药卫生技术的

---

① 《朱德选集》，人民出版社1983年版，第76~77页。

② 晋察冀边区部分农作物粮种试验成功增产统计：谷物试验品种数120余个，增产14.2~58.22%；玉蜀黍试验品种数50多个，增产15~66%；小麦试验品种数十个，增产10%~50%；蔬菜试验品种数1个，增产20%~40%。见张水良：《执日战争时期中国解放区农业大生产运动》，福建人民出版社1981年版，第115页。

③ 数据来源：《陕甘宁边区参议会文献汇辑》，北京科学出版社1958年版，第283页、第28页。

④ 晋冀鲁豫边区军工生产情况见：毛锡学等主编：《抗日根据地财经史稿》，河南人民出版社1995年版，第186页。

提高，极大改善了军民的卫生状况。

抗日根据地时期，中国共产党对自然科学的发展给予了高度关注，并产生了一系列发展根据地科学技术的指导思想。不仅有力地推动了抗战事业的发展，而且促进了边区经济建设，改善了人民生活水平。应该说党的科技思想从“五四”期间的萌生到延安时期的形成，一方面是近代以来中华民族对西方科学文明成果学习潮流的继续，是“五四”运动后中国先进的科学文化思想发展的一个重要分支；另一方面也反映了中国共产党人在马克思主义基础之上对自然科学独特的认识，与“五四”时期最大的不同就是一改当时形式主义的积弊，更加注重科学技术本身对革命和建设事业的实际作用。这是将马克思科技思想中国化的最初尝试，为建国后党的科技思想的发展、深化和创新奠定了良好的基础。

第五节 解放战争时期党的科技实践

从思想层面来看，解放战争时期中国共产党的科技观较之抗战时期并没有更大的发展，但从实践层面来看，解放区的科技事业无论从发展的广度还是深度方面，都是抗战时期无可比拟的。随着形势的发展，解放区的科学技术更加紧密的为战争服务，不仅提高了工农业生产的技术水平，满足了解放战争的需要，而且随着解放战争的迅猛发展，为迎接全国解放，为即将到来的大规模建设，作了培育人才和技术上的准备。

一、强调科技人才的重要作用

解放战争时期，由于解放区的不断扩大，迫切需要大量的知识分子参加到民族解放的事业中去。为此，党中央和解放区政府多次发布有关知识分子的文件和指示，强调科技人才在当时的重要地位和作用。

在解放区根据地，党和政府将科技人才的引进、使用和培养作为一项重要的工作内容加以重视。1946 年 1 月 31 日召开了晋察冀边区行政委员会财经会议，指出：要有计划的培养农业、工业技术干部，爱护与优待现有技术人才。① 1946 年 4 月陕甘宁边区三届参议会通过的《陕甘宁边区宪法原则》里明确规定："设立职业学校，创造技术人才"。② 1946 年 5 月晋冀鲁豫边区参议会通过的《关于杨秀峰主席一年来政府工作报告的决议》，指出：尊重科学人才、技术人才，热烈欢迎他们参加边区建设，并予以特别优待。边区要筹建大批科学与技术专门学校。③ 1948 年 7 月，中共中央修改并批准《东北局关于公营企业中职员问题的决定》指出："技术人员、工程师、专门家、技师是管理庞大复杂的近代企业中必不可少的重要人员，我们对于一切技术人员，包括思想上还不同意共产主义的在内，只要忠于职务，不做破坏活动，都应给以工作，并在生活上给予必要和可能的优待，使他们发扬专长，为人民服务，对于能与工人合作、打破保守观念、克服困难、能努力创造的技术人员，应与鼓励"④ 为了培养科技管理干部，1948 年 8 月党中央批准了由东北局选派的 21 名青年去苏联学习科学技术，20 世纪 50 年代回国后他们大都成为科技工作的领导者。

在国民党统治区，随着国共双方力量的此消彼长，科技人员的出路与前途等日益引起他们自身的关心，并逐渐成为社会关注的热点。一方面，科技人才普遍怨恨国民党，对其导致的战乱和腐败彻底失望；另一方面，他们也害怕共产党，担心自己在共产党得胜后"失去自由和被清算"。针对这种情况，共产党十分注重团结民主党派，争取民主人士，充分利用他们的声望和影响力，引导广大科技人员倾向中共。1949 年 1 月，《中共中央关于对待民主人士的指示》明确指出："我党对待民主认识的方针是彻底坦白与诚恳的态度，向他们解释政治的及有关党的政策的一切问题，积极地教育与争取他们"⑤ 为了尽快消除知识分子对中共的误解和偏见。新中国成立前夕，中共领导人董必武等在北大、清华、燕京等大学一百余名教授出席的茶话会上，特别讲解了党的知识分子政策，引起了很大反响，起了很好的安定作用。党

① 《革命根据地经济史料选编》（下），江西人民出版社 1986 年版，第 30 页。
② 《陕甘宁边区参议会文献汇编》，北京科学出版社 1958 年版，第 313 页。
③ 皇甫束玉等编：《中国革命根据地教育纪 1927.8～1949.9》，教育科学出版社 1989 年版，第 321 页。
④ 《中共中央文件选集》（第 14 册），中共中央党校出版社 1987 年版，第 110 页。
⑤ 《中共中央文件选集》（第 14 册），中共中央党校出版社 1987 年版，第 529 页。

中央还通过各种渠道与国统区的科技人才保持密切的联系，保护他们的安全，并想方设法把他们送到解放区。在党的重用科技人才政策感召下，许多有一定成就的自然科学家，顶住国民党政府的威胁和利诱，积极投身到民族的解放事业中去，这就为新中国科技事业的恢复和发展积累了宝贵的人才资源。

二、重视科学技术的推广运用

农业是解放区的经济命脉，这时科技政策的内容主要集中于农业科技的研究与推广。1946 年 1 月 30 日《山东省政府三十五年（1946 年）生产工作的指示》中提出："农业生产建设的中心环节，在于组织劳动互助和改进生产技术。要把分散的落后的农业，改造而为有组织的和采用科学耕作方法的农业。而其最后目的则为提高劳动效率，增加农业收获。"1946 年 1 月 31 日召开了晋察冀边区行政委员会财经会议，确定了本年度工作的方针任务，指出了农业增产的方法，是实行精耕细作，改良技术。1946 年 4 月 5 日陕甘宁边区政府主席林伯渠在三届参议会第一次大会上作了题为《边区建设的新阶段》的工作报告，提出今后三年的建设任务。报告指出：发展农业的关键在于发展农业生产力，建议努力改进农作法与农业技术，加强试验农场。① 1947 年 12 月《东北解放区一九四八年经济建设计划大纲》提出了使公营农场在农民中起着发挥集体劳动与技术改良农作法的示范作用，并有重点的在农场内设立农业试验场。培养与繁殖优良品种，研究改进农业技术，以便在农村中迅速推广。② 1949 年 3 月 9 日《东北日报》发表题为《把农业生产技术提高一步》的社论，指出："为了不断提高农村的生产力，我们的任务就一方面必须把广大农民组织起来走向互助，另一方面必须更进一步的提高广大农民的生产技术水平。于是改进农业生产技术，就成为发展农村生产力的一个重要方面。"③ 为了加强对农业科技的推广，解放战争时期的东北和华北等解放区相继召开了农业技术会议或者制定了开展农业科技研究的决议，对农事试验场

---

① 中国科学院历史研究所第三所编：《陕甘宁边区参议会文献汇编》，科学出版社 1958 年版，第 290 页。

② 《革命根据地经济史料选编》（下），江西人民出版社 1986 年版，第 207 页。

③ 武衡：《东北区科学技术发展史资料（解放战争时期和建国初期）》（综合卷），中国学术出版社 1984 年版，第 157 页。

研究工作进行指导和规划。华北解放区还成立了华北农业科学研究所。这样极大地推动了解放区农业科技研究的开展和农业技术的进步。

大力发展工业，巩固解放区的人民政权和支援前线战争，是中国共产党和各级人民政权的既定政策。党在 1946 年提出要“发展农村手工业及必要的、条件可能的机器工业”。东北局在《关于 1947 年度财经工作方针与任务的指示》中，提出了“有计划地组织工业生产”的任务。并要求根据战争环境与自给原则，在安全地区，利用可能的条件，进行民用、军用必需品手工业及机器工业、矿业的生产。① 工业的生产离不开技术的支撑。为此山东、华北和东北等解放区陆续成立了专门的工业技术研究机构（其中有些是抗战时期就已经建立的）。这些科研机构制定了详细的科研发展计划，并深入工矿企业解决生产过程中出现的技术问题。为使东北成为解放全中国的军事基地，满足战争的需要。党中央非常重视东北工业的发展，要求东北解放区接受日伪兵工厂，利用旧技术人员，组织工人收集器材，迅速恢复军工生产，支援前线。因此在广大科技人员的努力之下，解放区的工业生产很快得到恢复和发展。特别需要指出的是，解放战争时期的人民兵工，较抗日战争期间有了很大的发展。在规模上由分散逐步转向集中，在生产手段上转为以机器为主；在生产内容上转向以制造为主；在布局上，按地区组成专业生产厂，就地协作配套。所有这些，标志着人民兵工从手工作坊型走向了工业化生产的道路，为新中国的工业建设培养了干部，积累了经验。为了宣传科学技术在生产中的作用，解放区还举办了多次工农业展览会，向人们展示解放区最新的科技成果。改良的农具、可以制造出飞机大炮的大型机械设备和科学实验用的各种器皿都引起了参观者的浓厚兴趣，起到了很好的科学普及作用。

三、积极发展科技教育事业

民族解放运动对人才的需求，使得党在这一时期更加重视发展教育事业。1948 年 10 月 10 日东北行政委员会发布了《关于教育工作的指示》，指出处在新形势下教育工作的首要任务是培养大批有文化知识、科学技术和革命思想的各种知识分子，以应建设需要。《指示》要求教育领导机关首先要拿出一定

① 朱建华：《东北解放战争史》，黑龙江人民出版社 1987 年版，第 36 页。

力量办大学、中学和师范、工业、铁路、邮电、卫生、行政等专门学校培养各科知识分子和干部。① 1949 年 2 月 24 日华北人民政府第二次政府委员会通过《1949 年华北区文化教育建设计划》，提出要大量培养与提高为人民服务的各种干部和技术人才，为此，整顿现有的各大学，专门学校，辅以速成班次，培养工矿、农林、水利、交通、电讯、医药、卫生等各种中下级干部及普通技术人员，为培养各种技师、工程师、专家奠定基础。② 1949 年 8 月 1 日中共中央东北局、东北行政委员会发出《关于整顿高等教育的决定》指出：没有大批的有现代科学知识的与掌握现代技术的专门人才，东北经济建设任务的胜利完成是不可能的。这就要求我们办好高等学校，从事培养大批专门人才，特别是经济建设人才。高等教育应担负起培养具有革命思想与掌握现代专门科学技术知识的高级专门人才的任务，以适应新民主主义的经济建设与文化建设的需要。③ 这些决议和条例明确认识到经济的恢复与建设必须依靠科技人才，因而要建立各类科技院校，培养大批的科技人才。

在党关于发展科技教育事业的方针政策的指导下，解放区科技教育的迅猛发展。抗战时期高等科技教育仅有自然科学院和中国医科大学两所。到了解放战争时期，解放区先后新建了北方大学、华北大学、东北科学院、沈阳农学院、华中建设大学等等；而且高等科技教育在师资力量、办学条件和教学质量等方面有质的提高。为了发展大众化教育，山东和东北两个解放区克服重重困难，创办了数量较多，教学设施相对比较齐全的科技学校。这些学校设有农学、工学、医学、教育学等学科专业，并拥有一定的规模的实习场地和实验设备，不仅培养了大批经济建设急需的科技人才，而且也为新中国教育事业向正规化发展打下了基础。

在新解放城市，维持和恢复旧有学校，留用广大教职员等知识分子，尤其重视对教职员的教育和改造，构成了党接收和恢复新解放区教育事业的指导方针。中共中央明确宣布：“保护一切公私学校、医院、文化教育机关、体育场所，和其他一切公益事业。凡在这些机关供职的人员，均望照常供职，

---

① 蔡克勇：《高等教育简史》，华中工学院出版社 1982 年版，第 151 页。

② 中央教育科学研究所编：《老解放区教育资料（三）》（解放战争时期），教育科学出版社 1991 年版，第 66 页。

③ 武衡主编：《东北区科学技术发展史资料（解放战争时期和建国初期）》（综合卷），中国学术出版社 1984 年版，第 243 页。

人民解放军一律保护，不受侵犯。”① 并指示各新区“对于原有学校，要维持其存在，逐步加以必要与可能的改良”，每到一处，便“要迅速对学校宣布方针，并与他们开会，具体商定维持的办法，否则大批学校就要关门，知识分子会被敌人争取去”。对于教员，除极少数反动分子外，其余一概争取继续工作。由于党采取了一系列正确的措施，新解放区的教育科技事业得到了很好的接受和保护，成为新中国教育科技事业的一个重要组成力量。

四、科技实践对建国初期党的科技政策的影响

一是重视科技人才的团结和使用，为建国初科技和教育事业的恢复和再建制奠定基础。科技人才是解放区科学技术的奠基者，也是发展科技事业的关键。我党保持了抗战时期形成的尊重人才的优良传统，在各新老解放区颁布许多奖励和优待政策，使大批科技人才团结在党的周围，而且不拘一格，委以重用。同时，各解放区注重科技教育的发展，培养了大批科技人才和科技干部，不仅缓解了当时人才不足的状况，而且绝大多数科技人才在建国后仍然在科技战线发挥着巨大作用。随着解放战争步伐的加快，越来越多的科技工作者投身到民族解放事业的洪流中，成为新中国科学技术事业复兴的内在动力。为 20 世纪 50 年代我国科研机构的组建和科技与教育新体制的建立创造了有利的条件。

二是初步形成了科研到成果推广的完整体系，积累了丰富的领导和管理科技工作的经验。随着解放战争的不断胜利，解放区的科技研究已具备了一定的条件，开始有步骤、有规划地开展研究工作。在解放战争时期为了加强科研工作，解放区相继成立了许多专业化的科研机构，并取得了不少的科研成果，对解放区科技研究的开展和科技水平的提高发挥了重要的作用。抗日战争胜利不久，东北局和东北人民政府决定对日伪的研究机构进行调整、整顿，组建成东北科学研究所等一批新的研究机构。1947 年初在阜平县平房村成立了晋察冀边区工业局化学研究所，后来改为边区工业局化工研究所。1949 年 4 月成立的华北农业科学研究所，是新中国建立的第一所综合性的农业科研机构。为了促进科技成果的推广，当时东北、华北等解放区就召开过

① 《毛泽东选集》第 4 卷，人民出版社 1991 年版，第 1458 页。

多次农业技术会议或者制定了开展农业科研的决议，对农业科研的方法、原则及推广作出详细的说明和指导。如1947年8月5日冀晋区的农业技术会议；1948年10月8日中共中央东北局制定《关于今年农业生产的总结与明年农业生产任务的决议》；1949年2月东北行政委员会农业部发布《关于建立各级农事试验场的方针》等等。随着解放区科研水平的不断提高和科技成果的推广应用，有力的支持着社会的经济建设和军事工业的发展。而这些发展科技的实践为新中国发展科技事业提供了借鉴经验，积累了丰富的管理经验，为建国伊始采取的一些重大举措和政策的出台有了直接的参照。

三是科技团体的建立与壮大，促成了新中国科学技术组织的成立和科技政策的制定。1947年2月17日，山东自然科学研究会在省文协召开第一次筹备会。该会确立以“破除迷信，改进生产技术，推行社会卫生，协助科学教育及科学研究为初步目标”①。东北自然科学研究会是解放区成立最晚的科学技术团体。1948年4月8日在哈尔滨召开筹备会总会。以“团结愿为人民服务的自然科学工作者及科学工作者、促进科学理论技术之发展，积极参加东北与新中国的各种建设事业，把科学理论技术与广大人民的劳动结合起来为宗旨”。② 接着在原来东北的吉林、合江等省成立了若干分会，一些工业管理部门及工厂、矿山等热烈响应，组织了分会。如工业部在1948年9月下旬成立了分会；抚顺矿务局在1949年2月16日成立了分会等。各分会分别组织科学技术学习，翻译出版科技小册子，发展登记会员等工作。③ 1949年5月，东北自然科学研究会以解放区科学技术团体的身份，与中国科学社、中华自然科学社、中国科学工作者协会三团体一道，成为召开“中华全国自然科学工作者代表会议”的倡议者之一。

而建国前夕两度召开的“中华全国自然科学工作者代表会议”，不仅奠定了建国后“科学为人民大众”党的发展科技事业的总的指导思想，还促成了新中国一系列科技政策的制定。

---

① 何志平主编：《中国科学技术团体》，上海科学普及出版社1990年版，第435页。

② 武衡：《东北区科学技术发展史资料（解放战争时期和建国初期）》（综合卷），中国学术出版社1984年版，第288页。

③ 《中国科技史料》，1985年第5期。

本章小结

20 世纪前半叶是中华民族实现伟大复兴征程中最艰苦卓绝的五十年，也是中国共产党从诞生到带领全中国人民实现民族彻底独立而英勇奋斗的五十年。从五四运动高举民主和科学大旗到唯物史观再到以马克思为指导思想的中国共产党诞生，科学是其红线之一。综观中国共产党在革命战争年代发展科技的历程，不难看出中国共产党一直很重视科学技术。科学技术在今天的社会生活中地位更加重要了，如何发挥科学技术在各项事业中的作用愈来愈受到人们的重视。因此总结中国共产党在革命战争年代的科技思想和在根据地发展科技事业的历史经验显然是很有必要和意义的。况且，革命战争年代发展科技的实践经验对建国初期科技政策的制定和科技工作的开展有着重要影响。

如同整个中国现代化是被迫的一样，革命根据地发展科学技术在某种程度上也是被迫的——被战争所迫，尽管不同时期作战对象不同，作战的目的也不同。“科学有用”、“技术有用”、“自然科学是个很好的东西”等等，这是当时工作的出发点也是宣传重点。从根据地发展科学技术的理念上看，中国传统的实用主义、功利色彩仍然很浓。在“一切为着抗战，一切服务于抗战”这个党的中心工作指导下，发展科学技术的主要目的必然是围绕着边区的经济建设和军事斗争这两大目标。因此，当时革命根据地发展科学技术事业，出发点还是“有用、有大用、有至关重要的作用”，能为当时党的主要目标服务，提供极大的支持。然而严格上来说，这一目标并非“科学发展的目标”，党的领导人没有把科学摆到真理（求真）的角度来看，没有把科学精神、科学文化自觉自愿地主动地吸收到中国传统文化之中，使之成为中国新文化的重要组成部分乃至主体，这就必然导致科学技术工具理性至上的思想占据主导地位，这是一个很大的历史局限性。而这一局限性导致了科技工具化的理念在建国后二十世纪五六十年代被推上极致，最终使科学技术被沦落为政治斗争的工具，这不能不说是党的科技观史上一段值得反思的地方。

当然从今天角度看，在革命根据地特定条件下，中国共产党领导区域的科技事业成就很大、也很不易，它不仅直接成为推动革命战争进程的动力之一，而且在中国科学体制化、现代化进程中具有里程式的意义。中国共产党在新民主主义革命时期发展科技的主要经验，一是确立马克思主义科技指导思想和科学大众化方针；二是重视科技人才，不拘一格地发挥其聪明才智；三是坚持自力更生，艰苦创业，因地制宜求发展；四是将发展科学技术同革命战争和生产建设紧密结合；五是初步形成了从科研到成果推广的完整体系。建国前党的科技观对中国人民取得抗日战争和解放战争的胜利起到了积极作用；建国前党的科技实践活动，为新中国的科技发展打下了一定的基础；革命战争时期的党的科技政策对我国现在的经济建设、科技进步也有许多借鉴作用。

第二章

建国初期中国科技事业的曲折发展及影响

1949年，中华人民共和国成立。新中国的建立，不仅结束了长期以来中国人民遭受封建主义统治以及帝国主义侵略的历史，而且也为我国科技事业的发展提供了强有力的政治保障。随着建国初大规模的工业化改造和经济、文化建设的全面展开，党对科技事业的建设和发展道路进行了积极的探索，使得我国的科技事业无论在性质上、还是在规模上都开始发生了根本的变化，取得了巨大成就，出现了新中国科技史上第一个“黄金期”。然而，在建立社会主义制度之后，由于党的主要领导人对科技本质认识上出现一定的误区，使党的科技观发生偏向，在实践层面上使我国的科技事业健康发展遭到了严重的影响。

第一节　确立“人民科学”的方向

新中国成立，为科技事业的发展奠定了政治基础。然而由于旧中国科学技术水平低下，科技力量薄弱，科技人员的价值取向混乱，已不能适应建国初期政治、经济形势发展的需要。为了迅速改变这一状况，党明确了科学为“国家建设服务和为人民大众服务”① 总的指导思想，这为人民民主政权确立科技事业发展方向、重建新的国家科技教育体系、团结和改造科技人才、认真探索科技发展之路打下了理论基础。

---

① 《人民日报》，1950年8月27日。

一、"人民科学观"的确立

科学为人民大众的思想，是以"人民科学"的概念出现。人民民主政权的建立标志着政权的更替和政治的转型，而这种政治转型必然导致社会的转型。新的人民政治、人民体制、人民时代和人民社会建立，必然推动人民科学的发展，这无疑为"人民科学观"的确立奠定了良好的政治与社会历史条件。

在建国前夕的1949年6~7月间，两度召开的中华全国自然科学工作者代表会议（以下简称科代会）筹备会上，党的领导人朱德、叶剑英、周恩来等先后到会讲话，都提出了"人民科学"这个概念。朱德讲话的题目就是"科学转向人民"，他指出"各位科学专家，应该做建设工作的计划者和工作者。以往的科学是给封建官僚服务，今后的科学是给人民大众服务。如果在这个条件下来发展科学一定很快的就可以有成绩。"① 叶剑英全面阐述了人民科学的思想，他认为，"只有在人民政权下，科学工作者，才能真正为人民服务。科学才能真正地叫人民的科学。"他还号召科学工作者要"把科学上一切成果献给人民，把科学成为发展生产、繁荣经济、增进人民幸福的东西。"② 周恩来指出，科学是不能超越政治的，而新民主主义政治是为人民服务的，因此，一切有良心的科学家只有在人民民主专政的新中国里面，才有自己光明灿烂的前途。③ 1949年8月，毛泽东在《别了，司徒雷登》一文中也说："美国确实有科学，有技术，可惜抓在资本家手里，不抓在人民手里，其用处就是对内剥削和压迫，对外侵略和杀人。"④ 这一切都表达了中国共产党人要建立人民科学的愿望。

1949年9月，中国人民政治协商会议第一次全体会议通过了具有临时宪法性质的《共同纲领》。其第43条明确规定："努力发展自然科学，以服务于工业农业和国防的建设。奖励科学的发现和发明，普及科学知识。"第44条规定："提倡用科学的历史观点。研究和解释历史、经济、政治、文化及国际事务，奖励优秀的社会科学著作。"第47条规定："有计划有步骤地实行普及

① 《科学通讯》，1949年7月11日第1期。
② 《科学通讯》，1949年7月11日第2期。
③ 《科学通讯》，1949年7月11日第2期。
④ 《毛泽东选集》第4卷，人民出版社1991年版，第1495页。

教育，加强中等教育和高等教育，注重技术教育，加强劳动者的业余教育和在职干部教育，给青年知识分子和旧知识分子以革命的政治教育。”① 这一切都表明科学在为人民服务、为国家建设服务方面取得了政治保证，具有了不可违背的宪法意义，这是新型的人民科学观形成的决定性的政治条件。

事实上，早在延安时期，中国共产党就提出了要建立民族的、科学的、大众的新民主主义文化的纲领，可以说是“人民科学”提出的先声。这种把科学看成是服务于阶级的一种工具或一种武器，其思想基础来源于马列主义。

马克思和恩格斯很重视科学与社会的关系。作为资本主义的批判者他们敏锐地发现，“在资本主义社会，科学的成果不仅是为少数剥削者所用，而且不可避免地成为奴役劳动大众的工具。”② 所以，要让科学起到真正的作用，“把科学从阶级统治的工具变为人民的力量”，这只有在劳动共和国里面才能得到实现③。列宁也认为，既然“资本主义留给我们许多出色的专家，我们应该广泛地、大规模地使用他们，资产阶级文化、知识、技术的各种代表人物都应当予以重视，他们在过去积累了自己的知识，应当把有用的知识交给苏维埃，交给人民。”④

建立在马列主义思想基础上的中国共产党，对于如何发展科学这个问题上首先关注的便是政治制度与科学发展的关系。党的领导人认为，自然科学和自然科学家在资本主义社会里，基本上没有出路。只有在共产党领导下，自然科学才能被真正重视，自然科学才能得到真正的尊重，自然科学才“可以大大发展”。毛泽东坚信，由于边区在党的领导下所进行的民主主义改造，改变了生产关系，就有了改造自然的先决条件，生产力也就日渐发展了，所以“边区的社会制度是有利于自然科学发展的”⑤。因此，只有在这样先进的制度下科学才能变成“人民的力量”。这些理论和论断构成了“人民科学观”的思想基础。

1950 年 8 月召开的科代会是建国后科学界第一次大规模的盛会，参加会议的 468 位全国第一流的科学家受到了毛泽东的接见。在会议期间，科学家们踊跃发言、热烈地讨论。他们认识到：旧中国的科学事业只是一部分科学

---

① 《建国以来重要文献选编》（第 1 册），中央文献出版社 1992 年版，第 11 页。

② 《马克思恩格斯全集》第 19 卷，人民出版社第 246 页。

③ 《马克思恩格斯全集》第 19 卷，人民出版社第 600 页。

④ 《列宁斯大林论科学技术工作》，中国科学院出版 1954 年版，第 110 页。

⑤ 《新中日报》，1940 年 3 月 15 日。

家沿着个人兴趣在小圈子里研究的，有着脱离现实、孤芳自赏的特点，即使是应用性研究，也不是为人民服务的。而今天，科学家们团结了起来，在新中国政权的领导下，有计划开展科学工作，并且开始真正服务于人民，服务于国家工农业和国防建设。吴玉章在开幕词中指出："今天中国人民是迫切需要科学家替他们解决问题，科学家也有义务替他们解决问题，也只有这样今天科学家才能得到人民的爱戴和荣誉。中国科学研究一旦和中国人民实际需要结合起来，中国科学的繁荣是指日可待的。"① 中国科学工作者都深深体会到，在新中国建立"不到一年的时间里，中国科学界有两点最显著的进步：第一是1949年7月在北京召开全国科代会筹委会议，推动了全国科学界的大团结。第二是科学工作者普遍认识'科学应该为人民服务'，各方面都喊出了这个口号。"②

为了祝贺科代会的胜利闭幕，《人民日报》发表了《有组织有计划地开展人民科学工作》的社论。社论指出，"在半封建半殖民旧中国，国民党反动政府对科学文化实行专制政策，使科学工作者不能按照人民的需要开展工作。人民政府与之相反，实行新民主主义的，即民主的、科学的、大众的文教政策，鼓励科学工作者为国家建设服务，为人民大众服务"，社论还具体指出，"新中国的科学工作应该成为群众性的事业，应该把科学理论于群众的经验结合起来，把专家的智慧于群众的智慧结合起来，把科研工作于群众生产工作结合起来。这是科学界正确的努力方向。"③ 可以说，这次全国科学工作者代表大会是中国科学界的"人民科学观"正式形成的标志。此后，中国科学工作的展开，都开始在这一科学观指导下进行。

从"人民科学"概念的提出到人民科学观的确立，不仅是当时新的人民民主政权建设的需要，也是科学发展规律使然；它不仅适应了当时我国国情与社会经济发展的要求，而且也适应了我国科学发展的要求。

二、"人民科学观"的初步实践

人民科学观的确立和其价值取向，不仅在思想层面上激发了广大科技工作

① 何志平等主编：《中国科学技术团体》，上海科学技术出版社1990年版，第469页。
② 任美绍：《今后中国科学的展望》，载《科学大众》。1950年1月第7卷第1期。
③ 《人民日报》，1950年8月27日。

者的爱国热情，而且在实践层面上直接推动了新中国科学技术事业的迅速发展。

（一）自然科学大众化和普及化运动

自然科学的大众化、本土化问题早在20世纪二三十年代，就有少数科学家提出并开始了实践。但由于缺乏统一领导，这一探索未能最终完成。在延安根据地时期党已将科学大众化作为一种群众运动加以开展。建国后人民科学观的确立，这为科学的大众化、普及化运动在全国推广创造了有利的政治条件。

“科学只有生根在民族的土壤里，生根在国家和人民的实际需要里，才能繁荣滋长，开花结果。因此，新中国的科学研究工作必须与科学普及工作结合起来。”① 为了响应党中央的号召，广大科学工作者纷纷走出象牙塔，不遗余力地在群众中开展科学普及工作。1950年8月25日“中华全国科学技术普及协会”的成立，标志着新中国科学普及和大众化的开端。该协会的宗旨是：组织会员，通过讲演、展览、出版、电影及其他方法，进行自然科学的宣传，力图使劳动人民确实掌握科学的生产技术，促使生产方法科学化。在新民主主义的经济建设中发挥力量；解释自然现象和科学技术的成就，肃清迷信落后思想；宣扬我国劳动人民对于科学技术的发明创造，藉以在人民中培养爱国主义精神；普及医药卫生知识，以保卫人民的健康。②

“科普协会”成立一年中，全国有25个省（市、行署区）建立了分会筹委会，一年来各地发展会员达7，393人，绝大部分是各部门、各学科优秀的科学工作者；各地分会一共建立了113个工作组，还有11个分会管辖下的支会。1950年前8个月，广大科技工作者在科普协会的旗帜下，进行了多次的科学讲演、幻灯放映和展览，总计受益人数达1，119，678人，其中讲演1，697次（包括公开讲演和电台广播），听众共计279，043人，科学幻灯放映1，305次，观众393，891人；科学展览会举行了29次；有统计的观众446，744人。另外，各地8个月中，一共出版了科学小册子30种，科学期刊121期。③ 这一切都极大地推动了科学普及工作的顺利发展。

① 《人民日报》，1950年8月27日。

② 梁希：《中华全国科学技术普及及协会的任务》，载《科学普及及通讯》，1950年第7期。

③ 《“中华全国科学技术普及协会”的第一年》，载《科学普及》，1951年10月。

在如火如荼的科普活动中，大量的天文知识宣传，使群众了解到自然界是按照一定规律运动和发展的，而舍弃了“天圆地方”“天狗吃月亮”等迷信思想。科学卫生知识宣传对于揭破反动迷信会道门的真面目，动摇反动会道门的思想基础，堵塞反革命谣言的空隙等起了很大作用。在为生产、保健工作服务方面，老区各地的文化馆和农场经常借庙会对广大农民进行防除病虫害、积肥压肥、精耕细作的宣传，新区也通过除虫、选种等运动，驱除了群众“神虫不能捉”、“靠天吃饭”等迷信保守思想，为他们解决了农业生产上的实际问题。各种传染病知识的宣传，使群众了解到“预防为主”政策的意义。工人方面，除工会领导的业余学校的文化技术学习已逐步展开外，通俗科学技术读物受到很大欢迎。①

在科学为人民大众思想的指导下，广大科技工作者不仅开展了如火如荼的科学普及活动，而且努力纠正过去科学研究与实际相脱离的弊端，注重发展与国防、工业、农业有关的科学研究工作，并取得了可喜的成果。在自然条件的研究调查方面。地质研究所配合政务院财政经济委员会领导的东北矿产探勘工作，进行的北满地质调查；地球物理研究所物理探矿组专门为东北训练了工作人员，还对金属矿产进行了物理探测，发现了铁、铅、锌、煤、萤石、耐火材料、硫化铁矿区十余处；地理研究所筹备处大地测量组为黄河水利委员会测定了潼关和托克托两地精密经纬度，并组织了黄泛区考察队等；实验生物研究所昆虫研究室阐明了棉蚜的生活过程，提供了防除棉蚜的方法；水生生物研究所在浙江吴兴菱湖对湖鱼的鱼瘟进行调查研究，并提出了预防鱼瘟的计划。在应用自然科学方面。应用物理研究所在晶体压电现象方面解决了电讯工作对于“水晶振荡片”的初步需要，并拟大量制造；有机化学研究所在制菌剂青霉素的制造上取得成功；物理化学研究所对于电器工业所提出的用作电灯丝及电阻线制造的胶质石墨研究也取得成果；生理生化研究所在营养化学方面应淞沪警备部队之邀，研究该部队战士之营养缺乏症，发现病源是缺少“核黄素”，获得良好结果。另外，在关于联系实际需要的其他方面，各研究所也有相当多的成果。这一切都是新中国成立前想也没有想到过的，反映了党的科学为人民大众思想对新中国科学技术事业的巨大促进作用，也反映了科学发展与国家建设实际结合的良好趋势。

---

① 《一年来的科学普及运动》，载《科学普及通讯》，1950年第10期。

（二）国家科技教育体系的再建制

“人民科学”事业的确立，离不开科技力量。但新中国成立前整体科学技术水平落后，这既有科学体制本身的问题，但更主要的是由政权的反动和腐败造成的，在新的政治制度下需要加以纠正，使之符合人民科学观的要求。因此，在主要是国民政府原有科学技术建制的基础上对科技教育体系的重建和科技力量的重组，必然伴随着对科学为人民大众服务的政治取向和价值取向的认同，这个过程我们将之称为再建制化。①

1. 中国科学院的建立

1949 年 7 月，科学界代表向人民政协提出议案，建议设立国家科学院，以“统筹及领导全国自然科学、社会科学的研究事业，使产生及科学教育密切配合”。1949 年 9 月 21 日，中国人民政治协商会议召开，会议公布了《中华人民共和国中央人民政府组织法》，其第十八条规定：成立科学院，由政务院文化教育委员会直接领导。11 月 17 日，中央人民政府委员会第三次会议通过任命史学家、考古学家、文学家郭沫若为中国科学院院长。1949 年 11 月 1 日，新中国成立后仅仅一个月，中国科学院正式成立。中国科学院的成立，标志着新中国科技事业的开端，并由此拉开了改造和调整旧有的科研机构，建立新的国家科学研究机构体制的帷幕。

1950 年 6 月 14 日，政务院文化教育委员会做出了《关于中国科学院基本任务的指示》，要求中国科学院以人民政协共同纲领第五章文化教育政策、特别是其中有关科学工作的各条规定为总方针，并提出了科学院的基本任务：一是确立科学研究的方向；二是培养与合理的分配科学研究人才；三是调整与充实科学研究机构。② 根据这一指示，中国科学院对当时的研究机构进行了全面的调整和充实。

新中国成立前，我国科学技术非常落后，全国科学技术人员不到 5 万人，其中专门从事科学研究工作的不到 500 人③。全国只有中央研究院和北平研究院所属的 20 个综合性的自然科学和社会科学研究机构以及中国地理所、静生

---

① 引自王志强：《中国共产党的科技政策思想（1949～1956）》，北京大学图书馆博士论文库，第 16 页。

② 《政务院文化教育委员会关于中国科学院基本任务的指示》（1950 年 6 月 14 日），见《建国以来重要文献选编》（第 1 册），中央文献出版社 1992 年 5 月版。

③ 国家科委：《科学技术白皮书第 1 号》，科技文献出版社 1986 年版，第 12 页。

生物调查所、西北科学考察团等几个专业性的研究所。中国科学院建院初期，有独立科研机构 22 个，职工 575 人，其中科研人员 316 人。高级研究人员 122 人，中级研究人员 112 人。① 1950 年，中国科学院分别召集了专门学科会议 28 次，按照郭沫若院长提出的中国科学院办院方针："发展科学的思想以肃清落后的反动的思想，培养健全的科学人才和国家建设人才，力求学术研究与实际需要的密切配合，使科学能够其正服务于国家的工业、农业、国防建设、保健和人民的文化生活。"将原中央研究院的 12 个研究所、北平研究院的 8 个研究所以及北京生物调查所、南京地理研究所等加以调整，改组为 17 个研究单位和 3 个研究所筹备处（数学、地理、心理）。调整后的研究所按照国家建设需要以及学科的范围，分为以下几个方面：（一）地学方面，有地质研究所，地球物理研究所；（二）物理方面，有近代物理研究所，应用物理研究所；（三）化学方面，有物理化学研究所，有机化学研究所；（四）生物学方面，有生理生化研究所，实验生物研究所，水生生物研究所，植物分类研究所，古生物研究所；（五）社会科学方面，有考古研究所，语言研究所，近代史研究所，社会研究所。此外，还有工学实验馆以及紫金山天文台。

以上调整的原则大体上是根据已有条件以及国家工业、国防、农业各方面建设的需要。调整以后的各研究所，都经政务院任命了所长，并制定了研究计划，配备了研究人员和技术人员。做到了人力物力的集中，克服了过去机构重复和各自为政的现象。② 中国科学院理顺了科学研究机构的关系，制定了条例章程，改变了无组织、无计划的局面。经过几年的建设和发展，到 1955 年，全院共有科研机构 44 个，职工 7978 人，其中科研人员 2977 人（高、中级研究人员 1024 人），分别比 1949 年建院初期增长 1 倍、13 倍和 8 倍，经费支出（含科学事业费和基建投资）3742.5 万元，比 1950 年增长 12 倍。③

科学院的成立是再建制的初步成果，使新中国建立了以科学院为中心、

① 中国科学院计划局统计处：《中国科学院奋进的四十年》，引自国家统计局科技统计司《中国科学技术四十年》，国家统计局出版社 1990 年 6 月版，第 17 页。

② 郭沫若：《中国科学院 1950 年工作总结和 1951 年工作计划要点》，载《新华月报》，1951 年第 4 卷第 1 期。

③ 中国科学院计划局统计处：《中国科学院奋进的四十年》，引自国家统计局科技统计司《中国科学技术四十年》，国家统计局出版社 1990 年版，第 17 页。

以政府各部门和高校科研机构为辅助的科技新体制，这不仅符合人民科学观的要求，而且在建国初期中国科学技术事业发展中发挥了重大作用。

2. 高等学校院系调整

在科学为人民大众的思想指导下，党和政府决心着力培养自己的科技人才。在中国科学院调整和充实所属研究机构的同时。自 1951 年 3 月开始，国家对高等院校的院系设置进行大规模的调整，整合现有资源，加快高校科研机构的发展，以尽快地培养中国工业化建设急需要的工学人才。这次调整是中国科技教育再建制的又一个举措，对建国以后 17 年的高等教育产生了重大影响。

建国初期，中国的许多高校都属于教会学校，所设基础理论学科占有比例较大，教学内容和教育方法严重脱离实际。这既不符合当时“提高人民文化水平，培养国家建设人才，肃清封建的、买办的、法西斯的思想，发展为人民服务的思想”的教育工作的总方针，也不利于培养当时的经济建设所需要大量科技人才。为了改变这一状况，根据政务院《关于改革学制的决定》的基本精神，以苏联高等教育为模式，在全国范围进行院系调整。

1951 年 11 月 30 日，第 113 次政务院会议批准了《中央人民政府教育部关于全国工学院调整方案的报告》。报告认为：工业院校存在地区分布不合理、师资设备分散、使用极不经济、系科庞杂、教学不切实际、培养人才不够专精、学生数量不适应工业建设的迫切需要。报告还提出了北京大学、清华大学等著名高校的具体调整方案，调整工作随即展开。1952 年 9 月 24 日《人民日报》发表《全国高等学校院系调整基本完成》社论指出，调整是“以培养工业建设干部和师资为重点，发展专业学校和专科学校，整顿和加强综合性大学，逐步地创办函授学校和夜大学，特工农速成中学，有计划地改组各高等学校，以便大量吸收工农成分的学生入高等学校。专门学院和专门学校又分多科性和单科性两种，它的任务是根据国家的需要，培养各种专门的高级技术人才。综合性大学的任务，主要是培养科学研究人才和中等学校、高等学校的师资”。

这次调整，首先体现在学校布局有了较大的变化，综合性大学由 55 所减为 14 所，工科院校则由 31 所增加到 47 所，师范院校有了大幅增加①。其次，

① 《中华人民共和国三年来伟大成就》，人民出版社 1953 年版，第 136 页。

以上调整相应地突出了专业性的系科，甚至出现了专业院校，如华东化工学院等。这些专业系科或院校，以工为主，实用性极强。据统计，1946 年在全国大学生总数中，工科仅占 18.9%，调整后，逐年升高。1952 年为 35.1%，1953 年为 42.86%，1954 年则达一半左右。工科专业数占全国专业总数的 55.2%，远远超过一半①。另外，农、医、水利等系科和院校也有较大幅度的增强，高等工科院校基本上形成了以机械、电子、建筑、化工等主要专业比较齐全的新格局，使高等教育的结构和规模基本适应我国工业化建设的需要。

历时近八年的院系调整和改革，是我国科技教育发展史上的一件大事。从总体上看，学校布局有了改善，系科和学科类别结构基本上反映了国家建设的需要，扩大了办学规模，提高了办学效益，培养了大批工业建设所急需的各类专业科技人才。同时经过院系调整，各高等院校的科研机构也逐步发展起来，以高校为依托的科研体系逐步建立。

3. 进一步健全国家科学领导体制

为了进一步加强对全国科学工作的学术领导，增强中国科技发展的计划性，走中国式集中型"大科学"② 体制之路，迫切需要建立和健全全国科学技术领导机构。这既是科学为人民大众思想的客观要求，也是苏联科学建制对中国科技体制的影响使然。

中国科学院建立以来，集国家开发与学术中心于一体，既要满足国家对科学研究和尖端技术的需要，又要指导全国经济部门的技术活动，这在事实上削弱了其学术领导的功能。为了迅速扭转这一局面，从 1954 年 1 月开始酝酿成立中国科学院学部。经过反复讨论和协商，从 31 个学科中选出 233 位学部委员，并于 1955 年 6 月 1 日举行成立大会。学部成立大会的召开是我国科学界的一个里程碑的标志。正像郭沫若在大会开幕词中所说："中国科学院各学部的成立，标志着我国科学事业发展中的一个新阶段的开始③。"通过这次大会，中科院正式成立了物理学数学化学学部、生理学地学部、技术科学部、

---

① 引自扬德才等编著：《20 世纪中国科学技术史稿》，武汉大学出版社 1998 年版，第 159 页。

② "大科学"：指科学的研究对象复杂，综合性强，所需实验设备庞大，研究程序繁杂，以解决经济、军事或重大理论问题为目的，并以规划科学研究为主要特征的科学研究体制。（D. Price，Little Science，Big Science，New York and London，1963）。

③ 郭沫若：《在中国科学院学部成立大会上的报告》，见《建国以来重要文献选编》（第 6 册），中央文献出版社 1992 年版，第 267 页。

哲学社会科学部。学部的成立使全国最优秀的科学家进入学术领导行列，中国科学院就可以对全国科学研究工作进行统筹安排与规划，这对推进我国科学技术的深入发展发挥了重要作用。学部的成立是我国科学事业发展的重要阶段，这是在科技体制改革中的一个极其重要的转换，这一转换实质上是淡化科学院在国家科技事务中的行政管理职能，而强化它的学术中心职能。不仅加强了中国科学院的学术领导，而且对于最终形成中国新的科学体制具有重要意义。

为加强科技事业的领导，巩固再建制成果。1956 年 3 月，国务院成立了科学规划委员会，负责科学规划工作，同年 6 月又成立了国家技术委员会，组织全国科技工作。为了适应形势要求，1958 年 11 月 23 日，全国人大常务委员会第 102 次会议决定，将国家技术委员会和国务院科学规划委员会合并为中华人民共和国科学技术委员会（简称国家科委）。其基本任务是：对科学技术的方针和政策进行研究，并向中共中央和国务院提出建议；制定国家科学技术发展的年度计划和长远规划，作为国家经济计划的一部分，采取有力措施，保证贯彻完成；组织、协调全国性的重大科学技术任务并监督检查其执行；总结、鉴定在生产与科学研究中的重大科学技术成就和新产品新技术的发明创造，并向有关部门提出推广科学技术成就的建议；负责全国科学技术干部的培养和使用；管理计量和标准化工作；管理发展科学技术的各项工作条件；负责和开展科学技术方面的国际合作。国家科委的设立，使全国科学技术事业有了一个统一的直接领导机关。

至此以国家科委、国防科委、中国科学院为主干，形成了比较完善的国家科研领导体制。中国式集中型的“大科学”体制也便完备地形成了。这种科学建制国家化的“大科学”体制，为我国 20 世纪五六十年代的科技事业的迅速发展奠定了基础。这一体制以国家科委和各级地方科委为政府科技主管部门；以科学院系统、高等院校科技系统、产业部门科技系统、国防科技系统和地方科技系统等为研究与开发机构五路大军；以中国科协、各级地方科协为联系政府和科学家的桥梁。

（三）学习外国先进科学技术的道路探索

马克思认为，“一个国家应该而且可以向其他国家学习”①。科学技术是全人类共同创造的财富，任何一个国家、民族都必须学习和借鉴别的国家、民族的科学技术。新中国建立初期，科技基础薄弱，经验缺乏，学习外国尤其是学习苏联科技及其发展经验，是建国初我国科技发展的重要途径之一。

1. 加强与苏联的科技交流与合作

建国初期，以美国为首的西方国家对新中国采取政治孤立、经济封锁、军事威胁等敌视态度，而以苏联为首的社会主义国家对新中国则表现出了很大的热情，因此我们不得不采取“一边倒”的外交政策。苏联也是当时世界上经济技术比较发达的国家，有许多值得我们学习和借鉴的地方。1950 年 2 月，中苏两国签订了“中苏友好同盟互助条约”，开始了广阔领域中的全面合作。

对于处于创业与起步阶段的新中国科技事业，苏联政府和许多科技专家都给予了积极的帮助，促进了中国科学技术工作的开拓与发展。因此，20 世纪 50 年代初毛泽东就发出了“要学习苏联”的口号。1953 年夏天，毛泽东在全国政协一届四次会议闭幕会上说：“我们进行五年计划建设，经验不够，要学习苏联的先进经验，学习他们先进的科学技术，要在全国掀起一个学习苏联的高潮。”②

1953 年 2 月 28 日，应苏联科学院的邀请，物理学家钱三强率领由 19 个学科的 26 位科学家组成的中国科学院代表团访问苏联，建立了两国科技界的对口联系，加强了两国科学技术领域内的合作。1954 年 10 月，中苏两国又签订了“中苏科学技术合作协定”，决定在互相提供科学技术资料、互相聘请技术专家、互相接受留学生与实习生和互相接待技术考察专家等方面进一步发展合作关系。在此期间，中国政府又先后与匈牙利、波兰等社会主义国家签订了类似的科学技术合作协定。我们不仅从苏联和其他人民民主国家请来 3000 多名经济技术专家，累计接受苏联提供的科学技术资料 8400 多项，还向这些国家派遣了 7000 多名留学生。我国先后从苏联获得 10 多亿美元的贷款。

---

① 马克思《〈资本论〉第一卷第一版序言》（1867 年 7 月 25 日），见《马克思恩格斯全集》（第 23 卷），人民出版社 1972 年版，第 207 页。

② 《毛泽东文集》第 6 卷，人民出版社 1999 年版，第 263 ~ 264 页。

“一五”计划也是以苏联帮助我们设计的156个大型项目为中心，包括苏联提供援助的143个项目在内的总计为694个限额以上项目组成的工业建设为重点。这些成绩的取得为我国科学技术事业的发展与提高，有着积极的意义。

苏联从无产阶级国际主义出发，在短短几年时间里，动员了大量的人力和物力，帮助我们编制计划、供应设备、传授技术、代培人才、提供贷款。这些援助虽然不是无偿的，但却是真诚的。这对于医治战争创伤，争取国民经济的恢复和发展，以及日后大规模经济建设的开展，奠定了必要的工业技术基础。

2. 努力学习其他国家科学技术

建国初期虽然采取了一边倒的方针向苏联学习，但是中国共产党没有排斥西方资本主义国家的经验。毛泽东在《论十大关系》中强调，外国资产阶级的一切腐败制度和思想作风，我们要坚决抵制和批判。但是，这并不妨碍我们去学习资本主义国家的先进的科学技术和企业管理方法中合乎科学的方面。因此，“我们的方针是，一切民族，一切国家的长处都要学，政治、经济、科学、技术、文学、艺术的一切真正好的东西都要学。但是，必须有分析有批判地学，但不能盲目地学，不能一切照抄，机械搬运。”①

1953年4月，中共中央发布《关于纠正“技术一边倒”口号提法错误的指示》指出：“技术问题和政治问题不同，并没有阶级和阵营的分别，技术本身是能够同样地为各个阶级和各种制度服务的。在技术上并不存在不是倒向这边就一定倒向那边的问题，……学习苏联的先进科学和技术，并不排斥可以吸收资本主义国家技术上某些好的对我们有用的东西。”② 事实上，从1956年苏共20大开始，中苏两党开始出现分歧，暴露出苏联的社会主义建设经验并非都是成功的，也并非完全适合中国。为了探索中国式的社会主义建设道路，毛泽东明确提出要向一切外国（当然也包括资本主义国家）学习的口号。他认为，“自然科学方面，我们比较落后，特别要努力向外国学习。……在技术方面，我看大部分先要照办，因为那些我们现在还没有，还不懂，学了比较有利”。抵制外国腐朽的东西，“并不妨碍我们去学习资本主义国家的先进

① 《毛泽东选集》第5卷，人民出版社1977年版，第287页。

② 中共中央文献研究室编：《建国以来重要文献选编》（第4册），中央文献出版社1993年版，第178~179页。

的科学技术和企业管理方法中合乎科学的方面。工业发达国家的企业，用人少，效率高，会做生意，这些都应当有原则地好好学过来，以利于改进我们的工作”①。

面对西方国家科学技术高速发展与进步的客观现实，周恩来也明确地提出，西方国家“除了它们的国家制度我们不学以外，资本主义生产上的好技术，好的管理方法，我们是可以学的”。② 在全国三届人大《政府工作报告》中，他专门阐述了“利用外国新技术，赶上和超过世界先进水平”的方针，他指出：“努力发明创造，并不排除利用国外科技新成就，……拒绝向外国学习是不对的。”

20 世纪 60 年代，随着中苏关系的恶化。我国科技工作者为了打破封锁，分别从日本、西欧等西方国家引进了一些急需的石油化工、冶金、电子和精密机械等技术和设备。70 年代初，尼克松访华，中美两国开始由对抗走向对话，西方对我国的经济技术封锁才告结束。在此前后，我国从西方国家引进了价值 43 亿美元的先进技术设备，还选送了一批学生到英、法等西方国家留学。这为我国进一步缩小科学技术与世界先进水平的差距，奠定了基础。

3. 自力更生为主，争取外援为辅

“自力更生为主，争取外援为辅”的方针，是党在民主革命时期一贯倡导和坚持的独立自主、自力更生方针的新发展，也是我国科技事业健康发展必须遵循的基本方针。无论是革命还是建设，党的领导人都十分重视外因的作用，主张利用一切可能的条件，争取外国的支持和援助，但始终要把立足点放在自己力量的基础上。早在 1930 年 5 月，毛泽东在《反对本本主义》一文中指出：“中国革命斗争的胜利要靠中国同志了解中国情况”③，明确提出了独立自主的思想。1945 年 1 月，他在陕甘宁边区劳动英雄和模范工作者大会上说：“我们是主张自力更生的。我们希望有外援，但是我们不能依赖它，我们依靠自己的努力，依靠全体军民的创造力。”④ 在 8 月的延安干部会议上，他又强调说，我们并不孤立，但是我们的方针要“放在自己力量的基点上，

---

① 《毛泽东文集》第 7 卷，人民出版社 1999 年版，第 141 ~ 43 页。

② 《周恩来外交文选》，人民出版社 1995 年版。

③ 《毛泽东选集》第 1 卷，人民出版社 1991 年版，第 115 页。

④ 《毛泽东选集》第 3 卷，人民出版社 1991 年版，第 1016 页。

叫做自力更生"[①]。在1956年的《论十大关系》中，他进一步阐述了这一方针。即使在50年代有苏联援助的情况下，他也一再强调，要以自力更生为主，争取外援为辅。1958年6月，周恩来在四届人大一次会议上所作的《政府工作报告》明确提出："自力更生为主，争取外援为辅，破除迷信，独立自主地干工业、干农业、干技术革命和文化革命，打倒奴隶思想，埋葬教条主义，认真学习外国的好经验，也一定研究外国的坏经验——引以为戒，这就是我们的路线。"

尖端技术是一个国家经济、科技实力的集中体现，它关系到国家安全和整个经济的发展，因此，在激烈的科技竞争中高精尖技术，将被严格限制和保护。50年代我们从苏联学来一些先进的科学技术，但它的高精尖技术始终不肯转让给我们。1960年苏联专家撤走，带走了所有的图纸、计划和资料，致使我国的许多科研项目陷入了停顿、半停顿状况，甚至半途而废，极大地影响了我国科技事业的发展。与此同时，以美国为首的西方国家不仅继续对我国实行经济技术封锁，还时常耀武扬威地向我们施行核讹诈，挥舞核大棒。但是，不怕压、不信邪是毛泽东的特有品质，面对苏联在经济技术援助上的"抽梯子"行为和西方国家的"掐脖子"做法，他的回答是："要下决心，搞尖端技术。赫鲁晓夫不给我们尖端技术，极好！如果给了，这个账是很难还的。"[②] 正因为党中央在工业化建设过程中始终强调把基点放在自己的力量上，在苏联毁约停援、搞突然袭击时，我们才能够处乱不惊，沉着应变，灵活处置，及时调整部署，迅速攻克了一个又一个科技难关，在较短的时间内，胜利地完成了"两弹一星"等尖端技术的研制工作，取得了一系列令人瞩目的重大成就。

建国初期，党提出了科学为人民大众总的指导思想，这是建国之初我们科技活动的出发点和各项科技措施的准则。在人民科学观的指引下，广大的科技工作者政治积极性和认识水平得到了极大的提高，我国科技教育体制逐步完善，新中国科技工作开始为国民经济的恢复和发展服务，并做出了重要贡献。但建国初期党的领导人对如何领导科技工作还没有经验，科研工作的某些特殊规律和复杂性还没有受到应有的重视，党的科学技术思想还不够完

① 《毛泽东选集》第4卷，人民出版社1991年版，第1132页。

② 顾龙生：《毛泽东经济年谱》，中共中央党校出版社1993年版，第519页。

善和具体，党的科技政策执行过程中也存在一些偏差等等。这些都需要在以后的工作中加以完善和改进。

第二节 吹响“向科学进军”的号角

1956年，是共和国历史上一个非常重要的年份，农业、手工业、资本主义工商业的社会主义改造运动进入了高潮，整个工农业生产和国民经济得到巨大发展。1956年也是新中国科技思想史上有着重要地位和影响的年份，经济建设对科学技术的快速发展提出了新的要求。因此，党发出了“向科学进军”的号召，并据此制定了科技发展远景规划。同年，党提出了“百家争鸣”的科技发展方针，对新中国的科技事业产生了深远的影响。本文所提及的向科学进军，主要是指向自然科学进军。

一、科技革命浪潮与新中国首次交汇

20世纪50年代中期，我国科技事业有了较快的发展，科学研究机构经过充实调整，建立了以科学院为龙头的科研体系，而全国高等院校的教育改革和院系整合，初步完成了中国的科学技术教育体系的再建制，培养出大批新生力量。在苏联的帮助下，我国的科学技术水平有了较快的提高。但是，从国内外科技发展情况来看，我国的科技状况远远不能满足大规模的工业化建设的需要，更无法赶超世界先进水平，这引起了党的领导人的高度重视。

从世界范围看，40年代末，科技革命的浪潮首先从美国开始，这是人类历史上规模空前、影响深远的一次科学技术上的重大飞跃。它不仅在个别科学理论和技术上有所突破，而且几乎在各门科学和技术领域都发生了深刻的变化，并引起了生产力的迅速发展，大大加快了经济发展的速度，人类的生产和生活方式乃至社会、文化等各个领域，都受其影响而发生了重大变化和进步，正如马克思所说“劳动生产力是随着科学与技术的不断进步而不断发展的”①。这次科技革命发生后，许多新兴工业部门如核工业、电子工业、宇

① 《马克思恩格斯全集》第23卷，人民出版社1972年版，第664页。

航工业、激光工业等相继崛起，特别是第一台电子计算机的研制成功和不断升级换代，使人类在工具制造方面从手的延长跃进到脑的延长，更进一步加速了生产的自动化、精密化和通讯技术等的发展。这次科技革命是以原子能、电子计算机和空间技术的发展为主要标志的，到60年代达到高潮，70年代又有所发展。

从国内情况来看，科技事业在发展中遇到了两大问题：一是科技人才匮乏和科技水平落后的矛盾，二是对知识分子使用上存在很多问题。首先，科技人才在数量上、质量上都不能满足大规模经济建设的要求。据统计，1952年底全国总人口近5.75亿，而科技人员仅为42.5万人，全国平均每万人口中不到7个半科技人员。这40多万科技人员按门类分，工程技术人员16.4万人，卫生技术人员12.6万多人，教学人员12.1万人，农林业技术人员1.5万人，科学研究人员仅8000人。到1955年底，各类科技人员有了较大增加，比如科研人员增加到1.8万人，高等院校的毕业生增加到21万多人。但与党中央和毛泽东提出的“要有数量足够的、优秀的科学技术专家”的要求还差得很远，至少要培养一二百万这样的专家才行。① 其次，我国的科学研究事业还处于初创阶段。薄一波回顾说，不仅对一些重大的复杂的技术问题，甚至连某些一般性的问题，也还解决不了，还需要苏联等国专家的帮助。独创性的科研工作基本上没有展开，特别是在最新技术的应用和推广上，更未提上议事日程。原子核物理、空气动力学、电子学、半导体物理学等几乎还是空白，某些原来有些基础的学科虽然有一定程度的发展，但和世界先进科学技术水平相比，差距仍然很大。②

在知识分子使用问题上，矛盾更为突出。党内存在严重的不尊重知识分子的宗派主义倾向。在贯彻执行“团结、教育、改造”③ 知识分子政策的过程中不少地方出现要求过高过急的现象。有的农工干部对知识分子抱有一种盲目的排斥和嫉妒心理，把他们当作“异己分子”。在党内一部分人中还流行

---

① 薄一波：《若干重大决策与事件的回顾》（上卷），中共中央党校出版社1991年版，第500页。

② 薄一波：《若干重大决策与事件的回顾》（上卷），中共中央党校出版社1991年版，第503页。

③ 笔者注：新中国建立初期，对于从旧社会过来的知识分子，中国共产党采取“包下来”的方针，并实行了“团结、教育、改造”的政策，以促进和帮助知识分子在世界观和立场上向“科学为人民大众”思想上迅速转化，成为适应新社会需要的知识分子。

着“生产依靠工人，技术依靠苏联”的错误思想。有些单位不让教授上课，被派到图书馆写书签，有些科学家社会活动过多，没有时间搞科研。据北京、天津、广州等128个城市统计，失业的高级知识分子有3500人。① 当时党内还存在着的“估计不足、信任不够、安排不妥，使用不当、待遇不公、帮助不够”② 的“六不”现象，严重妨碍了知识分子积极性的发挥。

以上国内科学技术事业在发展中遇到的两大问题和国际外部因素的巨大压力，使得知识分子问题变得更加突出。1955年11月23日，毛泽东召集中共中央书记处全体成员刘少奇、周恩来、朱德、陈云和中央有关方面负责人会议进行商量，决定在1956年初召开一次大型会议，全面解决知识分子问题，同时成立由周恩来总负责的中共中央研究知识分子问题10人领导小组进行会议的筹备。

1956年1月，中共中央关于知识分子问题会议在北京召开，周恩来代表党中央做了《关于知识分子问题的报告》。在报告的最后部分，向全国发出了“向科学进军”的号召，具体包含了三个方面的内容。

第一，阐明了科学技术的重要地位。周恩来指出：“只有掌握了最先进的科学，我们才能有巩固的国防，我们才能有强大的先进的经济力量，才能有充分地条件……在和平的竞赛中或者在敌人所发动的侵略战争中，战胜帝国主义国家。”因此，“科学是关系我们的国防、经济和文化有决定性的因素”③。这就是说，谁想在当今世界的经济、政治、军事斗争中取得主动和赢得胜利，谁就必须依靠科学技术上的优势做基础，科学技术对我们国家国力的强弱盛衰有着决定性的影响。

第二，提出了赶超世界先进科学水平的任务。周恩来指出：“我们经常说我国科学文化落后，但是并不经常去研究究竟落后在哪些地方”。通过陈述世界科技一日千里、突飞猛进的逼人形势，特别是对原子能和电子技术重点介绍后，他认为：“人类面临着一个新的科学技术和工业革命的前夕……我们必须赶上这个世界先进科学水平，我们要记住，当我们向前赶的时候，别人也在继续迅速地前进。”因此“我们必须急起直追，力求尽可能用迅速地扩大和

① 薄一波：《若干重大决策与事件的回顾》（上卷），中共中央党校出版社1991年版，第501～502页。

② 高化民等著：《三代领导集体与统一战线》，华文出版社1999年版，第57页。

③ 《周恩来选集》（下卷），人民出版社1984年版，第182页。

提高我国的科学文化力量，而在不太长的时间里赶上世界先进水平，这是我们党和全国知识界、全国人民的一个伟大的战斗任务。”①

第三，对如何向科学进军进行初步的部署。报告提出要在 12 年内，即“要在第三个五年计划期末，使我国最急需的科学部门接近世界先进水平，使外国最新成就，经过我们自己的努力很快地就能达到。有了这个基础，我们就可以解决赶上世界先进水平的问题。”为此，要制定从 1956 年到 1967 年科学发展的远景计划；要派人去苏联学习，聘请苏联专家，向外国专家学习；集中最优秀的科学力量和大学毕业生到科研方面；把科学院作为“火车头”，同时加强高校的科研力量；政府各部门加强科研工作；重视应用等等。最后，周恩来指出，“为了认真而不是空谈地向现代科学进军，我们必须抓紧时间必须为发展科研准备一切必要的条件。”②

向科学进军口号的提出，表明了党第一次把发展科学技术提升到国家大政方针的战略高度，全国很快掀起一片向科学进军的热潮。会议提出制定科技规划的任务和指导思想，奠定了 12 年科技规划的基础，这些都对我国科技事业的发展产生了深远的影响。毫无疑问，向科学进军的提出、部署和落实是中国共产党科技观史上的一座里程碑。

二、确立科技人才的历史地位

“向科学进军”要赋予实施，发挥科技人才的积极作用是个十分必要的前提。周恩来在知识分子会议上代表党中央做的《关于知识分子问题的报告》，其核心就是全面揭示中央关于知识分子问题的政策，并进一步阐述了毛泽东关于“向科学进军”的指示。

（一）党的知识分子政策的理论及依据

周恩来的报告，是中国共产党在社会主义时期关于知识分子问题的一个历史性的重要文献，也是党加强对科技事业领导的一个政策性的号召。党的知识分子政策，是建立在马、恩、列、斯关于知识分子观点的基础上，经过广泛深入的调查、考察我国知识分子现状提出来的。

---

① 《周恩来选集》（下卷），人民出版社 1984 年版，第 181 ~ 182 页。

② 《周恩来选集》（下卷），人民出版社 1984 年版，第 182 ~ 186 页。

认清知识分子的阶级属性，明确科技人才的历史地位，是党制定知识分子政策的关键。对于知识分子的阶级属性问题，马克思认为他们同工人阶级一样属于雇佣劳动者，都受到资本的剥削。马克思指出："资产阶级抹去了一切向来受人尊崇和令人敬畏的职业的神圣光环。它把医生、律师、教士、诗人和学者变成了他出钱招雇的雇佣劳动者。"① 而列宁在如何对待旧俄国留下的专家时更加明确指出："对专家，我们不应当采取吹毛求疵的政策。这些专家不是剥削者的仆役，而是文化工作者，他们在资产阶级社会里为资产阶级服务，全世界的社会主义者都说过，这些人在无产阶级社会里是会为我们服务的。"② 斯大林继承了列宁的思想，认为"现在当这些知识分子转到了苏维埃政权方面的时期，我们对他们的态度就应该主要地表现为吸收和关怀他们的政策。"③ 实践证明，信任和利用旧的知识分子和旧的科技专家是苏联获得先进科技和知识人才一个重要方面，也是苏联经济迅速发展的一个重要条件。

中国共产党成立以来到20世纪50年代中期，党对知识分子的阶级属性和作用的认识趋于成熟。早在延安时期，毛泽东对知识分子的性质、地位和作用有清醒的认识，强调在民族解放战争中，没有知识分子参加，革命胜利是不可能的。建国以后，党对知识分子采取包下来的政策，并在知识分子中开展了大规模的思想改造运动。他们通过马列的学习，思想和精神面貌上有了较大的变化，表现出对中国共产党的极大认同，以积极的态度投身于生产建设和科学研究工作，为国民经济的恢复和发展，为科学技术事业的繁荣和进步做贡献。由于知识分子在国家建设中逐步显示了其独特的作用，因此越来越受到党的重视。刘少奇在《关于中华人民共和国宪法草案的报告》中指出，知识分子从各种不同的社会阶级出身，他们本身不能单独构成一个独立的社会阶级，因此知识分子"可以同劳动人民结合而成为劳动人民的知识分子"。周恩来则提出一个更为明晰的看法，认为知识分子所发生的根本变化，取得的巨大进步，是党中央采取正确政策、做了大量工作、知识分子本身的努力三者合力之果。

在经过全面考察知识分子历史和现状的基础上，周恩来在全国知识分子

---

① 《建国以来重要文献选编》（第14册），中央文献出版社1995年版，第11页。

② 列宁：《关于党纲的报告》（1913年月19日），见《列宁选集》第3卷，第786页。

③ 《斯大林选集》（下卷），人民出版社1979年版，第291页。

问题会上代表党中央郑重宣布："我国知识分子的面貌六年来已经发生了根本变化，他们已经是社会主义建设事业中一支伟大的力量，他们中间的绝大多数已经成为国家工作人员，已经为社会主义服务，已经是工人阶级的一部分……知识分子已经成为我们国家的各个方面生活中的重要因素①。"

（二）充分发挥科技人才的作用

在充分肯定知识分子的历史地位后，周恩来在报告中强调要坚决摒弃对知识分子的"左"的宗派主义倾向，消除他们学非所用和闲得发慌的"浪费国家最宝贵的财产"的现象，提出了"最充分动员和发挥知识分子力量"的三项措施："第一，应该改善对于他们的使用和安排，使他们能够发挥他们对于国家有益的专长"；"第二，应该对于所使用的知识分子有充分的了解，给他们以应有的信任与支持，使他们能够积极地进行工作"；"第三，应该给知识分子以必要的工作条件和适当的待遇"，其中包括改善生活待遇和政治待遇，确定和修改升级制度，拟定关于学位、学衔、发明创造和优秀著作奖励等制度②。周恩来在报告中还进一步提出了"应根据按劳取酬的原则，适当调整知识分子的工资"问题，这是加强新生力量的培养，刺激科学文化进步的重要举措。在周恩来的亲自过问和主持下，1956 年 6 月间，高级知识分子的工资有了普遍的增加，其中教授、研究员的最高工资由 253 元提到 345 元，增资幅度达 36.4%。

周恩来在报告中还指出，国家除了拟定一个大规模培养干部的规划外，还要"集中最优秀的科学力量和最优秀的大学毕业生到科学研究方面"，要"用极大的力量来加强中国科学院"，各高等院校也要"大力发展科学研究工作"，同时政府各部"也应该迅速地建立和加强必要的研究机构"，再就是"必须为发展科学研究准备一切必要条件"，如图书、档案资料、技术资料和其他工作条件。"以便尽可能迅速地用世界最新的技术把我们国家的各方面装备起来"③。这样有利于动员和发挥知识分子在向现代科学技术进军中的作用。

会议结束后，中共中央开始贯彻执行知识分子问题会议精神。同年 2 月

---

① 《周恩来选集》（下卷），人民出版社 1984 年版，第 160 ~ 162 页。

② 《周恩来选集》（下卷），人民出版社 1984 年版，第 168 ~ 173 页。

③ 《周恩来选集》（下卷），人民出版社 1984 年版，第 186 页。

24 日，党中央发出了《中央关于知识分子问题的指示》。4、5 月间，党中央先后转发了中央组织《关于在知识分子中发展党员计划的报告》、《关于高级知识分子入党情况的报告》和中央统战部《关于解决高级知识分子中一部分人社会活动过多和兼职过多问题的意见》等文件，以进一步引起全党的重视。7 月 20 日，国务院还转发了会后由研究改善高级知识分子工作条件小组提出的《关于知识分子工作条件问题的情况和意见》和关于印发这个文件的《通知》。就有关知识分子工作条件的 14 个问题（图书、资料、情报、学术交流、仪器、试剂、实验用土地、研究经费、工作室、助手、工作时间等）提出了改进意见和措施。

知识分子问题会议，是中国共产党执政以后专门召开的为了解决知识分子问题和发展科学科技的一次历史性会议。周恩来的报告和随后党和国家采取的一系列政策措施，在科技界引起了很大的震动，广大知识分子向科学进军的积极性被极大地调动起来。从当时的报纸，尤其是《光明日报》、《文汇报》和《人民日报》登载的知识分子写的文章中，可以感受到这种蓬勃和高涨的情绪。知识分子会议直接推动的结果是，党与知识分子的关系变得融洽起来，成为党员的高级知识分子越来越多。仅北京、上海两地，几个月之间就有 300 多名高级知识分子入党。党和国家领导人频繁出席科技会议、接见科技人员、视察科研机构、招待科学家。党报也经常登载重视知识分子、重视科技工作的文章。

三、建立国家“大科学”体制

为落实全国知识分子会议上提出的“向科学进军”的号召，有计划地发展我国的科学技术事业。中央决定由周恩来亲自挂帅领导制定《1956 至 1967 年科学技术发展远景规划》（以下简称《规划》）。制定长期、综合的科技发展规划，它标志着我国规划科学模式的建立，昭示着中国式“大科学”体制的到来，顺应了世界科技发展的潮流。

（一）规划科学中的“大科学”的思路

从科学研究体制看，存在着被普赖斯称之为“小科学”和“大科学”两种科学体制。所谓“小科学”是指科学的研究对象比较简单，不需庞大的实验设备，以增进人类知识为主要目的，并以个人的自由研究为主要特征；“大科学”则指科学的研究对象复杂，综合性强，所需实验设备庞大，研究程序繁杂，以解决经济、军事或重大理论问题为目的，并以规划科学研究为主要特征。20 世纪以来，把科学发展纳入计划成了一个世界性的倾向，特别是第二次世界大战以后，国家介入甚至直接参与和干预科学发展，科学更是朝着“大科学”的方向发展。如美国组织的“曼哈顿”工程，这一计划动员了成千上万的科学家、技术人员、管理人员和间谍，经过四年多的苦战，造出了世界上第一颗原子弹，它标志着这种国家管理的“大科学”时代的真正来临。

中国式“大科学”的思路是来自苏联经验的启示。尽管苏联历史上未曾有过全国大规模的科技规划，但规划科学模式早在 20 世纪 30 年代的苏联就有了实践。苏联建国后第一和第二个五年计划实施成功，以及二战以后苏联工业与经济的快速恢复，也得自于规划科学模式的帮助。在苏联，由于所有的科学研究工作都围绕着一个共同的总目标，这就要求各个科研部门必须在国家统一的计划下协调地进行自己的工作。因此，苏联科学工作的特点是，从制定计划、到研究的开展，从科学研究到生产和教育工作，紧密结合成一个有机的整体。在中共领导人看来，苏联科学工作之所以获得成功，乃由许多方面的优势造就而成，其中之一就是苏联科学工作建立在实际需要基础上的规划性。

建国初在全面学习苏联的氛围下，苏联科技工作的高度计划性自然成为新中国科技体制模仿的关键。于是有计划发展科技事业就成为中国安排研究与开发活动的重要方式。由于“我国的社会主义建设是按计划进行的，服务于建设的科学技术研究工作必须配合整个建设计划的需要。因此，发展我国科学技术事业必须实行全面规划。”① 毛泽东在 1956 年召开的最高国务会议上也指出：“我国人民应该有一个远大的规划，要在几十年内，努力改变我国在经济上和科学文化上的落后状况，迅速达到世界上的先进水平。”②

1956 年 1 月 31 日，中共中央召开了包括中央各部门、各高等院校和中国科学院的科学技术工作动员大会，动员制定十二年科学发展远景规划。李富春做了《关于制定十二年科学发展远景规划问题的报告》，陈毅发表了重要讲

① 《1956 ~ 1967 年科学技术发展远景规划纲要（修正草案）》，“序言”部分，载《建国以来重要文件选编》（第 9 册），中央文献出版社 1994 年版，第 439 页。

② 《毛泽东文集》第 7 卷，人民出版社 1999 年版，第 2 页。

话。会上宣布了国务院的决定，由范长江、张劲夫、刘杰、周光春、张国竖、李登赢、薛暮桥、刘皑风、于光远、武衡负责主持规划的制定。3 月 14 日，国务院科学规划委员会成立，正式开展了科学规划的制定工作。

在规划委员会的统一领导下，经过 600 多名科学家、技术人员和一些苏联专家近半年的能力，在大量国情调查和多次听取、收集科学专家意见的基础上，《规划》终于制定出来。《规划》提出了 57 个项目，616 个研究课题，整个规划连同它的附件，共 600 多万字。远景规划的编制，是现代中国科学技术史上的一件大事。它的完成不仅对我国科学事业的发展画出了轮廓，并做出了初步的安排；而且这也标志着“中国科学技术事业的发展从‘小科学’向‘大科学’发展模式的转变”①，是“中国科学史上的创举”②。

（二）“重点发展、迎头赶上”的规划方针

“重点发展，迎头赶上”是在讨论规划的过程中逐步形成的，是党发展中国科技事业的政策方针。很明显，这样的方针是想在前几年科技体系再建制的基础上，促进科技事业的进一步发展。

建国初的几年，科学技术虽然取得了不少成绩，但是，这些成绩没有从根本上改变我国科学技术的落后状况。不用说特别重大的复杂的技术问题，就连某些比较一般性的问题，“也还不能完全依靠自己的力量来解决，还必须依靠兄弟国家的帮助”③。鉴于在当时我国许多重要领域还处于空白状态，一部分科学家不赞成“重点发展、迎头赶上”的提法，主张改为“重点发展，推动全面，加强基础，迎头赶上”。周恩来指示说，我们要尽量瞄准世界先进水平，不失时机地迎头赶上去，目前国力有限，如果平均用力，哪一个都搞不好，只能是“重点发展，迎头赶上”。这样才初步统一了意见。

重点发展首先体现在对研究任务的确定上。科学规划委员会根据国力有限、科技水平低的实际情况，在选择和确定科研项目上，注意集中力量，重点发展，提出了国家建设所需的 57 项重要科学技术任务和 16 个中心问题，同时对工业、农业、国防及其他科学技术领域进行了全面的规划和安排。根

① 董光壁：《中国近现代科学技术史的一个转折点》，载《光明日报》，1998 年 4 月 5 日。

② 陈毅、李富春、聂荣臻：《“关于科学规划工作向中央的报告”》（1956 年 10 月 29 日），载《建国以来重要文件选编》（第 9 册），中央文献出版社 1994 年版，第 429 页。

③ 《1956 ~ 1967 年科学技术发展远景规划纲要（修正草案）》，“序言”部分，载《建国以来重要文件选编》（第 9 册），中央文献出版社 1994 年版，第 438 页。

据“重点发展”的方针，按照大多数科学家意见，从616个中心课题中提出12个重点，即：(1) 原子能和平利用：(2) 喷气技术；(3) 电子学方面的半导体、计算机、遥感技术；(4) 生产自动化和精密机械、仪器仪表；(5) 石油等重要资源的勘探；(6) 建立我国自己的冶金系统和新冶炼技术；(7) 重要资源的综合利用；(8) 新型动力机械和大型机械；(9) 长江、黄河的综合开发；(10) 农业机械化．电气化和化学肥料：(11) 几种主要疾病的防治；(12) 若干重要基本理论的研究。此外，军工方面也拟定了武器装备的发展计划并列为十二年科学发展规划的组成部分。规划中还有一部分是国际科技合作方面的项目。在制定规划的过程中，为填补我国在一些急需的尖端科学技术领域的空白，规划委员会还制定了1956年4项紧急措施，优先发展计算机技术、半导体技术、自动化技术、电子学技术4个领域。此外，国家还部署了两个重大项目：原子能和导弹。

这个规划按照“重点发展、迎头赶上”的方针来制定，大体上是成功的，一是从任务的落实看，提前5年于1963年完成；二是从结果和影响看，许多学科的建立和科技机构的增加，是在实现规划的过程中得以达到的。

(三)“以任务带学科”的规划原则

关于规划原则，当时的意见分歧很大，是整个规划争论焦点中三个问题中的两个。一个争论是科学院和高校谁是科研中心问题，即是实行把科研中心放在高校的英美体制，还是实行法、苏这样以国家科学院为中心的大陆体制。对于这一点，尽管毛泽东说过，大学和科学院都重要，“划个三八线吧，不要再争了”,① 但实际上研究工作还是以科学院为中心。另一个争论是按任务来规划，还是按学科来规划。提出按学科来规划，是少数理论科学家的意见，他们认为科学技术的进步和革新，必须以一定的科学理论作为基础。如果不建立自己的科学理论储备，不充实理论研究的力量，就不能保证技术上的进步。但大多数科学家的意见是以任务为主的规划，即制定出来的应该是按照实际的需要提出要完成的任务，确定在科学上如何保证任务的规划。

通过充分讨论，由主持规划日常工作的负责人之一杜润生提出“任务为经，学科为纬，以任务带学科”的原则并汇报给周恩来。周恩来对科学家们的意见非常重视，同意杜润生提出的“任务为经，学科为纬”的思路，加强

---

① 《张劲夫、杜润生、于光远等访谈录》，载《百年潮》，1999年第6期。

学科在规划中的地位。在谈到“以任务带学科”时，周恩来认为在理论和技术之间，在长远需要和目前需要之间不可偏废，因为没有一定的理论科学的研究作基础，技术上就不可能有根本性质的进步和革新。在考虑了基础研究的重要性之后，周恩来建议规划中除自然条件和自然资源、矿冶、燃料和动力、机械制造、化学工业、建筑、运输和通讯、新技术、国防、农林牧、医药卫生、仪器、计量及国家标准 12 项外再加上第 13 个方面，即现代自然科学中若干基本理论问题的研究；在 57 项国家重要科技任务中 12 个带有关键意义的重点中也包括“自然科学中若干重要基本理论问题的研究”一项。这样，尽管规划的整个格调是根据国民经济发展的需要和科学技术发展的方向确定国家的重要科技任务，但理论研究也有了自己的一席之地。

由于坚持了“重点发展、迎头赶上”的规划方针和“以任务带学科”的规划原则，使得新中国第一个科学远景规划取得成功。这个规划体现了中共中央和国务院发展科学技术的方针政策和社会主义建设的需要，指出了中国科学技术的发展方向。规划的制定，极大地鼓舞了全国的科技工作者。聂荣臻回忆说，科学规划制定以后到 1960 年的 4 年，算一个阶段。在这 4 年中，我们对规划的执行情况做过几次比较全面细致的检查。总的讲，经过 4 年的努力，许多项目搞得很好，提前实现了要求。

《规划》是我国规划科学模式的具体体现，是新中国第一个科学技术发展远景规划。规划中包括基础研究、应用研究和发展研究的一大批重要课题，使一系列现代科学的新学科的研究陆续开展，使我国一系列新兴技术从无到有地发展起来，许许多多新兴工业企业得到建立和发展。1962 年至 1963 年，我国又在“十二年科学规划”提前五年基本完成的基础上，编制了《1963 ~ 1972 年科学技术发展远景规划》。

四、“百家争鸣”科技发展方针

为了进一步激发科技工作者的积极性，繁荣科学文化事业，党在总结领导科学文化工作的经验教训的基础上，借鉴历史上学术文化发展的经验，针对我国科学文化领域中存在的教条主义、宗派主义和形式主义等必须解决的问题，正式提出了发展科学文化的“百家争鸣”方针，这是发展科学的必由之路。

（一）“百家争鸣”方针的提出

“百家争鸣”，最初是毛泽东在1953年就中国历史问题的研究提出来的。新中国成立初期，在苏联学术思想的影响下，曾发生过推行一种学术观点、压制其他学术观点的错误做法，影响了科学技术的繁荣，这与当时全国掀起的向科学进军的形势极不相称。因此，提出一种指导学术研究的正确方针，是发展中国科学文化事业的迫切需要。

1956年4月25日，毛泽东在中共中央政治局扩大会议上做了《论十大关系》的讲话。4月28日，毛泽东就讨论情况做总结发言时说：“百花齐放、百家争鸣，我看这应该成为我们的方针。艺术问题上百花齐放，学术问题上百家争鸣。”他还指出，讲学术，这种学术可以，那种学术也可以，不要用一种学术压倒一切，你如果是真理，信的人势必就会越多。随后在5月2日的最高国务会议上，毛泽东正式宣布了双百方针。1956年5月26日，中共中央宣传部长陆定一代表中央向科学界和文艺界作了《百花齐放，百家争鸣》的报告，对党的“双百方针”作了详尽地阐述，这篇讲话经毛泽东审阅后于6月13日在《人民日报》上发表。

科学家们对“百家争鸣”方针普遍表示拥护，认为这一方针使科学家从学术思想上得到解放。华罗庚说：“在参加全国科学十二年规划之后，科学工作者们念念不忘的一件大事，就是如何才能保证十二年规划的顺利执行，怎样才能达到党和人民对科学家在十一年内赶上或者接近世界水平的要求。我深深觉得为了达到上述目的，在我国培养学术空气、开展学术争论是具有头等重要意义的问题。”钱伟长认为：“百家争鸣是科学发展的历史道路，是同科学发展的客观规律相符合的，所以鼓励百家争鸣就能推动科学的发展，我们从事自然科学工作的人，衷心拥护这个方针。”冯友兰提出：“我们科学工作者，为党中央的百家争鸣的政策感到鼓舞和解放。但是我们也要准备辛勤的劳动，为争鸣准备条件。”① 总之，“百家争鸣”的方针一经提出，就显示出巨大的威力，它调动了科学工作者的积极性和主动性，鼓励他们解放思想，自由讨论，学术研究和学术活动空前活跃，学术空气日渐浓厚。

（二）自然科学是否有阶级性问题

“百家争鸣”方针中涉及的一个核心问题就是自然科学是否有阶级性问

---

① 《人民日报》，1956年7月7日、9日。

题，这个问题在当时思想界引起了广泛的争议。就科学本质而言，它所揭示和反映的是自然现象和自然过程的客观规律性，它是不受阶级利益支配的，因此科学本身是没有阶级性的，这也是马克思的观点。但从科学的社会作用看，科学与技术虽然不归属上层建筑和意识形态范畴，却存在着被谁掌握、为谁服务的问题，从事科学研究的人有一个思想意识问题，科学技术的发展要受制于阶级利益的争夺和政治制度的好坏问题，科学技术也不排除执行某些意识形态的功能等等。

由于这种认识的复杂性，再加上受苏联学术界将自然科学仍然看作是一种特殊的社会意识形态的影响。因此，在社会出现了把自然科学界学习马克思主义哲学，同对某些自然科学学说的简单粗暴的批判联系起来的做法。这种做法缺乏对自然科学成果应有的尊重，缺乏对哲学同自然科学关系的正确把握，缺乏对自然科学哲学问题展开自由的学术争论的良好气氛。在学术领域乱扣帽子、乱贴政治标签，用一个学派的观点去打击另一个学派的现象屡有发生，这极大伤害了科学工作者献身科学研究的积极性，给建国初期的科学研究工作带来了消极的影响。

自然科学阶级性的问题，作为一个理论问题，或许很难讨论出一个最终结果。因为自然科学理论和知识没有阶级性是很好理解的，但科学为谁服务，科学工作者所具有的世界观是一个客观存在的问题。为了解决思想认识上的误区，陆定一在《百花齐放，百家争鸣》的报告中把自然科学与阶级性问题特意加以强调。他明确指出，贯彻“百家争鸣”方针，是实现12年自然科学规划的一个重要保证。为了贯彻这一方针，不应给自然科学贴政治标签，“自然科学包括医学在内是没有阶级性的”①。党把“百家争鸣”作为发展科学事业的基本方针，不主张用行政力量强制推行一种学派，压制另一种学派，党要领导学术，但对学术问题最好不要去做结论。陆定一的报告既考虑到要摆脱苏联在这个问题上的影响，又考虑到中国当时的社会现实的需要。事实证明，“百家争鸣”方针是科学的发展之路。

（三）“百家争鸣”方针的意义

为推动“百家争鸣”方针的实施，按照中宣部的部署，1956年8月10日至25日在青岛召开了遗传学座谈会议。这次会议被学术界称为贯彻“百家争

① 《人民日报》，1956年6月13日。

鸣”方针的模范。会议由中国科学院和高等教育部共同主持，参加会议的约有130人，中国生物学界的米丘林派和摩尔根派遗传学的主要学者都参加了会议。与会者就遗传基础、遗传变异与环境的关系及遗传学教学等工作进行了讨论。为贯彻“百家争鸣”的方针，座谈会鼓励持不同学术观点的科学家踊跃发言。会后，两派学者也公开发表文章谈感想。这次座谈会不仅推动了遗传学的研究，而且对我国学术界贯彻“百家争鸣”方针也起到了示范带头作用。

1957年4月29日，《光明日报》刊登了北京大学教授李汝祺《从遗传学到百家争鸣》的文章，引起了毛泽东的注意，他看后立即建议《人民日报》转载，并亲自把标题改为《发展科学的必由之路》，以原来的标题作为副标题，还为其写了按语，表示赞成这篇文章。① 这篇文章的发表和青岛遗传学座谈会的成功举办，推动了科学界对“百家争鸣”方针的理解和落实。

毫无疑问，“百家争鸣”作为我国发展科学技术事业的基本方针。认真总结和吸取了历史与现实、国际与国内科技发展史上的经验教训，既是以毛泽东为代表的中国共产党人的一大创造，又是对马克思主义科技思想的一大贡献。因此，“百家争鸣”对于发展我国的科学技术事业有着重大现实的意义。

首先，它正确处理了政治与学术之间的关系，反对政治对学术文化领域不恰当的干预。由于我国受长期封建社会的影响，因而在发展科学问题上也不同程度地受到历史遗留的文化专制主义思想的影响，出现过诸如对学术文化粗暴干涉，混淆敌我等现象，这方面的教训是极其深刻的。“百家争鸣”的提出，正是对历史和现实经验的深刻总结，指明了发展科学的正确道路。

其次，它正确反映了发展科学的客观规律，是社会主义社会发展科学的必由之路。毛泽东从发展科学这一特殊矛盾出发，自觉地运用它的客观规律来为我国发展科学事业服务。这是我们党和毛泽东的一个创造性的贡献。“百家争鸣”方针提出后的几十年历史反复证明：每当坚持并正确贯彻“百家争鸣”方针，我国的科学事业就获得繁荣发展；反之亦反，甚至停滞倒退。

第三，它体现了发展科学事业所必需的民主作风和民主领导方法。“百家争鸣”是以尊重知识、尊重科学发展客观规律为前提的。对于学术性质的问题，实行学术自由、批评和反批评自由，反对以势压人，粗暴干涉。提倡平

① 参见龚育之回忆文章，载《光明日报》，1983年12月28日。

等的、说理的、民主的方法，并且通过科学的实践去证明去解决。这种民主风气和民主领导方法对于促进科学事业繁荣发展的重要作用是显而易见的。

应当说，“百家争鸣”方针的提出、完善和贯彻，是实施向科学进军战略过程中的一个重要步骤。它折射出来的是一个政治稳定、经济发展、人民团结的国家形象，反映了发展科学技术的时代要求。然而好景不长，从1957年夏季开始，由于阶级斗争扩大化的错误，导致对知识分子采取的过“左”政策。再加上毛泽东在意识形态上开始陷入无产阶级和资产阶级非此即彼的两极对立和斗争的思维框架中，不可避免地，“百家争鸣”方针也被人加以利用，根据所谓阶级斗争的需要而被随意篡改和歪曲，使科学界和文化界也陷入了一片混沌之中，造成了一家独鸣、百花凋零的严重局面。

第三节 自力更生，进行技术革命

新中国成立初，西方世界正在经历着近代以来规模最大的第三次工业技术的革命，给经济发展和社会生活带来了多方面的冲击和影响。刚刚迈上工业发展道路的新中国如何才能跟上时代步伐，以毛泽东为核心的党的领导集体经过艰辛探索，把目光瞄准了处于工业发展前沿的科学技术，在总结苏联工业化经验教训的基础上，结合中国实际情况，提出了技术革命的思想。

一、“技术革命”思想的形成

技术革命，是指科学的发展引起的技术上的重大变革，也是生产力的重大变革。人类社会进入近代以来，经历了多次技术革命。从十八世纪纺织机和蒸汽机的发明而导致的产业革命，到十九世纪初因内燃机和电的发明而引起的电力革命，再到本世纪50年代兴起的原子能利用、计算机技术、宇宙航行为标志的新技术革命，都是对人类历史具有重大影响的技术革命。正如毛泽东所指出：“技术革命指历史上重大的技术改革，例如蒸汽机代替手工，后来有发明电力，现在有发明原子能之类。”①

---

① 《马克思主义经典作家论科学技术和生产力》，中共中央党校出版社第59页。

党对技术革命的认识，早在延安时期毛泽东就提出了要用社会科学来了解社会、改造社会，进行社会革命。用自然科学来了解自然，克服自然和改造自然。毛泽东把社会科学与自然科学，“改造社会”与“改造自然”，相对应加以论述，尽管没有明确提出“技术革命”这一命题，但已经有了“技术革命”的思想因素。1944 年 8 月毛泽东在给博古的一封信中写道“新民主主义的社会基础是机器，不是手工业”，“由农业基础到工业基础，正是我们革命的任务”①。刘少奇在陕甘宁工厂代表会上也指出：“要中国强盛起来，也必须使中国变成工业国。他们将来的责任，就是要把中国由农业国变成工业国。”② 在党的七大所作的《论联合政府》的报告中，毛泽东进一步指出，如果没有“工业化”这个物质基础，“要想在殖民地半殖民地半封建的废墟上建立起社会主义来，那只是完全的空想。”③ 由此可见，在党的领导人看来，社会革命是经济发展的条件，经济发展是通过“工业化”来实现，“由农业基础到工业基础”是新民主革命的任务，从“手工”到“机器”是“工业化”的必备的前提，是一场科学技术和社会生产力领域的革命。尽管毛泽东此时尚未正式提出“技术革命”思想，但“技术革命”已经是其新民主主义理论的题中应有之义。实际上，走“工业化”的道路是新民主主义理论中的一个闪光的思想亮点，充分体现了毛泽东等领导人对于科学技术的认识和重视，这也为党倡导“技术革命”的立足点。

新中国建立，我国的工业生产水平和科技水平极其落后。“现在我们能够造什么？能造桌子、椅子，能造茶碗茶壶，能种粮食，还能磨成面粉，还能造纸，但是，一辆汽车、一架飞机、一辆坦克都不能造。”④ 随着大规模工业化建设的逐步开展和第一个五年经济建设项目的全面展开，随着大批新建扩建工厂的投产，党的领导人深刻地认识到，要搞经济建设，要迅速提高我国社会生产力，要实现社会主义工业化，必须大力发展科学技术。正是在这场伟大的实践中，毛泽东提出了“技术革命”的思想。1953 年 12 月 13 日，毛泽东在修改《关于中国共产党过渡时期总路线的宣传提纲》时写道，完成生产资料所有制的过渡“有利于社会生产力的迅速向前发展，有利于在技术上

---

① 《毛泽东书信选集》，人民出版社 1983 年版，第 237、239 页。
② 《刘少奇年谱》（上卷），中央文献出版社 1996 年版，第 441 页。
③ 《毛泽东选集》第 3 卷，人民出版社 1991 年版，第 1060 页。
④ 《毛泽东著作选读》（下册），人民出版社 1986 年版，第 712 页。

起一个革命，把我国绝大部分社会经济中使用‘简单’落后的工具农具去工作的情况，改变为使用各类机器甚至最先进的机器去工作的情况，借以达到大规模地出产各种工业和农业产品，满足人民日益增长的需要，提高人民的生活水平”①。这是毛泽东第一次提出“技术革命”的措词，同时明确地把三大改造作为发展生产力和开展技术革命的必要前提。

此后，毛泽东又多次阐述了实行“技术革命”，以尽快实现工业化的思想。1954年6月，毛泽东指出，人民要求大量增产，改善生活与落后的生产技术之间的矛盾，成了农业生产上“带根本性质的矛盾”，解决的方法“就是实行技术革命，即在农业中逐步使用机器和实行其他技术改革。”② 1955年7月，毛泽东又指出，“我们现在不但正在进行关于社会制度方面的由私有制到公有制的革命，而且正在进行技术方面的由手工业生产到大规模现代化机器生产的革命，而这两种革命是结合在一起的”③。

1956年1月，在中共中央召开的“关于知识分子问题的会议”上，周恩来全面系统地阐述了现代科技在工业化建设过程中的重要作用，他认为“现代科学技术正在一日千里地突飞猛进。生产过程正在逐步地实现全盘机械化、全盘自动化和远距离操纵，从而使劳动生产率提高到空前未有的水平。各种高温、高压、高速和超高温、超高压、超高速的机器正在设计和生产出来。陆上、水上和空中的运输机器的航程和速率日益提高，高速飞机已经超过音速。技术上的这些进步，要求各种具备新的特殊性能的材料。因而各种新的金属和合金材料，以及用化学方法人工合成的材料，正在不断地生产出来，以满足这些新的需要。各个生产部门的生产技术和工艺规程，正在日新月异地变革，保证了生产过程的进一步加速和强化，资源的有用成分的最充分利用，原材料的最大节约和产品质量的不断提高。”“人类面临着一个新的科学技术和工业革命的前夕”④。可以说，这是中国共产党人对世界范围内兴起的现代科学技术革命第一次系统的阐述、正确的总结和对其发展现状及规律的深刻把握，同时也体现了他们将科技发展的追求与实现社会主义工业化的视野结合起来思考的深刻内涵。也就是在这次会议上毛泽东正式向全党发出开

---

① 《毛泽东文集》第6卷，人民出版社1999年版，第316页。

② 《建国以来毛泽东文稿》（第4册），中央文献出版社1990年版，第497页。

③ 《毛泽东文集》第6卷，人民出版社1999年版，第432页。

④ 《周恩来选集》（下卷），人民出版社1984年版，第181页。

展“技术革命”的号召。他说：“现在我们革什么命，革技术的命，革没有文化、愚昧无知的命，所以叫技术革命、文化革命。”①。并对“技术革命”的涵义给出了明确的界定，他说，一般小的技术改进，可以叫做技术革新；而在技术上带根本性的、有广泛影响的大的变化，叫做技术革命。他还举例说，蒸汽机的出现是一次技术革命，电力的出现是一次技术革命，当今世界的原子能（现在叫核能）的出现也是一次技术革命。② 其实，这三者正是具有世界意义的三次技术革命和工业革命的根本标志，充分说明了毛泽东对技术革命的深刻理解和高度重视。

二、“技术革命”运动的兴起

（一）把党的工作重点放到技术革命上去

建国初，党的干部大多从农村转入城市，而且忙于政权建设和国民经济及其他事业的恢复，对科学技术的发展重视不够，对科技人才和科技力量的重要性缺乏必要的认识。为了在思想上切实引起党的各级领导干部对技术革命的重视，中共领导人提出把党和国家的工作重点放到技术革命上去。

中共领导人关于把党和国家的工作重点转移到技术革命和经济建设上来的思想由来已久。早在七届二中全会上，毛泽东就指出要把党的工作重点由农村转向城市，要学会管理城市和建设城市，在城市工作中要以生产建设为中心。1958 年 1 月，毛泽东在酝酿和提出赶超英国的战略构想时，不但进一步地强调了实行技术革命的重要性、必然性，而且正式向全党提出：“中国经济落后，物质基础薄弱，使我们至今还处在一种被动状态，精神上感到还是受束缚，在这方面我们还没有得到解放”，因此“现在要来一个技术革命”，从今年起，要“把党的工作的着重点放到技术革命上去”。③ 毛泽东还要求全党同志要适应这种新情况，钻进去，成为内行。要更多地懂得自然科学，更多地懂得客观世界规律，少犯主观主义错误。毛泽东这一观点的提出，很快

① 薄一波：《若干重大决策与事件的回顾》（上卷），中共中央党校出版社 1991 年版，第 507 页。

② 黄伟：《对毛泽东“技术加政治”思想观点的探讨》，载《当代中国史研究》，1999 年第 2 期，第 108 页。

③ 《毛泽东文集》第 7 卷，人民出版社 1999 年版，第 350、351 页。

得到了全党的赞同。同年5月党的会议上，将毛泽东的意见写入了党的文件，并加以理论化的阐述。

“要把党的工作重点放到技术革命上去”战略任务的提出，十分符合当时的中国现实国情。毛泽东认为：“我们革命的步骤是：①夺取政权，把敌人打倒；②土地革命；③对生产资料私有制进行社会主义改造；④思想和政治战线上的社会主义革命；⑤技术革命。其中①至④都属于经济基础和上层建筑性质的，技术革命是属于生产力、管理方法、操作方面的问题。①②③今后没有了，思想战线上政治战线的革命仍旧有的。但重点放在技术革命。要大量发展技术专家，发动向技术好的人学习，从1958年起，在继续完成思想政治革命的同时着重在技术革命方面，着重搞好技术革命。”① 在毛泽东看来通过前四项革命固然能够为生产力的发展与解放扫除障碍，但要真正使生产力迅速发展起来，还必须抓住生产力发展的内在动力。技术革命正是这样一种的内在动力。只有这样，才能尽快改变中国贫穷落后的面貌，才能使中国摆脱落后挨打的局面。因此“提出技术革命，就是要大家学技术、学科学。……我们一定要鼓一把劲，一定要学习并且完成这个历史所赋予我们的伟大的技术革命。”②

为了在全党范围内掀起技术革命运动，1958年，刘少奇在党的八大二次会议工作报告中强调了技术革命的主要任务：“把包括农业和手工业在内的全国经济有计划有步骤地转到新的技术基础上，转到现代化大生产的基础上，使一切能够使用机器的劳动都使用机器，实现全国城市和乡村的电气化；使全国的大中城市都成为工业城市，并在那些条件具备的地方逐步建立新的工业基地，使全国的县城和很多乡镇都能有自己的工业，使全国各省、自治区以致大多数专区和县的工业产值都超过农业产值；在全国范围内建立一个以现代工具为主的四通八达的运输网和邮电网，在尽可能地采用世界上最新的技术成就的同时，在全国的城市和农村广泛开展改良工具和革新技术的群众运动，使机械操作、半机械操作和必要的手工劳动适当地结合起来。”③ 这无疑是一个充满革命精神的宏伟纲领，是一个机械化的纲领，也是一个群众技

① 毛泽东：《在杭州会议上的讲话》，载《人民日报》，1958年1月4日。

② 毛泽东：《不断革命》，载《人民日报》，1958年12月26日。

③ 见《向技术革命进军》，载《人民日报》，1958年6月3日。

术革新和技术革命运动的纲领。不久，聂荣臻发表了《全党抓科学技术工作，实现技术革命》的文章。在党的“技术革命”思想指引下，一场史无前例的群众性的技术革新和技术革命运动从此开始。

（二）开展群众性的技术革新和技术革命运动

技术革命思想中有一个极为重要的出发点，就是将科学实践与生产斗争、阶级斗争一并作为人类三大社会实践活动，并认为这是建设社会主义强大国家的三项伟大革命运动。党的领导人认为要实现党的八大提出的工作重点转移到经济建设上的方针，就必须开展技术革命。而这场技术革命是一场群众性的革命运动，是一场非打不可的人民战争，否则无法真正取得胜利。为实现这一目标，《人民日报》于1958年6月24日发表社论《技术革命一定要发动群众》。

全国范围内的群众性技术革新和技术革命运动蓬勃而兴。在广大的农村掀起了一股农业工具革新浪潮。仅从1957年冬开始到1958年lO月上旬，累计群众改制和创造的各种农具有55万多种，推广了29775万多件。经过改革的农具，一般都能提高工效，减轻了当时农业生产劳力、畜力不足的困难，保证了农业生产的正常进行。① 1958年3月20日，毛泽东在成都会议的讲话中，高度赞扬了在农村开展的改良农具运动，并要求在全国大力推广。他说："改良农具运动应该推广到一切地方去，它的意义很大。这是个伟大的革命，是个技术革命的萌芽，它有伟大的意义，它带着伟大的革命的性质。"② 成都会议后，中共中央发出了有关文件，认为有广大农民参加的群众性的农具改革运动是技术革命的萌芽，是一个伟大的革命运动，全国各地应当普遍地积极推广，并且经过这个运动逐步过渡到半机械化和机械化。同年5月，农业、农垦、林业、机械、交通、轻工、商业等七个部门，在北京共同举办了全国农具展览会，参展农具共计4800多种，参观者达55万人次，有力地推动了农具改革运动的发展。7月13日，中共中央和国务院又联合发出了《关于迅速在农村展开农具改良运动的指示》，并召开了两次省委书记电话会议，强调工具改良运动是我国当前农业生产的中心问题。要求各地党委加强对这一运

① 《农业机械化电气化的捷径》，中国农业出版社1958年版，第9、13、14页。

② 薄一波：《若干重大决策与事件的回顾》（下卷），中共中央党校出版社1993年版，第683页。

动的领导，在比较短的时间内，用改良农具和新式农具代替旧农具，把劳动效率在现有基础上提高一到二倍。随后，全国各地的农具改良运动广泛开展起来。

由于党的领导人高度重视，工具改良工作得到进一步发展，1961 年到 1962 年，国家每年拿出 20 万吨钢材支援农具的研制和生产。从 1960 年到 1964 年上半年，全国各地推广适用性较好的胶轮车、喷雾器、水车等多种半机械化农具共达2000 多万件。在此期间，我国农机部门还在世界上最先研制成功水稻插秧机。

与此同时，技术革新和技术革命运动也在厂矿企业中开展起来。1958 年 11 月 12 日，《经济消息》刊载了《长春汽车厂发动群众的好经验》，说长春汽车厂充分发动群众大闹技术革命，工人不仅参加行政管理，而且全面地参加设计和技术革命，底盘车间在修改产品结构、调整工艺线路和工厂平面布置上，达到了班产 250 辆汽车的要求。同时，还对生产上和技术工作中不合理的规章制度也进行了改革。通过这场技术革新运动，使得工人、技术人员和职员结合起来。毛泽东在审阅这篇报道时，将题目改为《长春汽车厂发动群众大闹技术革命的经验》，并批示说："要实行技术革命，就应当这样做"。① 根据毛泽东批示的精神，1960 年 1 月 30 日，中共中央发出了《关于立即掀起一个大搞半机械化和机械化为中心的技术革新和技术革命运动的指示》，中央要求各部门、各地区"应当运用大搞群众运动的办法，拿出大炼钢铁那样的决心和气魄，来搞技术革新和技术革命；用高速度而不是一般的速度，来实现机械化、半机械化目标，并进而向自动化、半自动化发展"。全国总工会同年 2 月下旬开会，号召全国职工开展技术革新和技术革命运动。3 月 16 日，中共中央批转河北省委《关于在工业战线大搞技术革新与技术革命的指示》，指示对各条战线的"技术革命和文化革命的全民运动"，要"精心观察，随时总结，予以推广"，要求无论新老、大中小各类企业，都要根据各自的需要和可能，进行技术革新和技术革命。

为了保证技术革新运动的正常进行，党的领导人反复强调各级党委要认真调查、及时总结、大力推广。1960 年 3 月 18 日，毛泽东亲自代中央起草了给上海局、各协作区委员会、各省委、市委、自治区党委、中央一级各部委、

① 《建国以来毛泽东文稿》(第 7 册)，中央文献出版社 1992 年版，第 537 ~ 538 页。

各党组的指示，要求加强对技术革新和技术革命运动的领导。指示指出："技术革新和技术革命运动现在已经成为一个伟大的运动，急需总结经验，加强领导，及时解决运动中的问题，使运动引导到正确的、科学的、全民的轨道之上。" 3月25日，在聂荣臻关于技术革命运动的报告上，毛泽东亲自作了批示，"我国工业交通战线，农林牧副渔战线，财政贸易流通战线，文教卫生战线和国防战线的技术革命和文化革命的全民运动，正在猛烈发展，新人新事层出不穷，务请你们精心观察，随时总结，予以推广。"① 在此期间，毛泽东专程亲临长沙汽车电器厂视察，并在仔细参观的同时作出了"你们应该搞全自动"的重要指示。同时，他还要求《红旗》杂志转载《光明日报》上部分哈尔滨工业大学教师结合当时技术革新成果而写的关于机床设计的文章，并亲自给作者写信，表示他很喜欢读这类把哲学研究同技术结合起来，探讨技术发展思路和战略的文章。

（三）工业"鞍钢宪法"和农业"八字宪法"

为了更加深入的开展城乡技术革命运动，使群众性的技术革新与技术革命能够更好地为工农业生产服务。毛泽东在认真总结群众实践的基础上，提出了著名的工业"鞍钢宪法"和农业"八字宪法"，使技术革命运动有了更加符合实际需要的实施途径。

"鞍钢宪法"，是指1960年3月由鞍山钢铁公司创造的一套企业管理办法。它原是中共鞍山市委向中央提交的一份《关于工业战线上的技术革新和技术革命运动开展情况的报告》。毛泽东在批示中指出，鞍山的这个报告不是马钢（苏联马根尼托戈尔斯克钢铁厂）宪法那一套，而是创造了一个鞍钢宪法。因此，要在中国企业界开始学习和推广"鞍钢宪法"，有领导地"实行伟大的马克思列宁主义的城乡经济技术革命运动"②，使城乡技术革新与技术革命运动引向新的阶段。

"鞍钢宪法"的主要内容是：加强党的领导，坚持政治挂帅，开展技术革命，大搞群众运动，实行"两参一改三结合"，实行党委领导下的厂长负责制等，其中"两参一改三结合"制度是一个重要管理制度。1958年3月，黑龙江省委总结了军工企业庆华工具厂和建华机械厂"两参一改"的经验，向全

① 《毛泽东文集》第8卷，人民出版社1999年版，第152～153页。

② 中共中央党史研究室《中国共产党历史大事记》，1991年版，第243页。

省的工业企业推广。以后，又学习和吸收了长春第一汽车制造厂的领导干部、工人和技术人员“三结合”的经验，并把这一经验与“两参一改”密切结合起来，进行了全面总结和推广，这是“两参一改三结合”制度产生的初期情况。1959年初，根据中央的指示，对这个制度的执行做了调整和巩固，下半年通过贯彻中共八届八中全会精神，在企业中，以技术革新和技术革命为中心，以增产节约为内容的群众运动有了进一步发展，“两参一改三结合”制度，有了新发展。“两参一改三结合”其内容是：干部参加生产劳动，工人参加企业管理；改革不合理的规章制度，建立合理的规章制度；在企业管理中，实行领导干部、技术或管理人员与工人相结合。这个制度的发展与成熟，对促进技术革新、技术革命运动发挥了巨大作用。

在毛泽东倡导的“鞍钢宪法”的精神指引下，工矿企业的干部群众掀起了一场“人人献计、个个争先”社会主义劳动竞赛的热潮。改革不合理的规章制度，实现技术革新，提高劳动生产率，动员干部、群众、技术人员共同参与，并注重典型的推广，是这场竞赛的特点。如鞍山市特等劳动模范，鞍山机械总厂工具车间刨工王崇伦，改进现有的设备，创造了“万能工具胎”，使他一年完成了四年一个月的工作量。而天津电解铜厂，改进产品的工工艺过程，用二次电解法代替冲铜法，可从原料中多提出百分之七的纯铜，又可回收纯锌百分之十。又如，面粉业推行先出麸皮制粉法，使出粉率达到百分之九十以上，天津恒大面粉厂，可使每百斤小麦多增产六斤面粉。① 如何把广大群众所创造的许多先进经验进行推广。“总结、提高与推广先进经验，必须走群众路线，大搞群众运动。学先进、比先进、赶先进、帮后进的竞赛运动，是群众喜爱的熟悉的很好形式。它能够充分地激励群众的积极性和创造性，充分地激励群众鼓足干劲、力争上游，不断革命。”② 当然，在推广中可采取多种多样的办法。如贵州省的经验是：“通过表演赛将一些点滴的、单项的先进经验加以系统总结和配套，必要时即组织联合表演赛加以传播推广。”③ 在学习鞍钢经验的过程中，厂矿企业还十分重视技术人员、工人、干部的三结

---

① 《开展技术革新运动，把劳动竞赛向前推进一步》，载《教学与研究》，1958年第11号，第20页。

② 邓辰西：《工业战级上的技术革新与技术革命运动新论语》，载《新论语》，1960年第6期。

③ 赵欲樵：《技术革新和技术革命群众运动的新阶段》，载《团结》，1960年第3期。

合，充分发挥在不同岗位上的积极性和主动性，共同来解决企业管理和生产技术中出现的问题。

农业“八字宪法”是一套综合性的农业技术措施，包括：上（深耕、改良土壤）、肥（合理施肥）、水（兴修水利、合理用水）、种（培育良种）、密（合理密植）、保（植物保护、防治病虫去）、管（田间管理）、工（工具改革）。这八种农业技术在技术革命运动中得到毛泽东的充分重视、亲自指导、大力推广。

为了贯彻农业“八字宪法”，从1958年开始到1959年底，广大农民与土壤学技术人员组成700余万人的土壤普查大军。用土洋并举的办法完成了全国19个省，占总耕地面积79%的耕作土壤普查工作，编著出中国土壤图、中国地貌图等科学图籍，为农业生产因土种植、合理轮作、改良土壤奠定了科学基础。在水利建设上，1957年9月中共中央和国务院发出《关于在今冬明春大规模开展兴修农田水利和积肥运动的决定》要求各地把这一运动变成农业生产大跃进的重要组成部分。据统计全国各地投入到水利建设的人数，10月份为一二千万人，11月份为六七千万人，12月份为八千万人，1958年1月达到一亿人①。群众性的兴修水利运动的开展，为农业生产，打下良好的基础。在灌溉研究上，为适应深耕、密植、多肥和抗倒伏，根据水稻的生长规律，农民群众采用了“水层、湿润、晒田”三结合的灌溉方法，创造了水稻大面积高额丰产的经验。在肥料的研究上，农村总结出：以有机肥料为主，无机肥料为辅；有机肥料与无机肥结合使用；基肥多施有机肥和看苗追肥的经验。为此，在农村掀起养猪积肥的热潮。

为进一步推广农业“八字宪法”，广大农业科技工作者响应号召，将自身的专业研究与农民的群众性的技术革新运动结合起来。在防治农作物的病虫害方面，农业科研人员与广大农民基本上掌握了水稻螟虫、小麦吸浆虫、棉花蚜虫的生存规律，并找出了彻底防治的方法，也基本上了解了小麦锈病流行和气候的密切关系，创造了化学防治和选育抗病品种同时并举的办法。选育良种是农业增产的重要科学途径，农业科研机构和广大农民密切结合开展研究，到1959年已选育出400多个农作物的优良品种，其中推广面积最大的

---

① 薄一波：《若干重大决策与事件的回顾》（下卷），中共中央党校出版社1993年版，第681页。

为冬小麦新品种碧玛一号，可提高产量20%左右①。对田间管理，科技人员采取了研究所内和研究所外相结合的方法。在研究所外，组织农业科研人员深入农村田头的丰产方、丰产片，建立研究基点，系统地研究大面积丰产的农作物从种到收，从生长发育到成熟的田间管理办法。在研究所内的试验场，是研究人员与工人相结合，既做大面积的高额丰产管理试验，也作农业“八字宪法”每一个单项措施的试验。

1960年4月21日，中国农业科学院还举行了技术革新和技术革命誓师大会，进一步动员科技工作者以饱满的热情和干劲，投身到技术革新和技术革命的运动中去，用自己的实际成绩来推动农业“八字宪法”在生产实践中的应用。

三、“技术革命”运动的成效分析

在技术革命思想的引导下，被美国的科技政策专家萨特米尔称着为“群众科学”② 的技术革新和技术革命运动，在全国各地百花齐放，各有特色，但又有许多共同的特点：这是一场全民规模的运动，是全面性技术改造的运动。首先是实现机械化半机械化，解决笨重体力劳动和手工操作的运动；是具有强烈科学性的运动：是洋法和土法相结合、自力更生的运动；③ 这场运动的开展，普遍提高了群众的科技意识、科技水平和科技素质，在工农业生产第一线涌现出一大批科技专家和科技能手，他们结合生产实际搞出许多技术发明和创造，对推动我国工业化进程和科学技术事业的发展，初步改变了我国科学技术落后的状况，有着一定的积极意义。

但是技术革命通过群众性的技术革新和技术革命运动来实现，其效果并不理想，且还带来了一定的负面影响。首先，从严格意义上来讲，群众性的技术革新、技术革命无非是设计的简单化、小型化以及工艺的省略，并没有增加多少高新技术含量。其次，由于受“大跃进”运动的冲击，过分强调群众对科技发展的推动作用，把科技活动等同于一般的群众性活动，造成技术开发主体与技术实践主体之间的矛盾，导致这场运动发生了严重的畸形演变，

---

① 杜润生：《十年来自然科学的重大进展》，载《科学通报》，1959年第19期。

② ［美］理查德·P萨特米尔：《科研与革命》，国防科技大学出版社1989年版，第12页。

③ 《建国以来毛泽东文稿》（第9册），中央文献出版社1996年版，第157页。

结果给国家经济建设造成了巨大的损失。然而，这些失误，并不是党的技术革命的思想本身的失误，而恰恰是因为党对技术革命的探索未能进行到底，最终没有完成向技术革命转变。1957 年开展反右派斗争，一大批知识分子成为重点斗争对象，技术革命的主力军受重创。接着，1966 年发动了“文化大革命”，实际上成为“大革文化命”，科技领域成为重灾区，技术革命让位于政治革命，给我国的科学技术健康发展带来一定的危害。分析其原因，主要有以下几点：

首先，党对我国社会的主要矛盾认知上发生严重失误，导致党的工作重点的转移落空。毛泽东虽然提出了将党的工作重点要由革命转到建设，转到技术革命上来，但是他的这一正确思想很快地发生动摇。20 世纪 50 年代末到 60 年代初，国际共产主义运动遭受了一次挫折，东欧一些社会主义国家出现了动乱。国内极少数领导干部脱离群众，被“糖衣裹着的炮弹”击倒，极少数资产阶级右派分子向无产阶级政党发起进攻。毛泽东由此错误地估计了阶级斗争的形势，使反右派斗争扩大化，进而断言在整个社会主义历史阶段始终存在着阶级、阶级矛盾和阶级斗争。这样，就把无产阶级与资产阶级的矛盾看作是整个社会主义阶段的主要矛盾，致使向科学进军、实行技术革命的“转变”落空。后来，又错误地估计相当大一部分的政权不在共产党手里，错误地发动“文化大革命”，造成全局性的失误，在科学技术上加大了我们同世界科技水平的差距。这是毛泽东在工作重心转变问题上一大历史性悲剧。

其次，是毛泽东对技术革命的艰巨性和长期性缺乏全面的认识。毛泽东发动技术革命，以为它像土地革命，社会主义三大改造等政治运动一样，发动群众，在不太长的时间内就可以完成。因此，他把技术革命仅仅看成是整个革命发展进程中的一个阶段。的确，在革命战争年代，甚至夺取政权以后开始的这段时间里，由于客观环境不允许，条件不具备，想搞技术革命也许是不可能的。但这不意味着在这些阶段不需要技术革命，更不意味着在这些政治革命阶段没有发展科学技术的任务。事实上，在革命战争年代，为了取得战争的胜利，我们优先进行了军事技术革命，优先发展军事科学技术。把技术革命仅仅看成是一个阶段，是不全面的，他没有看到技术发展同社会进步的关系，科学技术在实现人类社会第二次“提升”中的决定作用。与此相联系，毛泽东对实现技术革命的时间估计不足。他认为党在整风以后要准备注意力逐渐转移到技术革命，要认真学习，要搞十年到十五年。显然，对于像我们这样一个经济技术落后的国家来说，要把经济建设转移到依靠世界先进科学技术的轨道上，搞十年到十五年是不够的。对技术革命的长期性缺乏正确的认识，必然使工作重点转到技术革命和建设上来的要求难以持久。

最后，由于大跃进是在主观主义指导下，"技术革命"变成了"赶超革命"。在"超英赶美"和"苦战三年，全国基本改变面貌"的口号声中，群众性的技术革新和技术革命运动出现了一套"大跃进"的思路和做法，即依靠政治鼓动，发动亿万人民参加，大搞人海战术的群众运动。先是在农村出现"挑灯夜战"、"男女老少齐上阵"的宏大场面，而后又推广在城市家家户户搜集废铜烂铁，到处筑起土高炉大炼钢铁的非科学局面。于是，党中央提出的"破除迷信，解放思想"的口号变成了"破条件，创规律"的狂热，盲目赶超、盲目蛮干行为弥漫中国大地，违背科学、违背规律的做法举目皆是，其结果不仅严重冲击了技术革命的正常开展，而且把本应按照科学规律进行的技术革命也引入了迷途。

第四节　中国科学技术事业的曲折发展

中国科学技术发展和其他各行各业一样，在1957年经历了一个不寻常的夏天，那就是整风运动和反右斗争。这场在当时被认为是"一场在政治战线上和思想战线上的社会主义革命"，对中国科学技术的发展产生了极大的影响。而所谓的"社会主义与资本主义两条道路的斗争"的争论，"左倾"运动的结果是直接导致了"科学政治化"① 思潮的兴起和泛滥，使党的科技观

---

① 科学政治化：笔者认为，建国初期随着政治上新的人民政权的建立，确立了人民科学观，它适应了当时中国科学发展的需要。但是，这一科学观更多的是强调其政治的意义。因此，如果党的政治路线正确的话，那么，这一科学观将极大地推动科学的发展以及社会的进步，而一旦政治路线走向极端甚至错误的方向，那么这一科学观也会随之偏向。由于中国社会制度建立以后，采取了高度集中和计划的政治经济体制，其中激烈的政治化倾向决定着社会各行各业的发展；而社会主义和资本主义两大阵营在世界范围的激烈对抗，也使得社会主义中国的一切活动，都纳入到为社会主义争气、争光的轨道上。这种高度政治化形势的发展，必然影响到科学发展的方向，特别是由于整风与反右后全民政治意识畸形发展并向科学技术领域渗透，科学政治化就成了历史的必然，它是人民科学观在特定历史条件下演变的结果。

在正确道路上产生了曲折。

一、"左倾"运动对科技事业的冲击

自从中共中央提出"向科学进军"的号召以后，在技术革命思想的指引下，广大科技工作者精神振奋，为迅速提高中国科技水平，实现科学技术现代化而努力。但是，当时党对如何领导科技工作尚处于探索时期，科技观和科技政策缺乏稳定性。特别是1957年反右斗争扩大化和1958年"大跃进"的过程中，党的科技观在创新发展中也出现了偏向，使科学政治化思潮逐渐兴起并泛滥，正在处于起步和腾飞阶段的中国科技事业受到了相当大的挫折。

（一）科技界反右及其扩大化的影响

"反右"运动在我党历史和新中国科技史上都可以称得上是一个重要事件，特别是反右运动在科技界扩大化的功过是非，一些党史研究专著对此作出了这样的结论，"许多有才能的知识分子由于被错划为右派分子，受了长期的委屈和压抑，不能在社会主义建设中发挥应有的作用，这不但是他们个人的损失，也是整个国家和党的事业的损失。"①

1956年11月，党的八届二中全会鉴于波兰、匈牙利事件，决定于次年开展全党整风运动。1957年4月27日，中共中央正式发出《关于整风运动的指示》。从此，各级党政领导机关和高等院校、科研机关、文化艺术团体的党组织纷纷召开各种形式的座谈会和小组会，听取党内外群众的意见。但是，随着整风的不断深入，意见也越来越尖锐，主要集中在共产党干部的特权、共产党的民主是形式上的民主、共产党在经济建设上教条主义地照搬马克思主义理论、党的领导取代政府机构的领导、党外人士在政府机构中没有实权、没有适宜科学发展的空气等方面。② 6月9日，著名教授曾普昭伦、华罗庚、钱伟长、千家驹、陶孟和、童第周联名在《光明日报》上发表了《对于有关我国科学体制问题的几点意见》（以下简称《意见》），对我国科学体制提出批评和建议。《意见》指出要保证科学家的研究时间，向科学进军的"后勤

① 胡绳：《中国共产党的七十年》，中共党史出版社1991年版，第347页。

② 参见辛向阳：《世纪之梦——中国人对民主与科学的百年追求》，山东人民出版社2001年版。

部”始终没有很好建立起来；科学院、高校和部门研究机构之间本位主义严重，建议合理分工，从全局观察协调；建议日后建立研究机构要慎重，对现行的要收缩合并；在培养科技新生力量方面，过去片面强调政治，应该政治与业务并重。所有这些批评和建议，基本上是正确的，即使用语很尖锐刻薄，但态度是诚恳的、善意的，这些对于党了解科技工作中的缺点，改进工作方式，促进科学事业发展是有利的。

对整风过程中出现的大量对共产党的批评意见特别是尖锐意见，党的领导人显然缺乏思想准备。5月5日，毛泽东写出了著名的《事情正在起变化》一文，认为形势已经非常严重了，“有反共情绪的右派分子为了达到他们的企图，他们不顾一切，想要在中国这块土地上刮起一阵害禾稼、毁房屋的七级以上的台风。”这标志着党的指导思想开始发生变化，运动的主题由正确处理人民内部矛盾转向对敌斗争，由党内整风转向反右派。6月8日，中央发出组织力量反击右派分子进攻的党内指示，同日，《人民日报》发表社论《这是为什么?》，一场全国规模的群众性的反右派运动猛烈开展起来了。

反右运动首先在高校、科技界及民主党派等知识分子集中的地方重点进行。反右派斗争的方法是采取大鸣、大放、大字报、大辩论。由于党对阶级斗争和右派进攻的形势做了过分严重的估计，结果反右派运动被严重扩大化了。“到整个运动结束，全国共划右派分子55万人，比八届三中全会透‘底’估计还多40万”“所划的55万人中，绝大多数或者说99%是错误的”①。许多忠贞的同志，许多知识分子和党的朋友，许多政治上热情而不成熟的青年学生都受到政治迫害。

反右运动的声势，使科技界人人自危。大量知识分子被错划为“右派”，他们或被撤职、或被流放、或被劳改，其才能得不到正常发挥，即使是那些还在原岗位工作的知识分子也受到科技教育战线进行的“拔白旗”的冲击，心有余悸，诚惶诚恐。更为严重的是，经过反右，广大科技人员缺乏稳定感，积极性和对党的信任发生了动摇。原来周恩来代表中央所宣布的“知识分子已经是工人阶级的一部分”的论断，在反右运动中被放弃，而继续把知识分子看成是尚未改造好的“资产阶级知识分子”。因而，阶级斗争气氛和意识形

---

① 薄一波：《若干重大决策与事件的回顾》（下卷），中共中央党校出版社1991年版，第619、620页。

态意识开始充满了科技界。这不仅严重地妨碍了将党的工作重点放到技术革命上来，而且使党的“百家争鸣”方针在科技界的贯彻受到极大干扰和损害，这一切对中国的科学技术事业的发展带来了严重的冲击。

反右及其扩大化，对我国科技事业的发展带来许多负面影响。首先体现在大批科技人员被剥夺了从事科学研究的权力。据统计，55 万被划为右派分子的知识分子中近一半被开除公职。其他的或被遣送工厂、农村劳动；或被劳动教养，接受改造；相当一部分科技人员干着力不从心的体力活。在短则五到六年，长则二十年的时间里大多数科技人员被迫中止了科学研究。而在这段时间里，世界各国的科学技术发展很快，客观上拉大了我国与发达国家的距离。

其次，反右运动直接影响了海外学者和留学生的归国。新中国成立初期，一大批留学海外的科技人员响应国家号召，冲破重重阻力回国参加社会主义建设。据统计，从 1949 年 10 月至 1955 年 11 月底，仅从西方国家回国的留学人员就达到 1536 人，他们是专职的科研人员，把在国外学到的最新知识运用到实践中，为我国的科学技术进步做出了杰出的贡献。可是由于政治的动荡，海外留学生回国热渐渐冷下来。据统计，从 1955 年 12 月至 1956 年 10 月，总共只有 158 名留学生回国。1957 年还有 103 人归国，1958 年就锐减到 46 人。而据调查到 1956 年 3 月，我国还有 6832 名留学生滞留在海外，他们中有一些人本来已经打算回国，但由于反右运动造成的不良影响，数以千计的留学生滞留海外未归，包括抗战时期出国留学的杨振宁、李政道、陈省身、林家翘等，都是知名科学家。这一大批滞留海外未归的留学生，对于中国科学技术的发展来说是个重大的损失。

（二）“大跃进”运动对科技事业的冲击

“大跃进”是 20 世纪 50 年代党在探索走中国式的社会主义建设道路过程中出现的以急于求成为内核，以高速度、盲目冒进为主要特征的一股有很强政治性的经济建设运动。由于社会主义“大跃进”是全面的大跃进，因此科技事业也被带进“大跃进”的快车道。在“全面跃进”的背景下，党的技术革命思想在科技大跃进中发生了扭曲。实践证明，在科技界开展大跃进运动，违背了科学发展的规律，是党在探索发展科学技术事业思想层面上的一个严重曲折，教训极为深刻。

1958 年 2 月中旬，中科院召开了研究所所长会议，对科学工作的“大跃进”进行部署。郭沫若院长在会上提出以“鼓足干劲、多快好省、一心一德、又红又专、重视劳动、服从组织、加强合作、实现规划”八句话作为促进科学“大跃进”的口号。1958 年 3 月科学规划委员会召开了第五次会议，聂荣臻、郭沫若在会议上作了有关“大跃进”的报告。聂荣臻说：“现在是生产大跃进迫切要求科学大跃进”,① 要明确科学就是要为生产大跃进服务。郭沫若则要求科学家们努力冲破科学技术部门的“原子核”，“掀起对科学技术研究的高潮”。要向地球开战、“打赢地球”!② 并在 3 月 17 日《人民日报》上发表了《努力实现科学发展的大跃进》一文。这样，科技大跃进初步提出。

在大跃进口号的感召下，科技界从领导到科学工作者，无不雄心勃勃。但是，一味追求速度、时间，科技工作也出现了浮夸。1958 年 7 月，中科院党组会议召开期间，有 43 个单位向会议献礼共 927 项，其中 102 项“已经达到或超过了国际先进水平”。“尤其是应用物理研究所，他们在大会第一大献礼 22 项以后，又苦干三天三夜，在大会闭幕时又再次献礼 45 项，其中 17 项达到或超过了世界先进水平”。③ 同年 9 月，国家科委党组调查了解全国各地科技战线在大跃进所取得的成绩，并向中央写了一个报告，把大跃进说得一好百好。9 月 25 日，中国科协第一次全国代表大会通过“关于开展建国十周年科学技术献礼运动的决议”，号召全国科技工作者紧密围绕当前工农业生产等中心任务和国防建设要求，在科技发明创造方面做出贡献，以促进生产和科技跃进。9 月 26 日，《人民日报》登载了《祖国科学以划时代速度前进》一文，认为“近百年来中国科技落后于世界水平的状况不久将要一去不复返了！这九个月科技大跃进中的奇迹，使人们充满了这个信念”。“把技术跃进推向前进，把生产跃进推向前去，为明年的更大跃进创造条件，争取到第二个五年计划（1962 年），把我国工业交通运输业主要方面的技术水平基本上赶上国际水平。”④ 敢想、敢干、敢说是科技界浮夸风的典型做法。

除了浮夸外，科技大跃进还导致了科研机构迅速膨胀。“1958 年的大跃进，中国科学技术事业和队伍的发展是惊人的。到 1958 年底，全国共有专门的自然科学、技术研究机构八百四十多个，比解放时增长了五十倍。其中中

---

① 《人民日报》，1958 年 3 月 15 日。

② 《1960 年科学技术工作文件汇编》，国家科委办公厅。

③ 《科学通报》，1958 年第 15 期，第 49 页。

④ 武衡：《科技战线五十年》，科学技术文献出版社 1991 年版，第 180 页。

国科学院直属科学技术研究机构九十一个；中央各个专业部门都有自己各行各业的研究试验机构；全国各省市、自治区，除西藏以外，都建立了本地区的科学分院和结合本地需要的一些研究机构。"①

科技界的大跃进，使得科学技术发展的政治价值终于凌驾于科学技术自身价值和经济价值之上，是"科学政治化"思潮的具体体现。它不仅严重违背了科学的规律，破坏了严谨求实的科研风气；而且欲速则不达，大多数科研项目表面轰轰烈烈，一哄而起，实际上收效甚微，不了了之。绝大部分在大跃进期间匆匆上马的科研院所，由于缺乏厚实的基础，只得下马。从总体上来说，科技界的大跃进，虽也取得一些成绩，但是个不成功的运动，给我国科学技术事业造成了很大危害。

二、科技政策的恢复和调整

反右斗争扩大化和"大跃进"运动不仅干了许多违背客观规律的事情，破坏了正常的科研工作秩序，而且也严重地挫伤了科技人员的积极性。党中央为了纠正"左"的错误，提倡大兴调查研究，提出不抓辫子、不打棍子、不扣帽子的"三不"政策，号召干部和群众如实反映情况，发表不同意见。这种比较宽松的政治环境，意味着党的领导人开始反思反右和大跃进对社会带来的危害，并决心扭转不利的局面。

(一) 纠正科技界"左"的思潮

1961年1月，党的八届九中全会正式提出了"调整、巩固、充实、提高"的八字方针。随着党的指导方针的转变，在聂荣臻亲自主持下，国家科委党组和中国科学院，在充分调研和征求意见的基础上共同起草了《关于自然科学研究机构当前工作的十四条意见（草案）》（以下简称《科研十四条》)。

《科研十四条》的主要内容是：（1）研究机构的根本任务是提供科学成果，培养研究人才；（2）采取定方向、定任务、定人员、定设备、定制度的方法，保持科学研究工作的相对稳定；（3）正确贯彻执行理论联系实际的原则；（4）从实际出发，制定和检查科学计划，以适应科学工作的特点；

① 聂荣臻：《十年来我国科学技术事业的发展》，载《科学通报》，1959年第20期。

（5）发扬敢想、敢说、敢干的精神，坚持工作的严肃性，严格性和严密性；（6）坚决保证科学研究的时间；（7）建立系统的干部培养制度；（8）加强协作，发展交流；（9）勤俭办科学，力求最有效地使用人力、物力，做出更多、更好的科学成果；（10）坚决贯彻执行“百花齐放、百家争鸣”的方针；（11）继续贯彻团结、教育和改造知识分子的政策；（12）加强思想政治工作；（13）坚持调查研究；（14）健全和改进研究机构的领导制度。在这 14 条意见的基础上，聂荣臻将一些政策界限和重要措施集中起来，写成《关于自然科学工作中若干政策问题的请示报告》报中共中央审批。聂荣臻的报告阐述了 7 个政策问题，概括了 14 条主要精神，其内容概述如下：

（1）自然科学工作者的红专问题。提出初步红的标准，就是拥护党的领导，拥护社会主义，用自己的专门知识为社会主义服务。针对几年来滥用“白专”这一批判性用语，明确提出“白专”这个说法不确切，并建议废除“白专”的用语。

（2）“百花齐放，百家争鸣”的问题。在自然科学学术问题上，鼓励学术的自由探讨，自由辩论，不戴帽子，不用多数压服少数。正确划分政治问题、思想问题、学术问题和具体工作问题的界限，不要给自然科学的不同主张贴上资产阶级的或无产阶级的标签。

（3）理论联系实际的问题。即要防止理论脱离实际的倾向，又要防止对理论联系实际作狭义的理解。要有全面的，长远的观点，要明确不把理论研究放在一定的重要位置上，就不能实现我国的科学技术现代化。

（4）培养、使用科学技术人才中的“平均主义”问题。对于那些有特殊才能和成就的人要重点培养、重点支持，晋级时可以不受学历、资历、年龄的限制。对全国有突出成就的科学家或中青年专家，要在各个方面给他们创造良好的各种条件。

（5）关于科技工作的保密问题。科研工作中出现保密项目越多，用人圈子越小的现象，这样不利于科学事业的发展。对此，要正确进行人员的政治审查和妥善进行科技交流，对有历史问题的，主要看今天的表现，积极大胆地使用科技人员。

（6）保证科学研究工作时间问题。当前许多研究机构只能有 3/6 时间做研究工作，因此，5/6 的研究工作时间必须保证，政治学习和各项政治活动应在 1/6 的时间内进行，研究人员不另安排劳动和进行民兵训练。地区性公益活动，不得占用研究人员的时间。

（7）研究机构内共产党的领导方法问题。党组织在研究机构做好领导工作的主要标志，就是要贯彻执行党的方针政策，充分调动科学工作者的积极性，多出研究成果。要落实好领导、专家、群众三结合的原则。思想政治工作是研究机构内党组织的主要工作。

1961年7月6日在刘少奇主持下，中共中央政治局讨论了《科研十四条》和聂荣臻的报告。周恩来认为，我们为科学家服务好，科学家就为社会主义服务好，总而言之，都是为了社会主义。刘少奇指出，要进一步掌握科技工作的规律性，不要瞎指挥，不要不懂装懂，既然有偏向，就要纠偏。① 7月19日，中央批准了聂荣臻的报告和《科研工作十四条》，并批转下发。这在科技界引起强烈的反响，广大科技工作者认为这是新中国成立以来，党领导科技工作的全面总结，是调动广大科技工作者为社会主义建设服务，多出成果、多出人才的基本政策，是科技界应该遵守的"科技宪法"。

（二）知识分子"脱帽加冕"

《科研十四条》的制定和实施，表明党重视纠正科技工作和知识分子工作的方向。但是，还未从根本上纠正前段工作中的一个主要错误，即对知识分子阶级属性的错误估计，这是广大科技工作者极为关注的重大问题。1962年初中央召开的七千人大会，毛泽东在会上没有再提"大多数是资产阶级知识分子"，同时承认工作中犯了错误，并说错误"首先是中央负责，中央又是我首先负责"。毛泽东的态度，对解决知识分子问题是一个有利条件。

经中共中央批准，国家科委于1962年2月16日到3月12日，在广州召开了全国科技工作会议。到会的有各专业各学科有代表性的科学家310人。会议由聂荣臻主持，集中讨论了3个方面的问题：（1）关于贯彻执行知识分子政策的问题；（2）关于技术政策和技术措施方面的问题；（3）关于制定科学规划和组织科学技术力量的问题。

与会代表在畅谈科技事业发展成就的同时，批评了科技部门在执行知识分子政策方面存在的一些问题。为此，周恩来总理和陈毅副总理专程从北京到广州，就知识分子政策问题作了重要讲话。周恩来给"科技工作会议"和同期召开的"全国话剧、歌剧、儿童剧创作座谈会"的两会代表作了《论知

① 《聂荣臻回忆录》（下卷），解放军出版社1984年版，第820~828页。

识分子问题》的报告。他指出，12 年来中国大多数知识分子已有了根本的转变和极大的进步，都是积极地为社会主义服务、接受中国共产党领导，并且愿意进行自我改造的，他们已属于劳动人民的知识分子，不能把他们当作资产阶级知识分子看待。讲话中，周恩来批评了 1957 年以来对知识分子改造问题的片面理解，要对那些自居于改造别人的人大声疾呼："请改造你们自己"①。对周恩来的报告，会议反映强烈，大家普遍认为，既全面又具体，听起来很亲切，使人深受感动。

3 月 5 日、6 日，陈毅分别向两个会议作了报告，陈毅在讲话中提出了给知识分子"脱帽加冕"。他说，你们是人民的知识分子，属于劳动人民的知识分子，应该给你们脱掉资产阶级知识分子的帽子，加上劳动人民知识分子之冕，② 他的讲话引起了雷鸣般的掌声。陈毅还对有的干部利用自己的领导地位"整人"提出了严厉的批评。他说有的干部动不动给别人扣帽子"整人"，谁给你的这个权利？共产党没有"整人"的权力。他又说，经过 13 年了，13 年还改造不好一个人？在极端困难的条件下，广大知识分子跟着共产党走，这是了不起的，我们党感谢他们。③ 与会代表听了这一段动人心弦的话，无不激动。在讨论这个讲话时，许多人热泪盈眶，情不自已。

这次会议，除了解决编制科学技术发展规划的问题以外，实际上是开了一次科学技术方面的知识分子问题会议，是继中共中央 1956 年召开的知识分子问题会议以后，在科技界结合贯彻执行《科研十四条》，对知识分子问题上存在的一些"左"的思潮所进行的全面纠正。

广州会议后不久，周恩来在向第二届全国人民代表大会第三次会议所做的《政府工作报告》中郑重指出，我国的知识分子，在社会主义建设的各条战线上做出了宝贵的贡献，应当受到国家和人民的尊重。我国知识分子"绝大多数都是积极地为社会主义服务，接受中国共产党的领导，并且愿意继续进行自我改造的，毫无疑问，他们是属于劳动人民的知识分子"④ 周恩来在

---

① 《周恩来选集》（下卷），人民出版社 1984 年版，第 353 ~ 359 页。

② 薄一波：《若干重大决策与事件的回顾》下卷，中共中央党校出版社 1993 年版，第 998 页。

③ 《陈毅传》，当代中国出版社 1991 年版，第 531 页。

④ 薄一波：《若干重大决策与事件的回顾》下卷，中共中央党校出版社 1993 年版，第 999 页。

当时党内尚存在分歧的情况下，坚持为知识分子“脱帽加冕”，代表了党内对知识分子问题的正确认识，在理论和实践上都有重大意义。但是好景不长，到了9月，也就是广州会议半年之后，形势发生了很大变化，中共中央在北京召开了八届十中全会，毛泽东指出当前我国社会主要矛盾仍然是无产阶级同资产阶级的矛盾。资产阶级知识分子的帽子脱了不久又被戴上。

三、“文革”时期科技政策的扭曲

1966年至1976年，我国经历了一场“史无前例”的“文化大革命”（以下简称“文革”）。文化革命这一概念按照列宁最早定义是指：扫除文盲，普及教育，发展科学文化事业，提高人民群众的科学文化水平。① 可中国这场“文革”的实际情况是，在“左”倾思潮的影响下，党的科技思想和政策在这一时期发生了重大扭曲。“左”的口号和言论代替了系统明确的科技政策，出现了一系列反科学的活动，严重摧残和破坏了我国蓬勃发展的科学技术事业。

（一）哲学批判取代自然科学研究

1966年5月中央政治局扩大会议和8月八届十一中全会，是“文革”全面发动的标志。两个会议先后通过的《中共中央通知》（即《五·一六通知》）和《中共中央关于无产阶级文化大革命的决定》（即《十六条》），是“文革”的纲领性文件。两个文件对科技领域也做出若干规定，成为“文革”时期“左”倾科技方针的纲领性文件。

文件明确指出，“当前，我们的目的是斗垮走资本主义道路的当权派，批判资产阶级反动的学术权威。”并且还要组织对这些人的批判，其中包括对哲学、历史……和自然科学理论战线上的各种反动观点的批判。② 从文件中可以看出，“文革”一开始就把矛头对准了教、科、文领域的专家学者，号召人们

① 转引自杜蒲：《对“文革”前夕及“文革”时期党内“左”倾思潮的文化考察》，载《毛泽东思想研究》，1992年第4期。

② 转引自冷得熙：《我们这一个世纪——20世纪中国的现代化历程》，中国财政经济出版社2001年版，第309页。

"彻底揭露那批反党反社会主义的所谓'学术权威'的资产阶级反动立场"，同他们进行你死我活的斗争，将这些人彻底清洗出去。① 因此，一场批判包括自然科学领域在内的各种"反动观点"和"反动思想"运动，率先在全国高校掀起，随即遍布全社会。

在"文革"中，先后遭受批判的科学理论几乎涉及各学科，许多学术理论观点程度不同地受到带有政治色彩和哲学论战式的批判。凡持有不同学术见解的人被打成"反党反社会主义反毛泽东思想"的"三反分子"。1968 年 3 月，中科院革命委员会下属的"批判自然科学理论中资产阶级反动观点毛泽东思想学习班"，发起批判爱因斯坦及其相对论。他们认为"相对论是地地道道的相对主义诡辩论，也就是唯心主义和相对主义"，要"以毛泽东思想为武器，批判相对论，革相对论的命"。学习班在科学刊物上发表了一大批批判文章，并上报中央和中央文革，要求把学习班作为典型，总结经验，继而在生物学、地学等领域也开展类似的批判工作。中共"九大"以后，批判相对论进入高潮，直至"文革"结束。这种连相对论究竟是什么也没有搞清楚就批判、就否定的批判运动，是用错误的哲学批判践踏自然科学研究的一个典型。这种曲解哲学结论，乱贴政治标签，挥舞政治大棒，对自然科学理论的攻击，实际上是对科学本身实行全面专政。在用错误的哲学批判来取代自然科学研究思潮的冲击下，科技战线成为"文革"的重灾区，正常的科研秩序被打乱，科技工作遭到前所未有的破坏。

（二）突出政治功效的科研路线

在极"左"思潮的支配下，从"文革"一开始，整个科技战线紧跟形势，把突出政治放在一切工作的首位。1966 年春，《解放军报》就有关科研单位开展政治与业务关系大讨论，而连续发表了 7 篇社论，突出强调要坚持什么样的科研路线问题。

对于坚持什么样的科研路线。以林彪、江青集团为代表的所谓"左派"，人为地把科技工作划分为两条路线的对立：一条是修正主义的科研路线，一条是无产阶级的科研路线。认为"科学战线上，阶级斗争、两条道路的斗争一直严重的存在着，中间道路是没有的"②；污蔑由于新中国成立以来"党内

---

① 胡绳：《中国共产党的七十年》，中共党史出版社 1991 年版，第 411 页。

② 《人民日报》，1966 年 6 月 1 日。

最大的一小撮走资派及其在科技界的代理人疯狂推行爬行主义、奴隶主义、取消主义的修正主义科研路线"①，因此，必须通过"文化革命"、批判修正主义的科研路线，确立无产阶级的科研路线。

什么是无产阶级的科研路线，当时的《人民日报》等报刊进行了连篇累牍的宣传，内容也不尽一致。以中科院大批判组的《科学研究必须结合生产实践》一文表述得最为全面。该文认为要坚持科研工作的"两方向"，即科研要为无产阶级政治服务，要与生产劳动相结合；还要坚持两个"三结合"，即工农群众、革命领导干部和科学技术人员三结合，科研、生产和使用三结合；要反对"三脱离"，即脱离政治、脱离群众、脱离实际的修正主义路线。② 后来，这一科研路线作为"文革"的成果得以体现在宪法中。1975 年宪法规定："科学研究必须为无产阶级政治服务，为工农兵服务，与生产劳动相结合"。③

为了执行"两方向"、"三结合"的科研路线，1966 年 4 月，中国科学院党委扩大会议和政治工作会议明确指出，科学实验要密切结合生产斗争，革自然界的命；要吸引千百万工农群众参加，革掉历史上科学为少数人所垄断的命。5 月，中国科技协会在福州召开全国农村群众科学实验运动交流会议。会议认为，社会主义的农业科学实验，必须以贫下中农为主力军，才能开创一条坚实的社会主义农业科学的发展道路。与此同时，在工业科研领域，也开展了群众路线与专家路线的讨论，批判所谓"专家治所"，竭力宣传工人阶级是科学技术革命的主力军。随着"斗、批、改"阶段的开始，"左倾"思潮不遗余力地批判所谓"三脱离"的科研路线，并指出："卑贱者最聪明，高贵者最愚蠢。"④ 于是，一支支以工农兵为主体，工农兵群众、专业研究人员和干部"三结合"的科学研究队伍在全国建立起来。很多研究单位放弃了以前的研究课题，走向工厂、农村，"下楼出院"，实行"开门办所"，实际上取消了实验室的科学研究，否定科技人员脑力劳动的价值。

---

① 《人民日报》，1968 年 1 月 18 日。

② 《人民日报》，1971 年 1 月 6 日。

③ 《宪法资料选编》（第一辑），北京大学出版社 1982 年版，第 297 页。

④ 郑谦：《毛泽东与邓小平》，湖南出版社 1996 年版，第 191 页。

（三）“教育革命”对高等教育的冲击

毛泽东从20世纪60年代起，针对教育领域作出了“学制要缩短，教育要革命”的指示，继而提出了“教育革命”思想。毛泽东的“教育革命”，原本是为了解决好教育和实践之间的关系问题。但是，由于晚年毛泽东在知识分子阶级属性上的误区，认为现在大学的“那些大学教授和大学生们只会啃书本，他们一不会打仗，二不会革命，三不会做工，四不会耕田，他们的知识贫乏得很。”① 由此，他提出了“七二一指示”：“大学还是要办的，我这里主要说的是理工科大学还要办，但学制要缩短，教育要革命，要无产阶级政治挂帅，走上海机床厂从工人培养技术人员的道路。”

为了贯彻毛泽东的“教育革命”思想，全国对现有大学实行了撤、并、迁、改政策。1971年全国教育工作会议讨论的《关于高等学校调整问题的报告》中提出：工科院校一般保留继续办；农科医科、师范院校多数保留继续办；综合大学，一般先保留，通过改革实践再解决如何办问题，少数将文理分开；政法、财经、民族学院多数撤销。根据这此原则，全国高等学校仅保留309所，合并43所，撤销45所，改为中专的17所，改为工厂的3所，新增设7所。其中，政法院校全部撤销，财经院校仅保留2所。② 不少学校被撤、并、改、迁后，校舍被其他单位占用，全国高等学校在仪器、设备、图书、资料等方面的损失相当严重，高等教育事业遭到了极大的破坏。

“文革”兴起之后，正常的高等学校招生工作被取消了。关于招生对象问题，毛泽东强调“高中毕业后，就要先做点实际工作。单下农村还不行，还要下工厂，下商店，下连队。这样搞他几年，然后读两年书就行了。”③ 1970年6月，中央批转《北京大学、清华大学关于招生的请示报告》规定了招生试行招“政治思想好，身体健康，具有二年以上实践经验，年龄在20岁左右，有相当于初中以上文化程度的工人、贫下中农、解放军战士和青年干部。”招生办法是：“实行群众推荐、领导批准和学校复审相结合的办法”，毕业分配原则是：“学习期满后，原则上回原单位，原地区工作，也要有一部分

---

① 《建国以来毛泽东文稿》（第11册），中央文献出版社1998年版，第493页。
② 转引自张广芳：《十年动乱期间的“教育革命”》，载《广东党史》，2001年第2期。
③ 《建国以来毛泽东文稿》（第12册），中央文献出版社1996年版，第34页。

根据国家需要统一分配”。这一招生“革命”实施的结果是众所周知。所谓群众推荐，实际上成了各级领导为子女走后门上大学大开方便之门。由于忽视文化考查，工农兵学员文化基础薄弱而且参差不齐，大大降低了培养目标，大学教育功能完全丧失，成为高初中文化补习班。据 1972 年北京市 11 所高校招生结果来看，初中以上文化的只占 20%，初中程度的占 60%，相当于小学程度的占 20%。① 后来社会反映强烈，要求文化考查，不少地区恢复了文化考试的一些做法，又遭到所谓“复辟”、“回潮”的冲击。此后，直到 1976 年，高校新生的文化水平，始终保持在初中甚至小学毕业程度。正如美国政府和学者所认为的“文革”最大的负面影响之一是“中断了中国高等教育的正常途径”②，十年“文革”使中国的高等教育起码少培养了近一百万大学毕业生。

（四）科研体系面临“斗批散”危险境地

十年“文革”中，由于“左”倾思潮的代表人物林彪、江青集团完全否定建国十七年以来的科技工作的成就。认为十七年以来，科技领域一直是由资产阶级走资派所把持。因此，十年动乱，国家科技管理的各级科委、科协以及中国科学院几乎都受到了冲击。许多机构陷于瘫痪。国家科委的领导班子被打成“韩光反党集团”，作为科技界推行“反革命修正主义路线的黑班底”的典型。

1969 年，当“文革”进入“斗批改”最后阶段，中国科学院作为“资产阶级知识分子”长期统治的单位，被视为打碎、砸烂的机构，导致撤销了各大行政区分院，把整个研究机构拆得七零八落。中国农业科学院几乎全部被拆散。1970 年 7 月，中央还决定撤销国家科委，原机构与中国科学院合并，中国科协亦随之撤销。中国科学院所属研究机构大批下放到地方管理。1965 年中国科学院有 106 个研究单位，而到 1973 年只剩下 53 个，到 1975 年又减少到 36 个，全院职工也从 60 多万人减少到 28 万人，其中很大一部分人到五

---

① 转引自胡茂桐：《从毛泽东的“教育革命”到邓小平的教育改革》，载《毛泽东思想研究》，1999 年第 2 期。

② Thomas P. Bernstein, Up to the mountains and down to the villages: the transfer of youth from urban to rural China, New Haven, Conn. : Yale University Press, 1977. & Peter J. Seybolted. The rustication of urban vouch in China: a social experiment. N. Y: M. E. Sharpe, 1977.

七干校劳动。① 由于科学研究机构被拆散，国内外学术交流中断，全国原有的300多种学术期刊一度全部停刊，基础研究几乎停止。

为了响应“文革”号召，各科研高校单位成立了“革命委员会”，代替了以前的所长负责制；接着工人、解放军毛泽东思想宣传队进驻，领导科技领域的“斗、批、改”。1966年7月30日，陈伯达、江青以“中央文化革命”小组的名义，召开科技界的万人大会，煽动科技界批斗“走资派”，在他们的插手策划下，各种名目的批斗会接连不断，广大科技战线上的各级领导和知识分子成为“走资派”、“资产阶级反动学术权威”，遭到揪斗和批判，从而使科技战线成为“文化大革命”的重灾区，正常的科研秩序被打乱，科技工作遭到前所未有的破坏。

据统计，在国家科研体系遭到严重冲击下，全国共有30多万学有所成的科技人员被迫下放到“五七”干校，在山区、牧场、农村从事繁重的体力劳动，进行深刻的思想改造。还有很多知识分子被戴上了“特务”、“间谍”、“现行反革命”等帽子，被关在“牛棚”，遭到非人的待遇，听从“群众专政”，身心受到各种摧残，使他们无法从事和开展任何科学技术研究工作。

四、“文革”时期科技事业的曲折前行

“文革”期间，虽然党的科技思想遭到严重的扭曲，但党内健康力量在周恩来、聂荣臻、邓小平等人的领导下，坚持新中国成立以来形成的正确的科技思想、政策，对科技领域的极“左”思潮进行了坚决的抵制和斗争。

“文革”发展到1971年下半年出现了转机，9月13日，林彪反革命集团被粉碎，周恩来主持中央的日常工作。周恩来、邓小平等领导人，以丰富的革命斗争经验，抓住每一个时机，关心、支持科技事业的发展。1972年《人民日报》发表社论，号召加快社会主义建设的步伐、落实各项政策时，特别提出要提倡又红又专，为革命学业务，学文化和学技术。② 这篇社论无疑是向“左”倾思想发出的战斗檄文，是纠正科技战线“左”倾思潮的动员令。

---

① 转引自冷得熙：《我们这一个世纪——20世纪中国的现代化历程》，中国财政经济出版社2001年版，第309页。

② 《人民日报》，1972年10月1日。

根据周恩来的建议，1972 年 8 月，中共中央召开全国科学技术会议。这次会议不仅是科学院系统，而且包括了各部委、各自治区的科技工作管理部门，这是“文革”以来的第一次全国性的讨论科技工作的会议。会议集中讨论了一个重要问题，如何评价“文革”前的 17 年的科技是正确路线为主导，还是反革命修正黑线为主导。绝大多数代表以自己所在单位 17 年来科学技术发展历史事实，说明 17 年来正确路线占主导地位，17 年的成就不容全盘否定。由于“四人帮”的坚决反对，毛泽东否定了周恩来的正确意见。接着，全国又掀起了批林批孔运动，“四人帮”把全国科学技术工作会议作为“复旧回潮”，开展严厉的批判。但是这一短时间的纠“左”，对科技战线还是产生了积极的影响，广大科技人员分辨是非的能力增强，大多能排除干扰，做好工作。

1975 年，邓小平复出工作，在周恩来等人的支持下，针对“四人帮”对科技事业的破坏进行了全面的治理整顿。当年 7 月，派胡耀邦、李昌进驻中国科学院开始整顿。按照邓小平的指示，胡耀邦到科学院后，召开了一系列座谈会，在调查研究的基础上，六易其稿，向党中央提交了关于中国科学院的《汇报提纲》。

《汇报提纲》分为六个部分，概括起来内容包括：20 多年来，科技战线上的绝大多数领导干部、科技人员和广大职工，辛勤努力，成绩是主要的；科技工作，既要有坚强的政治领导，又要有切实具体的业务领导；要全面贯彻毛主席的科研路线：其中指出科学技术是生产力，科学技术这一仗一定要打，而且必须打好；自然科学学术问题上不同意见的争论是好事不是坏事，必须实行“百花开放、百家争鸣”的方针；在知识分子政策上，认为现有的 400 万科技人员绝大多数是好的或比较好的，反党反社会主义分子只是少数；还有科技十年规划轮廓的初步设想，中科院院部和直属单位的整顿问题等。

《汇报提纲》最具价值之处是在当时“左”倾思潮占统治地位的情况下，有针对性地批判了“左”倾科技思潮的各个方面，显示出作者的胆识和勇气。它是在全国纠正“左”的潮流，全面恢复工农业生产基础上提出的，反映了广大科技人员明辨科技领域是非和明确未来科技发展方向的迫切心情，体现了邓小平的“安定团结”和整顿工作的治国方针。由于它是在 1975 年的特殊形势下写出的，修改稿谨慎而留有余地。即使这样，在 1976 年的“批邓和反击右倾翻案风”的运动中，《汇报提纲》被列为三株大毒草之一，遭到了猛烈批判。在这个运动冲击下，已经开始取得成效的科技界整顿工作停了下来，已经好转的生产秩序和科学技术工作又被打乱，但这场以《汇报提纲》为主线的科技整顿，为后来的拨乱反正，恢复正确的科技方针、政策，打下了良好的基础。

在“文革”的十年动乱中，由于受到以周恩来、邓小平、聂荣臻为首的党内健康力量的领导和支持下，我国的广大科技工作者出于对发展科学技术的责任心和爱国热情，在极端困难的条件下，仍然利用一切可能的机会进行科学研究，并取得了一批重要的成果。

在国防尖端科技领域，1966 年 10 月，导弹核武器试验获得成功。1967 年 6 月又成功爆炸了自行研制的氢弹。1970 年 4 月，我国第一颗人造地球卫星“东方红 1 号”发射成功，并实现了人造卫星的回收。以后，又进行新的卫星发射和氢弹试验。至此，我国科技史上辉煌的“两弹一星”时期圆满结束，我国国防科技事业在动乱中求发展，创造了奇迹般的成就。

在农业科技领域，籼型杂交水稻的育成推广是科学技术对我国农业生产的极大促进。水稻专家袁隆平于 1970 年发现了雄花败育野牛稻，养育成“野败不育株”。1971 年，他在全国使用上千个品种，做了上万个杂交组合，培养出米质优良、适应性广、抗逆性强的杂交水稻，并在全国大面积推广，使水稻获得了巨大丰收，对世界农业科学、农业生产都产生了巨大影响。

在基础研究方面，1966 年至 1974 年，由我国中青年为主体的科技工作者，完成了猪胰岛素晶体结构分析 1.8 分辨率的工作，这一成就表明中国在生物大分子的结构分析工作也进入了世界先进水平的行列。数学家陈景润为了攻克世界数学难题，在被“专政”期间，他在斗室点油灯靠笔写手算，经过整整 10 年的苦战，终于在哥德巴赫猜想问题的研究上取得了前人未曾取得的成果。被国际上誉为“陈氏定理”而载入史册。

在工程技术方面，1970 年，我国开始兴建葛洲坝水利枢纽工程，经过 10 多年的努力，第一期工程于 1983 年投产。葛洲坝水利枢纽工程规模宏大，共浇注混凝土 1223 万立方米，土石方开挖、回填 111 亿立方米，金属结构安装 7.75 万吨。该项工程建设中的河势规划，泥沙防治，大流量泄水闸的泄水处理，大流量截流，深水田堰工程大型金属结构设计，低水头径流大型水轮发电组，超高压输变电系统，工程安全监测等方面，均达到国内外先进水平。

1968 年 9 月建成通车的南京长江大桥是我国 60 年代铁路建设史上的一项

重大成就。经过 200 多位科研、设计、工程各方面的专家研究和讨论，于 1960 年 1 月开始兴建。1968 年 9 月铁路桥通车，同年 12 月公路桥通车，使长江“南北天堑变通途”，是当时我国最大的铁路、公路两用桥。而在崇山峻岭中的成昆铁路的修筑，华北、中原、汉江等地区油气资源勘探开发以及中科院组织的大规模的珠穆朗玛峰的综合考察所取得的成就，许多都超过了当时世界先进水平。

值得注意的是，“文革”时期，我国在科技方面取得的成果，在当时却被统统称之为突出政治和“文革”的伟大成果，被说成是无产阶级科研路线无比正确的证据。这些重大科研成果，竟被作为“文革”应当延续下去的理由。事实正好相反，正如《关于建国以来党的若干历史问题的决议》指出的：“这一切绝不是‘文化大革命’的成果，如果没有‘文化大革命’，我们的事业会取得大得多的成就。”

本章小结

建国以来，中国共产党在探索如何发展我国科学技术的历程中，既取得了巨大成就，也存在着一定的失误。正是在党的科技观指导下，从 50 年代到“文革”前的 1965 年，中国的科学技术事业取得了显著进步，与发达国家差距正在逐步缩小，实现了新中国科技发展的第一次跨越。然而，到了 20 世纪 50 年代后半期，党的主要领导人没有将自己的精力始终放在通过科学技术来推进生产力发展上，而更多的是脱离生产力发展的基础去完善生产关系、大搞阶级斗争，使“技术革命”让位于“文化大革命”。科技发展与社会主义在中国的第一次历史性汇流，没有真正得以完成。因此，这段时期是中国科技事业的曲折前行期。

（一）党的科技观概述

建国到改革开放前，党的领导科技思想是以毛泽东关于发展科学技术的有关论述为核心，运用马克思主义基本原理，对自然科学和技术的本质、特征、功能，以及党和国家的科技政策等问题，提出了一系列的科技思想、科技发展战略思想和科技政策主张。

1. 科技观

科技观是对科技的本质与性质、科技与生产力的关系和科技的社会功能的思考，是科技观的出发点。以毛泽东为核心的第一代领导科技归纳为以下几点：

（1）科学为人民大众。为了迅速发展科学技术事业，党明确了科学为国家建设和为人民大众服务的总方针。从朱德的"科学转向人民"到叶剑英"世界上没有孤立的科学"论述，从周恩来指出科学是不能超越政治到毛泽东认为科学技术必须抓在人民手里等一系列论述，构成了科学为人民大众的核心。

（2）自然科学本身没有阶级性。对自然科学本质的阶级属性问题，毛泽东认为，科学是对客观物质世界本质和规律的认识。因此，"就自然科学本身来说，是没有阶级性的"①，但是，作为一种社会现象，科学技术必然要被一定社会的人和集团去研究和利用，而"谁去研究和利用自然科学，是有阶级性的"②。这些观点构成了毛泽东科技思想的基础，也是"百家争鸣"科技方针的理论来源。

（3）不搞科学技术，生产力无法提高。1963 年 12 月，毛泽东在听取中央科学小组汇报时，明确指出，"科学技术这一仗，一定要打，而且必须打好。……现在生产关系是改变了，就要提高生产力。不搞科学技术，生产力无法提高。"③ 毛泽东生前虽没有直接提出科学技术是生产力的论断，但是他依靠科学技术发展生产力的思想是很明确的。

2. 科技发展战略思想

（1）向科学进军。这是党的领导人在分析当时世界科技革命潮流和国内科技发展的现实状况的基础上提出的号召。在这一思想指导下，我国制定了第一个全国科技远景发展规划，使我国走上了"大科学"发展模式。整体的科技水平有了跨越式的发展，与世界先进水平的差距不断缩小。

（2）技术革命。毛泽东在总结多年来中国长期落后的原因时认为，先进行社会革命，变革生产关系，再进行技术革命，通过技术革命来提高生产力。1956 年，他正式提出了技术革命思想，号召全党要将工作重点放到技术革命上去。随之一场全国范围的群众性的技术革新和技术革命运动蓬勃开展，对提高大众的科学素养和改善落后的科技状况有一定的积极意义。

---

① 《毛泽东选集》第 5 卷，人民出版社 1977 年版，第 444 页。

② 《毛泽东选集》第 5 卷，人民出版社 1977 年版，第 444 页。

③ 《毛泽东选集》第 8 卷，人民出版社 1999 年版，第 351 页。

(3) 自力更生为主，争取外援为辅。这一思想，是党在民主革命时期一贯倡导的独立自主、自力更生方针的新发展。毛泽东认为："自力更生为主，争取外援为辅，破除迷信，独立自主地干工业、干农业、干技术革命和文化革命，打倒奴隶思想，埋葬教条主义，认真学习外国的好经验，也一定研究外国的坏经验——引以为戒，这就是我们的路线。"① "两弹一星"的研制成功，正是建立在毛泽东这一思想基础上。

(4) 制定科技发展规划。毛泽东认为："我国人民应该有一个远大的规划，要在几十年内，努力改变我国在经济上和科学文化上的落后状况，迅速达到世界上的先进水平。"② 根据毛泽东的指示，国务院成立了科学规划委员会，着手制订全国科学发展规划，经过600多位专家、科技人员约半年的讨论，终于制订了《1956～1967年科学发展远景规划纲要（草案)》。在规划中，提出国家建设所需要的重要科学技术研究任务57项，研究课题600多个。在此基础上，我国又编制了《1963～1972年科学技术发展远景规划》。

3. 有关科技政策理论

党的第一代领导还结合中国的现实国情，就发展科学技术提出了一系列方针、政策。如，自然科学方面特别要努力向外国学习；学术问题上应该采取百家争鸣的方针；发展科学技术必须打破常规；尽快造就一支宏大的科技人才队伍；四个现代化与科学技术现代化；应抓紧对尖端武器的研制工作等等。

(二) 毛泽东科技观的历史局限性

第一，突出强调政治对科学技术的统帅作用。毛泽东历来认为，科学技术的发展服务于党的政治目标，这对他的科技观有着深刻的影响。他主张按照党和国家的意志来发展科学技术，这使得新中国在少数领域迅速取得巨大成就，但在大多数领域仍处于非常落后的境地。同时由于强调政治统帅一切，容易导致在实践中将科学技术与政治绝对地对立起来，以致党在知识分子政策上出现多次反复。这也是毛泽东在科学技术领域未能始终坚持百家争鸣的政策和"技术革命"让位与"文化大革命"的根本原因。

第二，过于强调科学技术的实用性。注重实用是当代中国占主导地位的科技价值观。从革命根据地开始，党发展科学技术的指导思想在某种程度上

① 《毛泽东文集》第7卷，人民出版社1999年版，第380页。

② 《毛泽东文集》第7卷，人民出版社1999年版，第2页。

建立在“科学技术有用”、“科学技术有大用”基础上。建国后实行计划科学技术研究体制，集中全国之力为国家主要目标服务，亦源于此。这种“科学技术实用论”在短期内对中国的科学技术事业的发展产生了巨大的推动。但这种观点在“左”倾思想冲击下，极易导致科技论为政治工具，对国民经济发展的促进作用不是很大，以致改革开放后不得不进行科学技术体制改革。

第三，过于看重精神的作用，忽视了科技发展的客观规律。作为一个革命家和中国社会主义建设道路的初探者，毛泽东虽然认识到科学技术在经济发展中的重要作用，但对科学技术发展的规律尚无深刻的认识和把握。他过于看重人的主观能动性，试图利用人民群众迅速改变落后面貌的强烈愿望和建设社会主义的高涨热情，用大规模的群众运动来实现科学技术的高速发展，而忽视了科学技术发展内在的规律，结果是欲速则不达。

尽管有如此大的历史局限性，我们仍需承认，毛泽东的科技观从整体上来看，继承和发展了马克思主义科技观，并能根据中国革命的实际和世界科学技术发展的趋势及时作出更新，达到了他那个时代的中国人所能达到的历史最高峰，无论就其对科学和技术认识的深度还是和广度而言，在其同时代中国人中无出其右者。毛泽东的科技观是在中华民族实现伟大复兴历程中形成的，是中华民族一笔宝贵的精神财富，应该认真加以学习、研究和发展。

第三章

“科技生产力”理论对中国科技事业的指导

我国自十一届三中全会以后的历史，通称新的历史发展时期，即“新时期”。新时期最突出的特征是：坚持以实现四个现代化为奋斗目标，坚持以经济建设为中心，坚持改革开放。在这样一个历史阶段，党的科技观发生了重大转折，确立了科学技术为经济建设服务的思想，指导着科技体制的全面改革。而“科学技术是第一生产力”的提出，标志着党的科技思想进入了发展深化阶段，迎来了新中国科技发展史上的第二个“黄金期”。本文所研究的“新时期”特指自改革开放以来到20世纪80年代末党的第三代领导集体形成这一段历史时期。

第一节　拨乱反正开启科学的春天

“文革”十年间，在“左”倾思想占主导地位的情况下，科技事业备受摧残，科技发展基本上处于停滞状态，党的科技思想发生了严重扭曲。十一届三中全会后，以邓小平为核心党的第二代领导集体，认真总结建国以来科技发展的经验教训，分析了世界科技革命产生的影响，率先在科技教育领域拨乱反正，召开了全国科技大会，从而实现了我国科技政策的重大转折。

一、中国科技政策转折的背景分析

（一）十年“文革”的冲击与我国科技事业的现状

建国以来，在党和政府的领导下，经过科技工作者的艰苦努力，我国的科技事业取得了重大进展。但是就科技整体水平而言还比较落后，与先进国家相比，存在不少差距。特别由于“文革”等政治运动的冲击，使我国科学技术的发展受到严重的制约。

第一，表现在科技人才严重不足。科技人才不仅是科技发展的重要推动力量，也是科技发展的重要标志之一。由于十年“文革”的浩劫，许多科学家遭到迫害，大批科技人员被迫到农村、山区从事艰苦的体力劳动，整个科技队伍被拆得七零八落。而所谓的“教育革命”使得高等学校培养人才的功能基本丧失。到“文革”结束后，我国的科技人才队伍已是青黄不接，与世界水平相比差距甚大。正如邓小平指出的：“同发达国家相比，我们的科学技术和教育整整落后了二十年。科研人员美国有一百二十万，苏联九十万，我们只有二十多万，还包括老弱病残，真正顶用的不很多。”①

第二，表现在科技水平差距加大。新中国关起门来搞建设的几十年，恰恰是世界科学技术以前所未有的速度向前突进的几十年。从科技的发展水平方面比较来看，我国的科学技术力量很不足，科学技术水平从总体上要比世界先进国家落后二三十年。而反右等政治运动的不断兴风作浪，使中国的科技与世界先进水平的差距进一步拉大。邓小平对我国科技发展水平与发达国家的差距拉大的现实深表忧虑：“六十年代前期，我们同国际上科学技术水平有差距，但不很大，而这几十年来，世界有了突飞猛进的发展，差距就拉得很大了。”②

第三，表现在对科技本质认识上的偏差。科学技术是生产力，这是马克思主义的基本观点，科学技术对社会经济发展的重大作用，已得到历史的充分验证。然而，“十年文革”结束后，由于受“左”的思想干扰，“两个凡是”思潮盛行，党关于发展科学技术的正确路线、方针还没有得以恢复。社会上轻视科学、轻视现代科学文化知识的风气仍然盛行，知识分子的地位没有得到应有的尊重，科学还只是意识形态领域中阶级斗争的工具，整个国家对科技的重要性也认识不足。

十年“文革”对我国科技事业发展带来了巨大的负面影响，造成了我国科技水平与世界先进水平的差距越来越大，导致了我国的经济发展更加落后。

① 《邓小平文选》第2卷，人民出版社1994年版，第40页。
② 《邓小平文选》第2卷，人民出版社1994年版，第132页。

正是对这种差距的清醒认识，促使了新时期党的领导人率先考虑从科技与教育领域开始拨乱反正。

（二）第三次科技革命的兴起及其影响

20世纪70年代末，科学技术飞速发展并向现代生产力迅速转化，愈来愈成为现代生产力的推动力量。新时期党的领导人在观察生产力的发展、观察社会主义和资本主义的较量和前景时，特别注意了一个对世界发展起决定性作用的新因素，那就是第二次世界大战以来，在世界范围内兴起的第三次科技革命。与历次的科技革命相比，这场新科技革命的突出特点及其影响主要表现在以下几个方面：

第一，科学技术日益加速发展的趋势。这种趋势表现在信息容量的增加和知识更新周期的缩短。据计算，人类科学技术在20世纪中期是每10年翻一倍。因此，用“信息爆炸”、“知识爆炸”来描述当代科学技术的迅猛发展并不过分。邓小平对此揭示到“世界形势日新月异，特别是现代科学技术发展得很快。现在的一年抵得上古老社会几十年、上百年甚至更长的时间。”①同时，科技成果转化为现实生产力的进程也在不断加速。20世纪前期，这种转化大约需要10年以上；而在二战后，这种转化期甚至只需要1到3年。而科技成果向现实生产力的转化进程中还使得新工艺、新产品层出不穷。

第二，高科技的涌现及产业化趋势。随着新科技革命的进步，世界上越来越多的国家认识到高科技对本国经济的发展和未来的国际地位等方面的影响都极为深远。因此，高科技及其产业化的崛起，触动着每个国家的神经。随着80年代美国的“星球大战计划”、西欧各国制定的“尤里卡”高科技发展规划和日本的“人类新领域研究计划”等高科技项目的实施，不仅加剧了国家之间的竞争，也导致了竞争焦点转移到以经济为基础和以高科技为先导的综合国力的竞争，使得参加高科技竞争的国家和地区越来越多，高科技产业化趋势越来越明显。

第三，科学技术的国际化趋势。在新科技革命的环境下，科学技术的群体性、计划和协调性大为增强，科研活动的范围不断扩大，不仅超越了科研机构的范围，甚至突破了国家界限。如1981年美国发射的“哥伦比亚”航天飞机，是由25个国家共同参与，被称为“空前的国际合作成果”。当代科学

---

①《邓小平文选》第3卷，人民出版社1993年版，第291页。

技术的发展不仅是国家目标的重要组成部分，需要国家的力量组织和推动，而且是世界和平与发展目标的组成部分，需要各国进步力量的联合和共同推进。

（三）世界形势发展时代特征的启示

粉碎“四人帮”之后，党的领导人经过几年的观察，对时代主题和国际形势作出正确的分析，指出和平与发展是当今世界的两大问题，而发展又是核心问题，从而改变了战争危险很迫近的看法。认为在较长时间内不发生大规模的世界战争是有可能的，和平力量的增长超过了战争力量的增长，并由此得出结论，确认世界上真正大的问题，即全球性的战略问题，一个是和平问题，一个是经济问题或者说发展问题。对国际形势和时代主题判断的改变，使党的工作中心转移到以经济建设为主的轨道上来，避免了在内政上继续强调备战备荒和阶级斗争的错误导向。

1978 年，党的十一大再次提出了实现四个现代化的伟大目标，全国上下开始一心一意地搞社会主义现代化建设。然而对于经历了十余年破坏的中国来说，实现四个现代化的目标，无疑是一个巨大的挑战。要实现四个现代化，关键是在于科学技术现代化，而目前我国科学技术事业的现状，无法担负起这一历史使命。为了尽快改变科技落后的状况，加速科学技术事业的发展，党和国家领导人密切关注着科技和教育领域的拨乱反正，提出了恢复和发展我国科技和教育事业的一系列论断，从而开启了新时期党的科技思想新篇章。

二、科技教育领域的拨乱反正

“文革”期间，科技和教育领域是遭受“四人帮”严重破坏、灾难深重的领域。不仅导致了我国的科技水平和国际上先进国家相比差距不断加大，而且人民群众对科技的重视程度严重不够。这种严峻形势已经清楚地表明，要实现四个现代化，就必须在科技教育领域实行拨乱反正，以迅速提高我国科技的整体水平，造就一支宏大的高水平的科技队伍。科技教育界拨乱反正的首要任务是要对科学政治化思潮的纠偏，推翻极“左”思想和“两个估计”对知识分子的束缚。

“两个估计”的论调源于 1971 年全国教育工作会议后由张春桥定稿、毛泽东批准的《全国教育工作会议纪要》。《纪要》指出：“文化大革命”前 17

年教育战线是资产阶级专了无产阶级的政，是“黑线专政”；知识分子的大多数世界观基本上是资产阶级的①。在这一论调的导向下，“文革”期间，许多知识分子被打成“反动权威”、“反党反社会主义分子”。

但对于“文革”后的拨乱反正，党内领导人持有不同态度。时任中央主席华国锋奉行毛泽东的指示，并借毛泽东的权威树立自己在全国的威信。1977年2月7日，经华国锋批准，《人民日报》、《红旗》杂志、《解放军报》联合发表社论《学好文件抓住纲》，指出：“凡是毛主席作出的决策，我们都坚决维护；凡是毛主席的指示，我们都始终不渝地遵循。”这就是“两个凡是”的方针，这便意味着“两个估计”不能动，“文革”期间的冤假错案不能彻底平反。但这一方针受到当时尚未复职的邓小平以及聂荣臻、陈云等人的反对。邓小平在与王震和邓力群谈话时指出：“两个凡是”不符合马克思主义。在谈到科学和教育问题时，他强调：“我们要实现现代化，关键是科学技术要能上去。发展科学技术，不抓教育不行。靠空讲不能实现现代化，必须有知识，有人才。没有知识，没有人才，怎么上得去？……”②

1977年8月，刚复职的邓小平在京召开了科学与教育工作座谈会，认真听取了科技和教育战线专家的意见。8月8日，邓小平作了题目为《关于科学和教育工作的几点意见》的讲话，就17年的估计、关于调动积极性、关于体制机构等问题做了纲领性的论述。正是这次讲话，邓小平提出了我国要赶上世界先进水平，必须从“科学与教育着手”的观点。

邓小平在讲话中，首先肯定了17年科学和教育工作的成绩。他认为：“十七年中，绝大多数知识分子，不管是科学工作者还是教育工作者，在毛泽东思想的光辉照耀下，在党的正确领导下，辛勤劳动，努力工作，取得了很大成绩。”其次，肯定了知识分子的历史地位，提出要爱护和积极调动知识分子的工作积极性。他说：“世界观的重要表现是为谁服务。我国的知识分子绝大多数是自觉自愿地为社会主义服务的。反对社会主义的是极少数，对社会主义不那么热心的也只是一小部分。”因此，“无论是从事科研工作的，还是从事教育工作的，都是劳动者……要珍视劳动，珍视人才，人才难得呀！要发挥知识分子的专长，用非所学不好。”第三，关于科研教育体制和机构问

① 《“两个估计”是怎样炮制出来的?》，载《新华月报》，1997年11月，第73页。

② 《邓小平文选》第2卷，人民出版社1994年版，第40页。

题，邓小平指出：“科研部门、教育部门都有一个调整问题。希望这个调整搞的快一些，哪怕不完善也可以，以后逐渐改进。”① 邓小平的这个“大胆的讲话”，后人称之为“八八讲话”，是科技和教育战线拨乱反正的“宣言书”，标志着新时期党的科技思想转折的开始。

在邓小平“八八讲话”精神的推动下，党和国家采取了一系列具体政策措施。1977年9月18日，中共中央发出了《关于成立国家科学技术委员会的决定》，国家科学技术委员会得到恢复，恢复后的国家科委由方毅任主任。随后，地方科学技术委员会也相继恢复。1977年10月12日，国务院批转了《关于1977年高等学校招生工作意见》红头文件。同日，国务院还批转了《关于高等院校招收研究生的意见》，使高考制度恢复了“文革”前的自愿报名、统一考试、分数面前人人平等的原则，这大大激发了亿万青少年学习知识的积极性，为我国现代化建设开拓了一条发现和选拔人才的重要途径。

澄清思想，为知识分子正名，重新肯定科技工作者在社会建设中的作用，并逐步恢复“文革”前一系列正确的科技方针、政策，这给科技教育界以很大的鼓舞，大大调动了知识分子的积极性。为把握这种有利局面，进一步肃清和扭转“左”的思潮给科技教育事业带来的严重危害，召开全国科学大会被提上了议事日程。

三、新时期科技发展方针的确立

鉴于国际上新科技革命的冲击和国内各条战线拨乱反正形势的迅速发展，一场能够为科技界带来鼓舞和新鲜活力的全国性科技大会呼之欲出了。1977年9月18日，中共中央发出了《关于召开全国科学大会的通知》，决定1978年春天在北京召开全国科学大会。大会的任务是：深入揭批“四人帮”，制定科技发展规划，表扬先进，交流经验，动员全党、全军、全国各族人民和全体科技工作者，向科学技术现代化进军。

经过一系列细致的准备，中央在科技战线进行拨乱反正工作的一个重大举措——全国科学大会于1978年3月18日至31日在北京举行。出席会议的代表近6000人，邓小平在开幕式上发表讲话，从科学技术是生产力的理论高

① 《邓小平文选》第2卷，人民出版社1994年版，第48～53页。

度，全面阐述了新时期科技发展的战略思想和指导方针，大会的召开标志着新时期党的科技思想的全面展开。

邓小平在讲话中首先阐述了科学技术是生产力的观点："科学技术是生产力，这是马克思主义历来的观点。早在一百多年以前，马克思就说过：机器生产的发展要求自觉地应用于自然科学。并且指出：'生产力中也包括科学'。现代科学技术的发展，使科学和生产的关系越来越密切了。'科学技术作为生产力'，越来越显示出巨大的作用。"邓小平认为："当代的自然科学正以空前的规模和速度，应用于生产，使社会物质生产的各个领域面貌一新。……同样数量的劳动力、在同样的劳动时间里，可以生产出比过去多几十倍几百倍的产品。社会生产力有这样巨大的发展，劳动生产率有这样大幅度的提高，靠的是什么？最主要的是靠科学的力量、技术的力量。"接着他又指出："新中国的脑力劳动者，知识分子，他们与体力劳动者的区别，只是社会分工的不同，与体力劳动者同样都是社会主义社会的劳动者，是工人阶级的一部分。"① 对这两个问题的明确的、正确的阐述，对彻底解除广大知识分子的思想负担起到了积极作用。

这篇讲话，还对培养一支宏大的科学技术队伍，选拔优秀人才，加强党对科学技术工作的领导，实行党委领导下的所长分工负责制，为科学技术人员专心致志地改进工作和生活条件，加强后勤工作等都提出具体要求。最后，邓小平提出，要为实现阶级斗争、生产斗争、科学实验三大革命运动一起抓，把我国建成为农业、工业、国防和科学技术现代化的社会主义强国而奋斗。

方毅在大会上作《关于发展科学技术的规划和措施》的工作报告。报告首先对我国科学技术的发展作了历史的叙述，然后对《1978～1985 年全国科学技术发展规划纲要（草案）》作了说明。在报告的第三部分"全党动员，大办科学"，提出了整顿研究机构，建成科学技术研究体系，广开才路，不拘一格选人才；建立科学技术人员培养、考核、晋升、奖励的制度；坚持'百家争鸣'；学习国外的先进科学技术，加强国际学术交流；保证科学研究工作时间；努力实现实验手段和情报图书工作的现代化；分工合作，大力协同；加强科学技术成果和新技术的推广应用；大力做好科学普及工作等 10 项工作任务的具体要求。

---

① 《邓小平文选》第 2 卷，人民出版社 1994 年版，第 87～89 页。

3月24日，华国锋代表中共中央做了《提高整个中华民族的科学文化水平》的讲话。他说这次大会是由中央召开的一次盛大规模的、具有广泛代表性的及动员全党、全军、全国各族人民向科学技术现代化进军的大会，是我们党为实现我国社会主义革命和社会主义建设新时期的总任务而采取的重大措施。而这个总任务明确规定，我们要坚定不移地走社会主义的道路，要三大革命运动一起抓，要实现四个现代化的宏伟目标。为此，必须从各方面进行艰巨的工作，其中一个重要的方面，就是提高全民族的科学文化水平，我们既要有一大批技术专家、革新家、发明家、科学家，又要向亿万人民群众普及科学技术知识，开展广泛的群众技术革新运动，向四个现代化进军。

随着全国科学大会的召开，中国科学的春天真正来临。特别是邓小平在大会所作的报告，不仅进一步解除了旧的理论束缚，破除了错误的思想枷锁，对科学政治化思潮进行了彻底的纠偏。而且邓小平在大会上结合社会、政治、经济的新特点所提出的一系列发展科技的论述，奠定了新时期党的科技思想的坚实基础，中国科学技术事业开始走上了正轨。

第二节 中国现代化关键是科技现代化

实现四个现代化，对于我国政权的巩固、政治局面的稳定和社会的进步，具有决定的作用。早在1964年，周恩来根据毛泽东的提议，第一次正式提出“四个现代化”理论。由于受不久即爆发的“文化大革命”的影响，未能贯彻和实施。1978年，党的十一次全国代表大会重新提出了实现四个现代化的目标，党的第二代主要领导人以马克思科技思想为出发点，提出了四个现代化科学技术是关键的思想，并将现代化的进程具体落实为“三步走”战略。

一、科学技术关键论产生的历史背景

在马克思科技学说中始终贯穿着一个重要思想：科学技术是一种在历史上起推动作用的革命力量。随着新科技革命时代的到来，邓小平在马克思科技思想的基础上，提出了实现人类的希望离不开科学等观点，这是对科学本质认识的进一步升华。社会经济和科技发展的历史与现实，已充分证明这一

论断的正确性。

从科学技术的发展来看。二十世纪特别是70年代以来，科学技术的发展突飞猛进。而科学技术的巨大变化，正深刻地影响和改变着人类生产、生活的各个方面，科学技术的社会功能和作用越来越大。这主要表现为：第一，任何一个国家的现代化都离不开科学技术的现代化，科学技术是整个国家发展的关键，也是衡量一个国家综合国力大小的重要标志。第二，科学技术决定和影响着一个国家的工农业生产发展的方向、质量和规模、结构，关系到这个国家社会经济能否持续稳定协调地发展、关系到人民生活水平能否不断提高和改善。第三，科学技术在军事和国防建设上的功能愈来愈突出，未来战争是高技术战争，它既是政治、军事和经济的较量，也是科学技术的较量。第四，科学技术的发展关系到人类的前途和持续发展。20世纪中叶以来，人类面临的环境问题、能源问题和人口问题更加突出，这些问题的解决和改善，都将依赖于科学技术的发展。

从世界形势变化来看。和平与发展是当今世界两大主题。世界要和平，国家要发展，社会要进步，经济要繁荣，生活要提高，这是当今世界各国人民的普遍要求，而和平与发展都离不开科学技术。一方面，科学技术正在逐渐成为影响世界政治格局的重要因素；因为一旦科学技术发生质的飞跃，不仅会成为经济发展的强大动力，而且也会对国际政治格局产生强大冲击，改变国际力量的对比。另一方面，高度重视和竞相发展科学技术已成为越来越多的国家谋求经济发展和国力增强的战略重点；不仅发达国家极其重视高科技的发展，以此作为经济发展的重点，来继续维护和加强自己的实力地位，而且对发展中国家来说，也急需通过科学技术的发展来推动经济的发展，改变社会经济落后的面貌，改善人民的生活水平。

从国内情况来看。十一届三中全会把党的工作重点转移经济建设为中心的轨道上来。这一战略转移，不仅推动我国改革开放和政治、经济、文化各方面的巨大发展，也必然推动我国现代化建设的步伐。而社会主义现代化建设，关键是把科学技术搞上去。科学技术水平的提高，关键是在于提高全社会发展科技的意识，真正依靠科技进步，促进经济的发展，提高人民生活水平，巩固社会主义制度。另外，中国是维护世界和平的中坚力量。一个稳定的、长期的和平国际环境是我国实现社会主义现代化建设不可缺少的条件；同样，一个强大、稳定的中国也是对世界和平做出的积极贡献。如果不发展科学技术，就很难在国际事务中取得应有的地位，就难以抵制来自敌对势力的种种制裁和封锁，也就不能在维护和平中做出应有的贡献。

正是建立在对科学技术社会功能的认识和对风云变化的国际国内形势深入研究的基础上，邓小平提出：科学是一件了不起的事情，靠科学才有希望。“在发展科学技术方面，我们要共同努力，实现人类的希望离不开科学，第三世界摆脱贫困离不开科学，维护世界和平也离不开科学。”“中国要发展，离开科学不行。”① “科学技术的发展和作用是无穷无尽的。”② 这些精辟的分析，把科学技术对当代世界和中国的发展作用表述得十分清楚，这是对科学技术的本质特性和社会功能的认识，它构成了新时期党的科学技术是关键的思想基础，构成了四个现代化关键是科学技术的理论依据。

二、四个现代化的关键是科学技术现代化

邓小平在1978年全国科学大会上指出：“四个现代化，关键是科学技术现代化，没有现代科学技术，就不可能建设现代农业、现代工业、现代国防。没有科学技术的高速发展，也就不可能有国民经济的高速发展。”③ 这段讲话充分表明了科学技术在现代化建设中的关键地位，精辟地阐明了四个现代化的内部联系。

（一）没有现代科学技术，不可能建设现代化农业

农业是国民经济的基础，也是经济发展、社会稳定的基础。新中国成立以来，我国农业取得巨大的成就，以占世界7%的耕地养活了世界22%的人口。但是在我国现代化建设过程中，农业的矛盾还相当突出。人口持续增长、耕地不断减少以及农业生产面临着生态环境的压力等，这就给农业的发展提出了更高的要求。出路何在？唯一的出路就是实现农业现代化。

对于如何实现农业现代化的问题。邓小平强调，没有现代科学技术就不可能建设现代农业。农业的发展要靠科学技术，但在人们的传统观念中，总是强调机械化、电气化，主要是在农业生产手段上打主意。为此，邓小平指

① 《邓小平文选》第3卷，人民出版社1993年版，第183页。
② 《邓小平文选》第3卷，人民出版社1993年版，第17页。
③ 《邓小平文选》第2卷，人民出版社1994年版，第40页。

出，“农业现代化不单单是机械化，还包括应用和发展科学技术等。”① “科学技术的发展和作用是无穷无尽的”②。现代国际上农业发展的历程证明了这些观点，农业科技的每一次突破性进展，都大大提高了农业生产力水平，现在发达国家农业劳动生产率的提高，60%到80%是靠采用新科技成果取得的。因此，当今世界农业的发展是与科学技术在农业生产上的应用分不开的，从农业机械化、农业电气化到农业现代化，实际上就是现代科学技术在农业生产上应用的广度和深度日益发展的过程。

邓小平同志在我国改革开放的不同时期，还就科学技术对农业的重要性，发表了许多精辟的见解。1982年，邓小平指出：“农业的发展，一靠政策，二靠科学。”③ 1983年，邓小平说：“农业的文章很多，我们还没有破题。农业科学家提出了很多好意见。要大力加强农业科学研究和人才培养，切实组织农业科学重点项目攻关。”并进一步深入分析“提高农作物单产、发展多种经营、改革耕作栽培方法、解决农村能源、保护生态环境等，都要靠科学。”④ “将来农业问题的出路，最终要由生物工程来解决，要靠尖端技术”⑤ 等。

邓小平关于农业现代化必须走科技现代化道路的思想，应当说是既有现实需要，又着眼长远考虑。从现实需要来看：我国农业要实现传统农业向现代农业转变，最本质的就是要使我国农业生产技术由传统经验转移到现代科学技术之上。从长远角度看；当代世界新科技革命的发展，将使农业生产发生根本性的革命，从而克服我国人多地少等不利因素的制约，为根本解决我国农业问题开辟新道路。

（二）没有现代科学技术，不可能建设现代化工业

建国后，经过30年的努力，我们初步建立了独立完整的工业体系。但是，工业水平和技术水平还不高。正如邓小平所指出：“我们现在的生产技术水平是什么状况？几亿人口搞饭吃，粮食问题还没有真正过关。我们钢铁工业的劳动生产率只有国外先进水平的几十分之一。新兴工业的差距就更大了，在这方面不用说落后一二十年，即使落后八年十年，甚至三年五年，都是很

---

① 《邓小平文选》第2卷，人民出版社1994年版，第28页。
② 韩士元：《农业自动化的内涵及评价》，载《天津社会科学》，1999年第5期。
③ 《邓小平文选》第3卷，人民出版社1993年版，第17页。
④ 《建设有中国特色社会主义》（增订本），人民出版社1987年版，第12页。
⑤ 《邓小平文选》第3卷，人民出版社1993年版，第275页。

大的差距。”①

在党中央的重视下，我国近些年加快了工业现代化的进程。特别是十一届三中全会以后，由于采取了多种措施，加快了工业发展的步伐，收到了较好的效果。但是，与发达国家相比，我国工业发展水平还是比较落后的，工业现代化的任务依然是任重而道远。为此，邓小平认为，没有现代科学技术，不可能建设现代化工业。工业现代化的关键，同样在于科学技术现代化。

为了实现工业现代化，首先必须要用现代科学技术来改造传统工业和基础工业，包括能源、原材料、通用机械工业、钢铁及有色金属工业、交通运输业等，大大提高它们的劳动生产率。没有科学技术现代化，并把它们应用于传统产业的技术改造，这个任务就不可能完成。其次，为了实现工业现代化，必须大力发展高新技术产业，如微电子和计算机，生物工程和制药，航天航空，原子能，激光技术和新材料等新兴工业。这些工业，我们现在都有了，但和发达国家比，和世界先进水平比，还有一段较大的差距，要赶上去，必须依靠科学技术现代化。第三，改革开放以来，乡镇企业在农村崛起，成为农村工业化一支骨干力量。现在，乡镇企业的工业产值已经占了全国工业的一半，成为农村经济的支柱。但是，乡镇企业的技术水平比较低，资源利用不合理，劳动生产率不高，还存在环境污染等问题。要实现我国工业现代化，用现代科学技术来改造乡镇企业乃是一个艰巨任务。为了完成这个任务，同样也必须依靠科学技术现代化。

总之，从建国初大规模的国家工业化建设，到20世纪70年代末再次提出的实现工业现代化的目标，这充分说明工业在国民经济体系中的特殊地位。工业现代化是当今世界信息化的不可逾越的历史阶段，只有依靠科技进步，才能加速工业现代化的进程，为社会主义全面现代化打下坚实的物质基础。

（三）没有现代科学技术，不可能建设现代化国防

马克思恩格斯认为：“一旦技术上的进步可以用于军事目的并且已经用于军事目的，它们便立刻几乎强制地，而且往往是违反指挥官的意志而引起作战方式上的改变甚至变革”②。列宁也曾经提出“没有科学是无法建设现代化

---

① 《邓小平文选》第2卷，人民出版社1994年版，第90页。

② 《马克思恩格斯军事文集》第1卷，战士出版社1981年版，第17页。

军队"① 的论断。邓小平继承了马列主义高度重视科学技术在军事领域的作用思想，他指出：没有现代科学技术，不可能建设现代化国防。

第一，现代科学技术对军队的武器装备起决定性作用。相对论、量子力学和核物理学的结合，产生了核武器；空气动力学、火箭动力学的结合，产生了火箭和导弹；无线电电子学和控制论的结合，解决了远距离的控制问题，使火箭和核武器应用于实战成为可能。而海湾战争中使用了许多高技术武器和装备，都是建立在二战以后的高技术包括微电子、计算机、激光、微波、卫星、新材料等基础上的。

第二，现代科学技术深刻地改变了现代战争的指挥机构和指挥系统。现代军令指挥系统是各国竞相研究开发的高技术军事项目。美国在海湾战争中使用的指挥系统是由指挥中心、控制系统、通信系统、情报系统再加上人工智能计算机组成，由微电子、激光、电子计算机、通信技术以及电子设备构成。激光的应用大大提高了这个系统的抗干扰能力和保密性能，而电子计算机的使用则大大提高了决策和指挥效率。

第三，现代科学技术的发展固然突出了军队武器装备的重要性，但对军人同时也提出了更高的要求，科学技术对国防建设的影响归根到底是通过人来起作用的。只有培养大批掌握现代科学知识的人才，才能建立现代化的国防。正如恩格斯所说："任何军队没有军事知识就无法作战"② 因此，邓小平非常重视军队的教育训练，要求军队的干部和战士学习现代科学技术知识。他指出，"军队要把教育训练提高到战略地位"，"一方面是部队本身要提倡苦学苦练"，"另一方面是通过办学校来解决干部问题"。③

由于高技术已经广泛应用于军事领域，导致了技术含量、质量因素是否先进对战争的胜负影响越来越大。因此，现代国防是现代科学技术的国防，为增强我国国防实力，就应当努力把科学技术搞上去。

（四）加快科学技术现代化步伐，实现"四个现代化"的战略目标

邓小平指出，"新中国成立以来，我们的科学技术事业有了很大的发展，……但是，必须清醒地看到，我们的科学技术水平同世界先进水平的差

---

① 《列宁全集》第27卷，人民出版社1990年版，第177页。

② 《马克思恩格斯军事文集》第1卷，战士出版社1981年版，第171页。

③ 《邓小平文选》第2卷，人民出版社1994年版，第60~61页。

距还很大，科学技术力量还很薄弱，远不能适应现代化建设的需要。”① 目前，世界科学技术正在经历一场伟大的革命，一系列新兴科学技术正在迅速改变着人类社会的面貌。在这种形势下，如不加速我国科学技术的现代化，四个现代化就没有希望。

第一，要解决认识问题。“四个现代化，关键是科学技术现代化”的观点，把科学技术现代化提高到关键的位置，这是对马克思科技学说的新发展。因此，我们要充分认识到科技发展的前瞻性，努力提高全民的科学技术意识，积极发挥广大科技人员的积极性，为科技现代化创造良好的社会环境。

第二，要加快体制改革。体制改革包括经济体制、科技体制、教育体制的改革，要扩大开放，充分合理利用国内外各种科技资源，优化科技结构，形成科技、教育、经济三者之间的良性循环。要研究科技进步的规律，研究科学技术现代化的规律，努力按照客观规律办事，制定符合客观规律的科技发展战略、方针和政策。

第三，要在抓科技的同时必须抓教育。科技发展的基础在教育，正如胡耀邦同志所指出的“发展科学，发展教育，大力培养各方面的专家，提高全民族的科学文化水平，是开发人类智力资源的伟大事业。四个现代化建设能否顺利进行，在很大程度上，要取决于这种资源的开发。”② 要加大对教育的投入，提高教育水平的现代化。

第四，要使科学技术现代化在促进现代农业、工业、国防中真正起到关键作用，还有一个十分重要的问题，就是促进科学技术成果向现实生产力的转化，促进科技和经济的结合，这也是邓小平科技思想的重要内容。只有既重视加快科学技术现代化，又重视加快科技成果的转化，才能使科学技术在四个现代化中起到关键作用。

实现四个现代化，是党的第一代领导人梦寐以求的追求目标，也是党的第二代领导核心孜孜不倦的战略选择。由于现代化是用现代科学技术来武装国民经济的各个部门，使整个社会的生产和生活方式都建立在现代先进的科学技术的基础上。因此，科学技术的超前发展是加速现代化进程的重要因素。

---

① 《邓小平文选》第2卷，人民出版社1994年版，第89~90页。

② 胡耀邦：《在中国科协第二次全国代表大会上的讲话》(1980年3月23日)，载《新时期科学技术工作重要文献选编》，中央文献出版社1995年版，第67页。

三、现代化三步走战略与科学技术进步

中国现代化建设三步走战略，是由邓小平同志于1979年底首先提出。其主要内容是指，我国从本世纪八十年代到下世纪中叶七十年的时间里，国民生产总值到八十年代末实现翻一番，基本解决温饱、到本世纪末再翻一番进入小康社会、到下世纪中叶再翻两番达到中等的发达国家水平。“三步走”的战略部署是实现现代化战略目标的具体化行动纲领，是新时期党的科技思想的有机组成部分。“三步走”的战略目标虽然主要以经济指标来衡量，但从实现程度上来说无处不包含着对科学技术发展的要求。

第一，从“三步走”发展战略的重点来看。1982年邓小平指出：我国的“战略重点，一是农业，二是能源和交通，三是教育和科学”①。关于第一个重点问题。邓小平认为农业是根本，因为农业状况及发展速度，对整个国民经济发展有着举足轻重的影响，是我国经济建设发展的战略重点。要解决好农业问题，在做好深化农村改革、稳定与完善联产责任制等基础上，把科技、教育兴农落到实处；依靠科技进步来调整农业生产结构，大力发展高产优质高效农业及农村的第二、第三产业；依托新技术大力发展外向型农业，推动乡镇企业再上台阶。关于能源和交通问题。由于能源和交通在我国现代化经济建设中的地位是十分重要的，是社会经济生产的基础条件；但能源交通的快速发展离不开高新科技的支撑，只有依靠科技力量大力发展新兴能源工业，才能彻底解决传统能源日益枯竭的矛盾，才能解决日益严重的社会生态环境问题。关于第三个重点教育和科学问题。邓小平强调，经济发展得快一点，必须依靠科技和教育；由于教育和科学是我国国民经济发展的关键，无论是农业、能源、交通、通讯的发展，还是整个经济的现代化，都要靠科技和教育。因此我们要实现现代化，关键是科学技术要能上去。

第二，从“三步走”战略发展速度来看。要抓紧时间，保持一定的发展速度，才能保证战略目标的实现，这是邓小平同志的一贯思想。他认为，二十年实现翻两番，时间是很紧迫的，必须抓紧，否则就有落空的危险。邓小平认为：“没有科学技术的高速度发展，也就不可能有国民经济的高速度发

① 《邓小平文选》第3卷，人民出版社1993年版，第9页。

展。”新中国成立以来的历史经验充分印证了这一观点，什么时候科学技术受到重视，经济的发展就相对比较快，反之就比较缓慢，甚至受到挫折。而要高速度地发展国民经济，已不是单纯增加人力和物力投入所能奏效的，必须靠提高竞争力、不断更新产品、采用新工艺、提高质量、降低成本来支持。为此，只有加大对科技的投入，才能保持科学技术的高速度发展，这是我国经济持续、快速发展的重要条件，是我国实现现代化“三步走”战略的重要保障。

第三，从“三步走”战略与发挥科技人才的作用来看。为了确保战略目标的实现，必须依靠科技人才。早在1982年，邓小平同志就指出：“要实现二十年翻两番的目标，落实知识分子政策，第一位的就是解决科技队伍的管理使用问题。”① 建国以来，我们已经培养出来一支规模庞大的科技人员队伍，为我国科学技术进步和经济发展做出了巨大的贡献。但是，应当看到目前的科技人员无论在数量上或质量上，还是在对科技人才的使用管理上，都远远不能满足实现现代化建设“三步走”战略的需要。没有人才，要想办成任何事情都是不可能的，特别是在科学技术高度发展的当代社会，一切竞争，归根结底都是智力的较量，都是人才的竞争。邓小平还语重心长的希望所有出国学习的人回来。不管他们过去的政治态度怎么样，都可以回来，回来后妥善安排。这个政策不能变。告诉他们，要作出贡献，还是回国好。对我们的国家要爱，要让我们的国家发达起来。② 事实表明，我们要建设一个社会主义的现代化的国家，实现“三步走”战略目标，不大力提高全民族的科学文化素质，不充分发挥广大科技人员的积极作用，是不可能做到的。

“三步走”战略部署是党对中国现代化战略目标的具体行动化纲领，是党的第二代领导核心现代化思想的有机组成部分。不论从“三步走”战略的内涵，还是从“三步走”战略的外延，都体现着科学技术是关键的思想。因此，科学技术的进步与发展，直接关系到“三步走”战略目标能否顺利实现。

新时期党的科学技术现代化是关键的思想，内容丰富、切合时代发展主题。不仅对改革开放和现代化建设时期科学技术关键性地位和作用，进行的

---

① 《建设有中国特色的社会主义》（增订本），人民出版社1987年版，第8页。

② 冷溶：《为了实现中华民族的雄心壮志——邓小平与中国现代化建设的三步发展战略目标》，中央文献出版社1992年版，第11页。

系统论述，而且对每个层次上的关键问题，也作了明确的分析，从而形成了一个完整的观念系统。它从哲学层面肯定了科学的本质地位与作用，从宏观战略层面肯定了科学技术对四化建设以及现代化建设“三步走”战略实施过程中的重大意义。

第三节 新时期科技人才观

建国以来，党的第一代领导集体为使中国尽快赶上发达国家的科学技术水平，发出了向科学进军的号召，提出了技术革命思想，使中国科学技术事业有了飞速发展。但是，党的主要领导人在科技人才使用问题上出现了多次反复，特别是在“文革”的冲击下，党的知识分子政策遭到严重破坏。改革开放后，党提出了“尊重知识、尊重人才”的思想。这是以邓小平为核心党的第二代领导集体，在认真总结历史经验教训，追踪新科技革命的时代潮流，客观分析现代化建设对人才迫切需求的基础上得出的科学结论，是新时期党的科技思想的重要组成部分。

一、新时期科技人才观的形成

党的十一届三中全会后，党的知识分子政策回到正确的轨道上来。为进一步落实知识分子政策，党中央在1978年10月决定废除建国后确立的对知识分子的“团结、教育、改造的政策”①；1982年党中央又正式提出了对知识分子要“政治上一视同仁，工作上放手使用，生活上关心照顾”②。这为社会上“尊重知识、尊重人才”氛围形成奠定了基础。党中央一系列措施的出台是有着深刻的时代背景。

第一，这是党的工作重心发生转移的使然。1957年以后由于党在对待知识分子阶级属性上的错误认识，给我国社会主义现代化建设带来了巨大冲击。以邓小平为核心的第二代领导集体，深刻总结历史经验教训，开展了一系列

① 《知识分子问题文献选编》，人民出版社1983年版，第45页。

② 《三中全会以来重要文献选编》（下），人民出版社1982年版，第1136页。

拨乱反正工作。党的十一届三中全会的召开，重新确立了解放思想、实事求是的思想路线，作出了把工作重点转移到经济建设上来的战略决策，使知识分子的作用日益凸显。知识分子作为我国工人阶级的重要组成部分，不仅成为社会主义现代化建设的基本依靠力量之一，而且成为现代先进生产力的开拓者。知识分子问题能否处理好，关系到社会主义现代化事业的成败和民族的兴衰。

第二，这是人才在国际竞争中地位的体现。当今世界无论是经济、政治，还是军事之间的竞争，实际上是综合国力的竞争，而综合国力的竞争说到底是科技、知识及人才的竞争。一个国家国力的强弱，经济发展后劲的大小，越来越取决于劳动者的素质，取决于知识分子的数量和质量。邓小平指出："我们要掌握和发展现代科学文化知识和各行各业的新技术新工艺，要创造比资本主义更高的劳动生产率，把我国建设成为现代化的社会主义强国，并且在上层建筑领域最终战胜资产阶级的影响，就必须培养具有高度科学文化水平的劳动者，必须造就宏大的又红又专的工人阶级知识分子队伍。"① 我国虽是一个人口大国，但却属于人才缺少的国家。在这种情况下，我们要赶超世界经济发达的国家，必须切切实实地贯彻"尊重知识，尊重人才"的思想和政策，最大限度地调动我国知识分子的积极性和创造性。

第三，这是人才在现代化建设中作用所决定的。在科学技术日益发达的今天，知识和人才在我国经济建设中起着越来越重要的作用。从现代化建设过程来看，"四个现代化的关键是科学技术现代化。要实现科学技术现代化，就要依靠掌握现代科学技术的知识分子。没有知识分子就不可能有四个现代化。"② 从社会经济变革来看，社会结构的变革，多种经济成分的并存，要求有更多的科技管理专业人才，以满足一个日益分化的社会需求。从生产过程来看，人力资本是最重要的资本，提高劳动者的素质对现代化建设具有重要作用。江泽民指出："劳动者只有具备较高的科学文化水平，丰富的生产经验，先进的劳动技能，才能在现代化的生产中发挥更大的作用。"③ 正因为知识和人才在现代化建设和经济改革中有重要的作用，"尊重知识，尊重人才"，

① 《邓小平文选》第3卷，人民出版社1993年版，第41页。

② 聂荣臻：《努力开创我国科技工作新局面》，中共中央文献研究室：《新时期科学技术工作重要文献选编》，中央文献出版社1995年版，第122页。

③ 《江泽民同志党的建设讲话选读》，中共山东省委组织部，1998年。

赋予知识分子以应有的社会政治地位，就是顺理成章之事。

第四，这是人才的社会价值的具体诠释。随着新的科技革命的兴起，科学技术及人才在生产中的作用越来越显著，科学技术已经成为经济和社会发展的首要推动力。科学化的劳动者的劳动生产率远远高出一般劳动者。建国初期，我国经济和科学技术发展水平很落后，但是，由于我们拥有钱学森、李四光、严济慈、钱三强等一批科学家，他们凭借自己丰富的科学知识和无私奉献的崇高精神，在各自领域取得重大突破，取得了举世瞩目的成就。1984 年，邓小平在评论中共中央通过的经济体制改革决定时明确指出，这个文件十条中最重要的是第九条“概括地说就是‘尊重知识、尊重人才’八个字”① 1985 年 3 月他又重申：“改革经济体制，最重要的、我关心的，是人才。改革科技体制，我最关心的，还是人才。”② 这是对“尊重知识、尊重人才”科技人才思想最好的诠释。

二、“尊重知识、尊重人才”内涵

“尊重知识、尊重人才”，就是要在整个社会中提高人才的政治地位和社会地位，从而使全社会形成尊重知识、热爱知识和尊重人才、爱惜人才的良好风气，为科学文化的发展和运用、人才的成长和使用创造良好的条件。“尊重知识、尊重人才”既是改革开放以来党的人才思想、科技思想、教育思想的核心，又是我党对待知识分子的一项基本国策，它包括：人才的历史地位、正确评价人才价值的标准、人才的待遇和使用问题等。

（一）人才的历史地位问题

建国以来，党对知识分子的历史地位认识上出现了多次反复。1956 年周恩来代表党中央提出了“知识分子是工人阶级的一部分”观点，但随后不久就遭到了“反右”及“文化大革命”运动的冲击。知识分子地位一落千丈，这不仅打击了广大知识分子报效祖国的热情，而且给我国的科技事业的发展带来了不可估量的损失。因此，解决好这一历史遗留问题是在社会上能否形成“尊重知识、尊重人才”氛围的关键。

---

① 《邓小平文选》第 3 卷，人民出版社 1993 年版，第 91 ~ 92 页。

② 《邓小平文选》第 3 卷，人民出版社 1993 年版，第 308 页。

二十世纪70年代，我国知识分子队伍主要由两部分构成：一部分是由旧社会过来的知识分子，另一部分则由新社会培养的知识分子。从旧社会过来的知识分子当中，有一部分是知识化了的革命干部。而对一部分非工农出身的知识分子，事实上在过渡时期的“团结、教育、改造”运动中已完成了思想上的脱胎换骨，成为了工人阶级的一部分。邓小平通过对我国知识分子的历史考察后指出：“在剥削阶级统治的社会里……也有很多从事科学技术工作的知识分子，如同列宁所说，尽管浸透了资产阶级偏见，但是他们本人并不是资本家，而是学者。他们的劳动成果为剥削者所利用，这一般是社会制度决定的，并不是出于他们的自由选择。”① 因此，知识分子已经是工人阶级自己的一部分。邓小平这些论述，彻底地恢复了党对知识分子地位的正确认识。邓小平还认为，知识分子是我们党的一支依靠的力量。这就肯定知识分子在改革开放和社会主义现代化建设的主力军作用。1982年，五届人大五次会议通过的《中华人民共和国宪法》，规定“社会主义建设事业必须依靠工人、农民和知识分子，团结一切可以团结的力量”。把知识分子在社会主义社会的地位和作用载入宪法，在中国是史无前例的。

（二）正确评价人才价值的标准问题

“又红又专，德才兼备”是党对科技人才的一贯要求。早在1958年1月，毛泽东指出：“政治和业务的统一，政治和技术的统一，这是毫无疑义的，年年如此，永远如此。这就是又红又专。”② 面对“四人帮”在红专问题上制造混乱的做法，邓小平坚持实事求是，科学把握人才的劳动特点，针锋相对地批判了评价科技人才的“左”的标准。在1978年全国科学大会上，邓小平从理论高度论述了红与专、政治与业务的辩证关系，指出：“白是一个政治概念。只有政治上反动，反党反社会主义的，才能说是白。怎么能把努力钻研业务和白扯到一起呢！即使是思想上作风上有这样那样毛病的科技人员，只要不是反党反社会主义的，就不能称为白。我们的科学技术人员，为社会主义的科学事业辛勤劳动，怎么是脱离政治呢？”③ 邓小平还认为：“专并不等于红，但是红一定要专。不管你搞哪一行，你不专，你不懂，你去瞎指挥，

① 《邓小平文选》第3卷，人民出版社1993年版，第88～89页。

② 参见《思想方法工作方法文选》，中央文献出版社1990年版，第373页。

③ 《邓小平文选》第2卷，人民出版社1994年版，第94页。

损害了人民的利益，耽误了生产建设的发展，就谈不上是红。”①

在辩明红与白是政治标准，专是业务标准，在两个不同的范畴的基础上，邓小平提出了新时期党对科技队伍建设的迫切要求：“关于建设宏大的又红又专的科学技术队伍。我们要向科学技术现代化进军，要有一支浩浩荡荡的工人阶级又红又专的科学技术大军”②。他号召广大科技工作者“红透专深”，不能将红专标准对立起来。要把个人的理想和祖国建设需要结合起来，自觉自愿地为社会主义服务，为人民服务。这样才符合党对知识分子的要求，符合德才兼备的人才标准。邓小平的这些观点，体现了新时期党的知识分子红专问题的内涵，体现了马克思主义的辩证法思想，也体现了党的主要领导人的实事求是的精神，是新时期科技人才价值标准的实际运用。

（三）人才待遇和使用问题

科技人员是科学技术工作的主体，他们积极性发挥得如何，直接影响到科学技术工作的进展。邓小平提出要调动科学和教育工作者的积极性，光空讲不行，还要给他们创造条件，切切实实地帮助他们解决一些具体问题。为此，国家出台了多项关心和培养知识分子的具体措施。首先，尽可能地改善科技人才的工作条件，使科技人才专心致志地从事科研工作，多出成果，快出成果。其次，逐步改善科技人才的生活条件，帮助科技人才解决诸如房子、夫妻两地分居等实际生活上的困难，对于生活上确有困难的科技人才，给予津贴补助。第三，形成一整套激励机制，调动科技人才的积极性。为此，邓小平要求在科研机构要“恢复科研人员的职称”“大专院校也应该恢复教授、讲师、助教等职称。”③ 这套制度的恢复，对知识分子的进取心起到了鼓励作用。

大胆依靠和使用科技人才，是邓小平的一贯思想，他历来主张选贤任能，而且敢于不拘一格任用贤才、良才，特别是要打破任用人才时的论资排辈的规矩。他指出、“在人才的问题上，要特别强调一下，必须打破常规去发现、选拔和培养杰出的人才。”④ 论资排辈选用人才，是与任贤选能背道而驰的错

① 《邓小平文选》第2卷，人民出版社1994年版，第92、151、41、262页。

② 《邓小平文选》第2卷，人民出版社1994年版，第91页。

③ 《邓小平文选》第2卷，人民出版社1994年版，第70页。

④ 《邓小平文选》第2卷，人民出版社1994年版，第95页。

误做法，直接影响了中青年知识分子的成长，不符合我党的一贯人才政策。因此，邓小平一再强调“目前的主要任务，是善于发现、提拔以至大胆破格提拔中青年优秀干部。”① 在培养人才问题上，邓小平既注意在实践中培养人才，也特别重视通过学校培养人才。他认为，科学技术人才的培养，基础在教育。邓小平把科学、教育的基本任务概括为“出成果、出人才”，这体现了党的第二代领导核心把现代科学、教育与知识人才密切联系起来，重视教育在人才培养和现代化建设中的基础作用。

三、“尊重知识、尊重人才”意义

“尊重知识、尊重人才”，是党的第二代领导核心把马列主义基本理论与中国社会主义建设的实践相结合，借鉴国内外人才培养与建设的宝贵经验，继承和发展马列主义的人才思想，立足现在、放眼世界和未来所提出的对知识分子的一项基本国策。

（一）继承和发展了马列主义的人才思想

马克思在《共产党宣言》和《资本论》等著作中，对知识分子的地位、作用和阶级性质等问题从理论上作了科学的分析和概括，并从根本上把脑力劳动者即一般知识分子同资本也就是同资产阶级对立起来。邓小平在谈及这一问题时指出：“马克思曾经指出，一般的工程技术人员也参与创造剩余价值。这就是说，他们也是受资本家剥削的。”② 其实，早在中国共产党第八次代表大会上，邓小平提出了知识分子的绝大多数在政治上已经站在工人阶级方面的观点，后来他又进一步明确把知识分子的绝大多数划到工人阶级之中。通过对知识分子的阶级分析进而发展了马克思主义的人才观，在此基础上提出了“尊重知识、尊重人才”的思想。

科技人才拥有丰富知识的优势，从事较复杂的脑力劳动，随着科学文化知识在人类生活和生产中的作用和地位的不断提高，使得从事脑力劳动的科技人才将成为人类物质文明和精神文明建设的主力，是社会发展的中坚。列宁在1918年曾说：“没有具备不同的知识、技术和经济的各种专家的指导，

---

① 《邓小平文选》第2卷，人民出版社1994年版，第323页。
② 《邓小平文选》第2卷，人民出版社1994年版，第89页。

向社会主义过渡是不可能的。"① 邓小平继承和发展了马克思、列宁的人才思想，从历史与现实的角度论证了知识分子的作用。他说："在科学史上可以看到，发现一个真正有才能的人，对科学事业可以起多么大的作用。世界上有的科学家，把发现和培养新的人才，看做是自己毕生科学工作中的最大成就。这种看法是很有道理的。我们国家现在一些杰出的数学家，也是在他们年轻的时候，被老一辈数学家发现和帮助他们成长起来的。尽管有些新人在科学成就上超过了老师，但他们老师的功绩还是不可磨灭的。"② 他最终把对待人才问题总结归纳为"尊重知识、尊重人才"并纳入到我党的人才政策之中，并从政治上和理论上发展了毛泽东的人才思想。

（二）树立人才即资本的观念

人才资本是一种以知识、技能（经验）、健康和年龄为主要财富（资本）因素的特殊资本，其中，知识和技能是人才资本的核心。在当今世界，发达国家资本的75%以上不再是实物资本，而是人才资本。人才资本成为知识经济时代的第一资本，人才资本与物质资本的有效结合，成为增长财富的源泉。这也正是第二次世界大战中工厂和设备受到严重破坏的日本和西欧国家，在战后经济得以迅速恢复和发展的主要原因之一，战时毁灭的仅是物质资本，而非实物资本——人才资本却幸免于难。人才资本的缺乏也是不发达国家经济落后的主要原因。因此，"尊重知识、尊重人才"一方面要把人才作为资源来进行配置，真正做到人尽其才，改变"学非所用"的现象；另一方面，还要把人才视为资本进行经营，只有实行人才资本经营方式，才能真正地盘活人才资源，优化人才资源增量，充分发挥人才的作用，把人才潜在的资源转化为现实的生产力，使人才能量得到最大限度的发挥。

树立"人才是资本"的意识，其实质就是要创造一切有利于人才培养的良好环境，邓小平指出，"希望各级党委和组织部门在这个问题上来个大转变，坚决解放思想，克服重重障碍，打破老框框，勇于改革不合时宜的组织制度、人事制度，大力培养、发现和破格选用优秀人才。坚决同一切压制和摧残人才的现象作斗争。"③ 以"尽快地培养出一批具有世界一流水平的科学

---

① 《列宁选集》第3卷，第501页。

② 《邓小平文选》第2卷，人民出版社1994年版，第96页。

③ 《邓小平文选》第2卷，人民出版社1994年版，第326页。

技术专家”，因为“也只有有了成批的杰出人才，才能带动我们整个中华民族科学文化水平的提高”①。这不仅是我们实现现代化的关键，也是迅速缩短我国与世界先进水平差距的最重要的资本，从而把科学技术和科技人才在社会主义现代化建设中的地位和作用又推到了一个更高的层次。

（三）顺应了时代发展的需要

随着经济时代的到来，知识在经济发展和社会进步中的核心作用日益突显出来，综合国力的竞争成为知识的竞争，而知识总是由人拥有、掌握、创造、丰富或完善、发展，由人应用、传授和学习，拥有了人才优势，就能在新的世纪的竞争中争取主动。因此，各国围绕知识而展开的人才争夺越来越激烈。

围绕人才这个核心问题，诸多国家都非常重视人才的利用和研究开发。在发达资本主义国家的先进企业里，科技人员、经营管理人员和工人根据工作情况安排合理的比例，企业根据三种层次不同的人员情况进行不同的上岗培训和技术教育，同时还争相研究和开发人才。美国曾颁布了《国防教育法》以培养和开发高质量的人才；英国也特别重视人口素质的研究和提高措施；日本把人才研究和开发作为一项系统工程来抓。

面对我国不容乐观的人才形势，邓小平在总结吸收国外经验的同时，对我党的人才建设进行了总结和归纳。他认为，我国在人才建设方面有着正反两方面的经验和教训。一方面支持和鼓励人才的培养和成长，一方面由于受极“左”路线的影响，给我党的人才建设更造成了巨大破坏。邓小平在我党人才建设实践的基础上提出：“人才问题，主要是个组织路线问题。”② 因为，我们党的政治路线的贯彻，政治任务的完成需要靠组织路线来保证，所以制订、贯彻执行党的组织路线目的在于加强和改善党的领导，把真正又红又专的知识分子选人到党的领导层，借以加强党的战斗力，同时还可以把一大批又红又专的知识分子团结在党的周围是完成党的政治任务的保证。只有这样，才能在党内形成尊重知识和人才的氛围，才能吸引、留住人才，建设一支规模宏大、结构合理、素质较高、的人才队伍，大力提升国家核心竞争力和综合国力，以顺应了时代发展的需要，实现中华民族的伟大复兴。

---

① 《邓小平文选》第 2 卷，人民出版社 1994 年版，第 91 页。

② 《邓小平文选》第 2 卷，人民出版社 1994 年版，第 323 页。

综上所述，党的“尊重知识、尊重人才”思想是中国共产党实事求是、理论联系实际原则的生动体现；是根据世界新科技革命和我国现代化建设对科技人才提出的迫切要求，是新的历史条件下对马列主义、毛泽东思想的科技思想、人才观和教育观的坚持和发展。1990 年 8 月，党中央在《关于进一步加强和改进知识分子工作的通知》中郑重宣告：“党的十一届三中全会以来，党的知识分子的核心是尊重知识、尊重人才。……对此，必须毫不动摇地坚持贯彻执行，并在实际工作中不断加以完善。”①

第四节　新时期科技体制改革的兴起

在科技领域，中国 70 年代末以来的改革开放一直是围绕科技体制改革这一轴心而进行的。1985 年颁布的《中共中央关于科学技术体制改革的决定》（以下简称《科技体制改革决定》）不仅从目标、任务、方法、步骤等方面规划了科技体制改革的蓝图，而且围绕解放科技生产力这一核心，多侧面、多层次地阐发了正确处理科学技术与经济、社会关系的一系列原则思想。为新时期中国科技体制改革奠定了坚实的基础。

一、科技体制改革提出的背景

新中国科技体制是在 50 年代形成的，从当时的历史条件来看，有两个主要因素影响着国家科技体制的形成。一是建国初，由于帝国主义对我们经济、技术的封锁，只能采取向苏联“一边倒”的政策，用苏联的科技体制的模式对中国科技体制进行建制化。二是建国，中国政治、经济体制是建立在高度集中统一的基础上，科技体制的建制依国家行政系统而定，管理按行政事业单位而定。应当肯定的是，这种体制对于集中力量解决某些重大问题发挥过积极的作用。当经济建设成为全党工作的中心后，这种体制的弊端也就日益暴露出来了。正如邓小平指出：旧的那一套体制，“经过几十年的实践证明是不成功的。过去我们搬用别国的模式，结果阻碍了生产力的发展，在思想上

① 《十三大以来主要文献选编》（中册），人民出版社 1991 年版，第 1223 页。

导致僵化，妨碍人民和基层积极性的发挥。”① 科技体制改革已是势在必行。

十一届三中全会以后，党和国家领导人开始关注科技体制改革问题，并作过一系列指示。1980 年，国务院负责同志曾指出，科技工作在着重抓好正确的发展方针和规划好任务的基础上，要着手考虑科技体制的改革。1983 年，国务院负责同志在几次会议上都提出，当前科技体制改革主要围绕两个问题：一是要有利于克服科研同生产的脱离；二是要有利于充分发挥科技人才的作用。为了提高认识，解放思想，总结经验，进一步推动科技体制的改革。1984 年 5 月 16 ~ 22 日，国务院科技领导小组、国家体改委和国家科委在河北琢县召开了全国科技体制改革座谈会。国务院科技领导小组副组长方毅在致座谈会的信里说：“为适应城乡经济发展的需要和改革的步伐，我们科技战线必须进一步解放思想，加快改革的进程。不同的科技领域和科研单位情况差异很大，需要从实际出发，进行各种不同类型的试验，不要‘一刀切’，但是改革的基本方向应当是一致的，也就是要大力加强科技与经济的结合，充分发挥科技人员的积极性和创造性。对于科研单位和科技人员也要‘松绑’，也就是要把科技工作搞活。虽然，科技工作、科研劳动与经济工作、工农业劳动不尽相同，有自己的特点和规律，但是也必须寻求克服吃‘大锅饭’的办法。”② 方毅的信，表达了当时的中央领导同志对于科技体制改革基本方向的看法，这就是：大力加强科技与经济的结合，丢掉“大锅饭”，充分发挥科技人员的积极性和创造性，把科技工作搞活。

1984 年 10 月 20 日，党的十二届三中全会在北京召开，会议一致通过了《中共中央关于经济体制改革的决定》。文件强调指出：“科学技术和教育对国民经济的发展有极其重要的作用。随着经济体制的改革，科技体制和教育体制的改革越来越成为迫切需要解决的战略性任务。”中共中央这个决定不仅是指导我国经济体制改革的纲领性文件，而且它对于推进和带动科技体制改革，也发挥了重大的历史作用。首先，它为确认技术成果的商品属性开辟了道路；其次，为理顺政府管理机构与研究单位的基本关系指明了方向；再者，经济体制改革为科技人才管理制度的改革提供了借鉴。

---

① 《邓小平同志的重要谈话》（1987 年 2 ~ 7 月），人民出版社 1987 年版，第 33 页。

② 国家科委科技管理局《科技体制改革的探索与实践》，湖南科学技术出版社 1985 年版，第1 ~ 2 页。

1984年10月底，中共中央书记处成立了科技体制改革领导小组，指导科技体制改革决定的起草工作。在历时4个多月起草过程中，由国家科委牵头，国家17个部委及部分省市的领导参与组成的起草小组，走访了上千个单位的3000多位专家、科技人员和领导干部，广泛征询了各行各业对科技体制改革的建议并十一易其稿。① 1985年3月2日~7日，国务院在北京召开了全国科技工作会议，研究科技体制改革的重大问题，审议定稿《科技体制改革决定》。党和国家的主要领导人、各省市自治区、国务院各部门和一些重点科研单位的有关负责同志，以及著名科学家等共400多人，出席了会议。邓小平在全国科技工作会议上发表了题为《改革科技体制是为了解放生产力》的讲话，明确指出了科技体制改革的任务和目的。3月13日，《科技体制改革决定》正式公布，标志着我国科技体制改革进入有领导、有步骤、有组织的全面改革阶段。

二、科技体制改革的政策创新

《科技体制改革决定》是改革开放后发展中国科技事业的第一个纲领性文件。它阐明了科技体制改革的指导思想、目的、内容和有关政策，不仅对于指导当前的科技体制改革具有重大的指导意义，也丰富了党的第二代领导核心如何发展科学技术，如何处理科学技术与经济、社会的关系的思想。

（一）改革科技体制是为了解放生产力

按照马克思、恩格斯的设想，无产阶级革命的第一步是夺取政权，上升为统治阶级。当这个任务完成之后，它的最主要的利益就是“尽可能快地增加生产力的总量”。② 在马克思看来，无产阶级政权的巩固是建立在生产力发展基础之上的。因此，社会主义首要的、最根本任务是发展生产力。

---

① 据吴明瑜先生回忆，1984年底起草科技体制改革的决定，参与人有二十多个，主要是科技管理工作者。征求了很多很多科学家的意见，包括李政道、杨振宁等海外华裔科学家。（郑巧英，p. 26）据Saich（China's Science Policy in the 1980s，Humanities Press International，Inc.，1989，p. 25），十二届三中全会之后，中央组织了领导小组，组织起草科技体制改革和教育体制改革的文件。领导小组包括胡耀邦和赵紫阳。发表的《决定》是第11稿。

② 《马克思恩格斯选集》第1卷，第272页。

那么，在国际上新科技革命浪潮风起云涌和国内改革开放这样一个大背景下，怎样解放和发展生产力？邓小平指出：“解放生产力，改革也是解放生产力。推翻帝国主义、封建主义、官僚资本主义的反动统治，使中国人民的生产力获得解放，这是革命，所以革命是解放生产力。社会主义基本制度确立以后，还要从根本上改变束缚生产力发展的经济体制，建立起充满生机和活力的社会主义经济体制，促进生产力的发展，这是改革，所以改革也是解放生产力。”① 由于科技体制是科技事业中生产关系、上层建筑的一种综合性社会结构和管理制度，它对科技进步及科技成果能否迅速转化为生产力具有强大的影响作用。因此，邓小平进一步明确地提出：“经济体制，科技体制，这两方面的改革都是为了解放生产力。新的经济体制，应该是有利于技术进步的体制。新的科技体制，应该是有利于经济发展的体制。双管齐下、长期存在的科技与经济脱节的问题，有可能得到比较好的解决。”这是对“解放生产力”概念的全新见解，丰富了马克思的科学技术是生产力的思想。

过去，我国传统的科技体制是在国家计划经济特定的历史条件下形成的，它虽然曾经显示过可以集中力量进行科技攻关、解决重大科技课题的优点，但也存在着严重的弊端，严重地束缚科技生产力作用的发挥。一是在运行机制方面，单靠行政手段管理科技工作，国家包得过多，统得过死，科研单位缺乏自主权，缺乏自我发展和积极为经济建设服务的活力；二是在组织机构方面，研究机构与企业相分离，研究、设计、教育、产生相脱节，存在军民分割、部门分割、地区分割的状况；三是在人事制度方面，受“左”的思想影响，对知识分子抱有偏见，对科技人员限制过多，人才不能合理流动，智力劳动得不到应有的尊重，严重阻碍了科技人员积极性的发挥。总之，改革前的这种典型的科技行政化的体制，不能适应商品经济的发展，不利于科技工作面向经济建设，不利于科学技术成果迅速转化为生产力，不利于科学技术自身的发展。不革除这种科技体制的弊端，就无法为科技生产力发展扫除障碍，就无法调动生产力中最活跃因素——人的积极性，就无法打碎阻碍生产力发展的旧科技体制。因此，改革科技体制是解放和发展生产力的必由之路。

① 《邓小平文选》第3卷，人民出版社1993年版，第370页。

（二）促进科学技术与经济发展紧密结合

科学技术是生产力，意在强调科学技术在现代化建设中的地位和作用。至于科学技术能不能真正在实际中起到生产力的作用，还有待于创造条件。创造什么条件？最基本的一条就是把科学技术应用到现代化建设的实际中去，核心是科技和经济的结合，即经济建设必须依靠科学技术，科技工作必须面向经济建设（以下简称“依靠”和“面向”）。

科学技术与经济建设相结合，既反映了科学技术发展的宗旨，又反映了科学技术发展的源泉和生命力。一方面，科技与经济的结合是科技发展的一个客观规律。马克思说过：“科学在直接生产上的应用本身就成为对科学具有决定性的和推动作用的要素。”① 这是因为：经济、社会的需求能够对科学技术发展形成强大推动力量；经济建设可以为科学技术发展开辟广阔的研究领域；经济建设还能为科学技术发展提供资金和物质条件，科学技术只有同经济密切结合，科学技术的价值和作用才能充分显示出来，科学技术自身才能迅速发展。另一方面，以经济建设为中心是新时期党的一切工作重点。因此，科学技术要面向经济建设主战场，将应用性研究、基础性研究、高新技术及其产业进行合理配置，把重点放在解决经济建设，发展社会主义市场经济的技术问题上，不断提高科技进步对经济增长的贡献率。因此，在科技体制改革中，我们必须把推进科技与经济相结合作为科技体制改革的主要任务。以“依靠”和“面向”作为新时期科技发展战略的重点。

如何才能实现科学技术与经济发展密切结合？《科技体制改革决定》提出：（1）改革对研究机构的拨款制度，提出按照不同类型科学技术活动的特点，实行经费的分类管理；对技术开发工作和近期可望取得实用价值的应用研究工作，逐步推行技术合同制。（2）促进技术成果的商品化，开拓技术市场，以适应社会主义商品经济的发展；强调通过开拓技术市场，疏通技术成果流向生产的渠道。对知识产权实行保护，并且运用关税和行政手段有限度地保护国内的技术市场。科学技术人员在完成本职工作和不侵犯本单位技术权益、经济利益的前提下，可以业余从事技术工作和咨询服务，收入归己。（3）调整科学技术系统的组织结构，鼓励研究、教育、设计机构与生产单位的联合，强化企业的技术吸收和开发能力。（4）改革农业科学技术体制，使

① 《马克思恩格斯全集》第46卷（下卷），第217页。

之有利于农村经济结构的调整，推动农村经济向专业化、商品化、现代化转变。

（三）进一步调动人才的积极性和创造性

发展经济必须依靠科学技术，而发展科学技术离不开人才。培养大批科技人才、建立宏大的科技队伍，不仅是党的第二代领导集体关于科技、教育一系列论述的核心部分，也是他们倡导的科技体制改革的关键内容。1985 年，在关于科技体制改革的决定通过之后，邓小平指出：“改革经济体制，最重要的、我最关心的，是人才，改革科技体制，我最关心的还是人才。”① 因此，是否能够造成有利于人才成长的环境，是科技体制改革成功与否的重要标志。

人才对科学技术的创造、转移、应用和发挥起着十分重要的作用，他们是科学知识和现代技术的活的载体，是科技这个第一生产力的开拓者和组织者。但原有科技体制造成了人才管理和使用上的一系列问题。如由于受“左”的思想影响，在指导思想、社会地位方面，对知识分子抱有偏见，智力劳动得不到应有的尊重；在使用、管理和待遇方面，长期形成的“人才单位所有制”、“人才地区所有制”，对科技人员限制过多，人才不能合理流动；在分配制度方面，“脑体倒挂”，严重阻碍了科技人员积极性的发挥。其结果造成了一方面，我国科技人员尚不充足；而另一方面，人才浪费现象却又非常严重。邓小平指出：“我们不是没有人才，问题是能不能很好地把他们组织和使用起来、把他们的积极性调动起来，发挥他们的专长。现在科技人员一方面很缺，另一方面又有很大的窝工浪费，用非所学、用非所长的现象很严重。”因此，改革现有的人才管理体制，不仅要广开人才资源，改变管理形式，更重要的是把科技人才的使用、培养有机地结合起来，努力创造有利于人才成长的条件和环境。

为此，《科技体制改革决定》提出要在继续发挥老一代科学技术专家在培养人才、指导研究等方面的作用的同时，放手把大批专业造诣较深又富有朝气的中青年充实到学术、技术工作的关键岗位上来；充分发挥五十多岁、四十多岁中年科学技术人员承前启后的骨干作用，敢于支持青年拔尖人才脱颖而出；选拔有组织管理能力和开拓精神的科学技术人员担任各级领导职务，尽快改变研究机构领导班子严重老化的现象，并且采取措施培养大批具有现

① 《邓小平文选》第 3 卷，人民出版社 1993 年版，第 108 页。

代科学技术和管理知识的各类新型管理人才；改变积压、浪费人才的状况，促使科学技术人员合理流动；研究、设计机构和高等学校，可以逐步试行聘任制；科学技术人员在做好本职工作的情况下可以适当兼职，以促进知识交流和充分发挥潜力；积极改善科学技术人员的工作条件和生活条件，反对平均主义，逐步地、切实地解决科学技术人员的合理报酬问题，建立必要的精神奖励与物质奖励制度。

三、科技体制改革的实践历程

改革开放以来中国科技体制的重大变革，在科技体制改革的实践过程中有着集中体现，表现为四个阶段。① 这就是，以 1985 年 3 月 13 日中共中央作出《关于科学技术体制改革的决定》为指导的第一阶段、以 1995 年 5 月 6 日，国务院发布《关于加速科学技术进步的决定》为核心的第二阶段、以 1999 年 8 月 20 日中共中央国务院《关于加强技术创新发展高科技实现产业化的决定》为主的第三阶段，以及 2003 年 10 月 14 日《中共中央关于完善社会主义市场经济体制若干问题的决定》为引领的第四阶段。②

第一阶段，从 1985 年到 1992 年，以“科学技术面向经济建设，经济建设依靠科学技术”为改革的指导思想，以改革拨款制度、开拓技术市场为核心，改革科技运行机制，在科技工作中引入市场机制，促进科技与经济的结合。随着改革开放以来，城乡经济体制改革的逐步展开，科学技术体制改革必须相应地进行。为此，1985 年 3 月 13 日中央作出《关于科学技术体制改革的决定》，这标志着新时期科技体制改革的开始。这一时期科技体制改革的主要方面是：（1）改革对研究机构的拨款制度，提出按照不同类型科学技术活动的特点，实行经费的分类管理；（2）促进技术成果的商品化，开拓技术市场，以适应社会主义商品经济的发展；（3）调整科学技术系统的组织结构，鼓励研究、教育、设计机构与生产单位的联合，强化企业的技术吸收和开发能力；（4）改革农业科学技术体制，使之有利于农村经济结构的调整，推动

---

① 笔者注：为了对改革开放后中国的科技体制改革有系统性的阐述，这里的科技体制改革实践历程时间跨度不再拘泥于本文所特指的“新时期”。

② 段治文：《当代中国的科学文化变革》，博士论文，第 121 ~ 130 页。

农村经济向专业化、商品化、现代化转变；（5）合理部署科学研究的纵深配置，以确保经济和科学技术发展的后劲；（6）扩大研究机构的自主权，改善政府机构对科学技术工作的宏观管理；（7）改革科学技术人员管理制度，造成人才辈出、人尽其才的良好环境。

中央作出科技体制改革决定后，为贯彻“依靠”和“面向”的科技发展战略方针。在改革科技拨款管理办法，开拓技术市场，扩大科研机构自主权，推动科研与生产联合，强化企业的技术吸收和开发能力，改革专业技术干部管理制度等方面采取了一系列措施，取得初步成效。但是，科技与生产相脱节的状况并未从根本上得到扭转。科技系统的组织结构基本未动，封闭的体系依然存在；人才仍大量积压在主要科研机构和高等学校，而轻纺、商业、地方和农村科技力量非常缺乏；由于缺少推动科研机构与企业结合的有力措施及政策，有相当一部分科研机构还在走自我完善的道路，很少能与企业紧密结合。随着经济体制改革的深入和国家行政管理体制改革的逐步展开，科技体制改革必须迈出新的步伐，以适应形势发展的需要。为此，1987 年 1 月，国务院又颁布了《关于进一步推进科技体制改革的若干规定》，进一步放活科研机构，促进多层次、多形式的科研生产横向联合，推动科技与经济的紧密结合；进一步改革科技人员管理制度，放宽放活对科技人员的政策，为充分发挥科技人员作用创造良好的社会环境。

第二阶段，从 1992 年至 1998 年，以邓小平同志南巡讲话为标志，中国经济体制开始迈向社会主义市场经济的新阶段，这是个非常重要的转折。为了适应市场经济的发展，科技体制必须进行进一步的改革。这个阶段科技发展的指导思想是在前一阶段“科学技术面向经济建设，经济建设依靠科学技术”的基础上，加了一条“攀登科学技术高峰”。改革的政策走向是以结构调整和人才分流为重点，按照“稳住一头、放开一片”的改革方针，建立适应社会主义市场经济体制的科技发展体制，加速推进科技与经济一体化发展。随着经济和社会发展的新形势要求，1995 年 5 月 6 日，中共中央、国务院发布了《关于加速科学技术进步的决定》，提出深化科技体制改革，调整科技系统的结构，分流人才，促进科技与经济的有机结合，建立适应社会主义市场经济体制和科技自身发展规律的新型科技体制。

为了调整结构，分流人才，《决定》提出了重要的方针，这就是：“稳住一头，放开一片”。所谓“稳住一头”，就是以政府投入为主，稳住少数重点科研院所和高等学校的科研机构，从事基础性研究、有关国家整体利益和长远利益的应用研究、高技术研究、社会公益性研究和重大科技攻关活动。所谓“放开一片”，就是要放开、搞活与经济建设密切相关的技术开发和技术服务机构，使其以多种形式、多种渠道与经济结合。同时，《决定》还要求进一步改进科技拨款机制，促进科学技术工作运行机制的建立；建立协同合作、合理流动、人尽其才的科技人才管理制度；完善重点科研机构、国家重点实验室的定期评估制度，形成优胜劣汰的竞争机制；建立科学的科研院所管理制度，使科研院所成为享有充分自主权的新型科研机构；与此同时，建立适应社会主义市场经济体制的宏观科技管理体系，在深化改革中要理顺关系，改变科技工作多头管理、力量分散的状况。

第三阶段，从1999年至今，实施“科教兴国”战略为最重要的改革指导思想，政策走向是以加强科技创新和促进科技成果产业化为重点，以应用开发类机构企业化转制和公益类机构分类改革为突破口，对科技资源配置和力量布局进行重大调整，并开始构建新世纪国家创新体系的基本框架。

90年代末，科学技术日新月异，以信息技术、生物技术为代表的高新技术及其产业迅猛发展，深刻影响着各国的政治、经济、军事、文化等方面。能否在高新技术及其产业领域占据一席之地已经成为竞争的焦点，成为维护国家主权和经济安全的命脉所在。这对于中国来说，既是严峻的挑战，又拥有难得的机遇。为此，1999年8月20日，中共中央、国务院做出了《关于加强技术创新发展高科技实现产业化的决定》，成为改革开放进程中，科技体制改革方面的又一里程碑式的政策。

这一政策的核心内容是要求加强技术创新，发展高科技，实现产业化，推动社会生产力跨越式发展。发展高科技，实现产业化，首先要求从体制改革入手，激活现有科技资源，加强面向市场的研究开发，大力推广、应用高新技术和适用技术，使科技成果迅速而有效地转化为富有市场竞争力的商品。其次，要求把市场需求、社会需求和国家安全需求作为研究开发的基本出发点，强化企业的技术创新主体地位，推动大多数科技力量进入市场创新创业；要以改革为动力，深化经济体制、科技体制、教育体制的配套改革，推进国家创新体系建设，为高新技术成果商品化、产业化提供有效的体制保障。第三，要扩大对外开放，广泛开展国际合作与交流，在竞争中获得发展。要把自主研究开发与引进、消化吸收国外先进技术相结合，防止低水平重复，注意技术的集成，促进多学科的交叉、融合、渗透，联合攻关，实现在较高水平上的技术跨越，形成更多的自主知识产权。

为了促进技术创新和高新科技成果商品化、产业化，在这个决定中提出了深化体制改革的具体要求。首先，促进企业成为技术创新的主体，全面提高企业技术创新能力。其次，推动应用型科研机构和设计单位实行企业化转制，大力促进科技型企业的发展。再次，加强国家高新技术产业开发区建设，形成高新技术产业化基地。

第四阶段，为贯彻落实党的十六大提出的建成完善的社会主义市场经济体制和更具活力、更加开放的经济体系的战略部署，深化经济体制改革，促进经济社会全面发展。2003 年 10 月，十六届三中全会通过了《关于完善社会主义市场经济体制的若干重大问题的决定》，这是科技体制改革政策发展中的又一里程碑。

决定中指出，十一届三中全会开始改革开放、十四大确定社会主义市场经济体制改革目标以及十四届三中全会作出相关决定以来，我国经济体制改革在理论和实践上取得重大进展。社会主义市场经济体制初步建立，公有制为主体、多种所有制经济共同发展的基本经济制度已经确立，全方位、宽领域、多层次的对外开放格局基本形成。为了适应这一经济体制改革，完善社会主义市场经济体制的新要求，必须深化科技体制改革，提高国家创新能力和国民整体素质。深化科技体制改革主要在以下几个方面进行：改革科技管理体制，加快国家创新体系建设，促进全社会科技资源高效配置和综合集成，提高科技创新能力，实现科技和经济社会发展紧密结合。确立企业技术创新和科技投入的主体地位，为各类企业创新活动提供平等竞争条件，必须由国家支持的从事基础研究、战略高技术、重要公益研究领域创新活动的研究机构。按照职责明确、评价科学、开放有序、管理规范的原则建立现代科研院所制度，面向市场的应用技术研究开发机构，坚持向企业化转制，加快建立现代企业制度。积极推动高等教育和科技创新紧密结合。建立军民结合、寓军于民的创新机制，实现国防科技和民用科技相互促进和协调发展。建设哲学社会科学理论创新体系，促进社会科学和自然科学协调发展。

纵观党的科学技术体制改革思想及其方针、政策的实施，始终贯穿着一个中心，那就是解决长期以来形成的科技与经济相脱节的问题，促进科技与经济的紧密结合，改革单一的、统得过死的计划管理模式，建立起计划管理与市场调节相结合的运行机制，最大限度地解放科学技术这个第一生产力，推进全社会的科技进步。

第五节 “科学技术是第一生产力”

“科学技术是第一生产力”，这是在马克思科技思想发展史上对社会发展动力问题上的最新阐述；是我国改革开放获得不断发展的重大理论创新；也是改变人们思想观念促进社会前进的重大思想解放。这一理论的提出，继承和发展了马克思主义关于科学技术是生产力的原理，揭示了科学技术对于当代生产和经济发展的第一位作用，是新时期党的科技思想的基础与核心。

一、科学技术与生产力关系的历史回顾

在英国资产阶级革命的序幕时期，被马克思誉为“英国唯物主义和整个现代实验科学的真正始祖”弗·培根（1561～1626）鲜明地提出了“知识就是力量”的口号，对资本主义社会的发展起了促进作用。但是，这一口号只是抽象地谈论知识，未能真正揭示出科学技术与生产力之间的关系。在西方经济学说史上，第一个明确提出“生产力”概念的法国重农学派创始人弗朗斯瓦·魁奈（1694～1774）对农业生产技术进行了具体分析，强调提高农业生产力，一靠增加农业投入，二靠提高农业技术。在这之后，英国古典政治经济学家们分别提出了“劳动生产力”、“自然生产力”和“资本生产力”等概念，其中大卫·李嘉图（1772～1823）在考察科技进步时对科技与生产力的关系作了初步分析。但是，他们大多只看到生产力中物的因素，着重强调自然条件，而无视人的作用，特别是把脑力劳动者排除在生产者之外。最早较完整提出“生产力论”的德国经济学家李斯特（1789～1846）主张“国家的状况决定于生产力的总和”①。认为与农业生产力不同，工业本身的发展从根本上取决于科学技术的进步；人的手脚发生的体力劳动不是一切财富的唯一源泉，更重要的是，驱动这种劳动的力量之源是科学与技能，并且主要是

① ［德］李斯特：《政治经济学的国民体系》，商务印书馆1961年版，第119页。

智能。他主张，生产力主要在于个人的智力和社会条件，认为英国的社会生产力的发展"在很大程度上也是由于它在科学上、技术上的胜利"①。客观地说，李斯特生产力理论已经接近于提出科学技术是生产力的观点。但是，其理论的最大缺陷是离开一定的生产关系来谈论生产力。此外，英国经济学家麦克库洛赫（1789～1864）认为，科学上的发明与创造是工业生产的重要因素，科学与教育是社会进步的重要基础②。他也几乎接近于提出科学技术是生产力的观点，这在当时的资产阶级政治经济学家中并不多见。

尽管关于生产力与科学技术的关系，在资产阶级经济学家那里已经进行了有益的探索，但对科学技术与生产力的关系作出科学的论述，并且明确提出科学技术是生产力的思想，则是马克思的功绩。在《1857～1858年经济学手稿》中，马克思指出，"同价值转化为资本时的情形一样，在资本的进一步发展中，我们看到：一方面，资本是以生产力的一定的现有的历史发展为前提——在这些生产力中也包括科学，另一方面，资本又推动和促进生产力向前发展。"③ 马克思不但提出了生产力中包括科学的观点，而且进一步对科技生产力进行了分析。他在分析原始共同体的解体原因时说，"只要更仔细地考察，同样可以发现，所有这些关系的解体，只有在物质的（因而还有精神的）生产力发展到一定水平时才有可能。"④ 在分析货币的作用时说货币是资本主义社会发展一切生产力即物质生产力和精神生产力的主动轮。他认为，"自然界没有造出任何机器"，它们是"人的手创造出来的人脑的器官"，是"对象化的知识力量"，指出"固定资本的发展表明，一般社会知识，已经在多么大的程度上变成了直接的生产力，从而社会生活过程的条件本身在多么大的程度上受到一般智力的控制并按照这种智力得到改造。"⑤ 他说，科学力量是"不费资本分文的生产力"，但是，"资本只有通过使用机器（部分也通过化学过程）才能占有这种科学力量"⑥。这里所说的科技生产力，不仅是"知识形态的生产力"，而且包括直接的生产力。他后来在《资本论》第一卷中进一

---

① ［德］李斯特：《政治经济学的国民体系》，商务印书馆1961年版，第49页。

② 张一兵：《回到马克思——经济学语境中的哲学话语》，江苏人民出版社1999年版，第46页。

③ 《马克思恩格斯全集》第31卷，人民出版社1998年版，第94页。

④ 《马克思恩格斯全集》第30卷，人民出版社1995年版，第497页。

⑤ 《马克思恩格斯全集》第31卷，人民出版社1998年版，第102页。

⑥ 《马克思恩格斯全集》第31卷，人民出版社1998年版，第168页。

步指出，“大工业则把科学作为一种独立的生产能力与劳动分离开来，并迫使科学为资本服务”①，这种生产过程的智力同体力劳动相分离，智力转化为资本支配劳动的权力，是在以机器为基础的大工业中完成的。马克思、恩格斯不仅发现了科学技术是生产力的重要构成因素，还认为生产力是社会历史发展的根本动力和物质基础。因此，他们高度地评价科学技术对社会历史的推动作用，将科学技术视为一种在历史上起推动作用的、革命的力量。列宁也认为：“劳动生产率，归根到底是保证新社会制度胜利的最重要最主要的东西”②。

新中国成立以后，党的第一代领导人对科学技术与生产力的关系给予高度的重视。毛泽东在20世纪60年代，针对中国落后的社会经济现状也提出了“不搞科学技术，生产力无法提高”、“实现四个现代化，科学技术是关键”的论断。毛泽东生前虽没有直接提出科学技术是生产力的论断，但是他依靠科学技术发展生产力，推动社会主义建设的思想是很明确的。马克思科学技术是生产力思想，经过列宁阶段、毛泽东阶段的不断发展，为邓小平“科学技术是第一生产力”思想的最终形成奠定了坚实的理论基础。

二、“科学技术是第一生产力”的提出

科学技术是生产力，这是马克思、恩格斯根据19世纪中叶科学技术发展及其与社会生产结合的历史状况所作出的符合时代特点的理论概括。然而，20世纪以来，在世界范围内兴起和发展的现代科学技术革命，使科学、技术和生产的关系有了新的变化，由过去彼此分离和平行发展的状况走向一体化。科学技术以前所未有的速度和规模应用于社会生产各个领域，以空前的广度、深度和强度作用于社会经济结构、生产关系和上层建筑等各个方面，使整个世界正在发生全面而深刻的大变革。这一社会现实向人们表明：科学技术的生产力性质越来越增强了，科学技术对社会生产力的贡献越来越大了，科学技术不仅是生产力，而且是第一生产力。首先明确“科学技术是第一生产力”的伟大论断，是邓小平在1988年9月5日会见捷克斯洛伐克总统胡萨克时提

---

① 《马克思恩格斯全集》第44卷，人民出版社2001年版，第418页。

② 《列宁选集》第4卷，人民出版社1972年版，第16页。

出的。

从科学技术的生产力性质的论述到“科学技术是第一生产力”这思想的提出，充分表明邓小平一贯重视科学技术，重视科学技术与生产力之间的内在关系。回顾邓小平关于科学技术生产力论述，可以看出“科学技术是第一生产力”的观点发展中有三个依次递进的提法，表明了这一科技思想的正式提出，有一个逐渐深化的过程。

第一个提法是“科学技术是生产力”。早在1952年，在政务院讨论中国科学院工作的会议上，邓小平指出，科学研究是一项基本建设，在这方面的投资就叫基本建设投资。这表明他在建国初期已经清楚地看到科学研究的重要性，这一见解包含有把科学技术作为生产力要素的思想。1961年邓小平同志主持制订了我国第一个《国营工业企业工作条例（草案）》，提出要重视科学技术与企业的生产活动相结合，重视科技人员在国民经济建设中的重要作用。1975年邓小平主持中央日常工作，在听取胡耀邦关于中国科学院工作的汇报时，他肯定了《汇报提纲》中关于“科学技术也是生产力”的观点，并明确指出“科学技术叫生产力，科技人员就是劳动者!”。① 在随后的“批邓”运动中，这是被批判的内容之一。在当时，坚持和捍卫这一马克思主义基本观点，需要巨大的政治勇气，付出巨大的代价。

第二个提法是“科学技术是越来越重要的生产力”。1978年3月18日在全国科学大会上，邓小平再次重申和系统论述了科学技术是生产力的观点。他指出：“科学技术是生产力，这是马克思主义历来的观点。早在一百多年以前，马克思就说过：机器生产的发展要求自觉地应用自然科学。并且指出：‘生产力中也包括科学’。”② 不仅如此，邓小平还结合世界范围内兴起的新科技革命，论述了科学技术与生产力的关系是随着历史发展而不断发展的，指出了科学理论和生产技术的关系有了新的发展，科学已经成为决定生产发展方向的力量，自然科学正在以迅猛的速度和规模应用于生产，极大地提高了社会生产力。正是在这种分析和认识基础上，邓小平深刻地指出：“现代科学技术的发展，使科学与生产的关系越来越密切了。科学技术作为生产力，越

---

① 《邓小平文选》第2卷，人民出版社1994年版，第34页。

② 《邓小平文选》第2卷，人民出版社1994年版，第87页。

来越显示出巨大的作用。”进而“科学技术正在成为越来越重要的生产力”。①这些论断是邓小平把握现代科学技术革命，对马克思主义关于科学技术是生产力问题第一次最详尽的阐述。这也成为邓小平在科学技术是生产力认识上进一步发展的重要阶段。

第三个提法是“科学技术是第一生产力”。1978 年到 1988 年，这是改革开放取得进展的 10 年，是现代化建设取得成就的 10 年。这 10 年，又是邓小平科技是生产力思想不断丰富的 10 年。1988 年，在邓小平重申科学技术是生产力的 10 年以后，他根据世界科学技术与经济发展的新势态，以创造性的理论思维来概括人类实践所提供的新经验和新成就，第一次明确提出了“科学技术是第一生产力”这一重大科学命题。1988 年 9 月 5 日，邓小平在会见捷克斯洛伐克总统时指出：“世界在变化，我们的思想和行动也要随之而变。过去把自己封闭起来，自我孤立，这对社会主义有什么好处呢？历史在前进，我们却停滞不前，就落后了。马克思说过，科学技术是生产力，事实说明这话讲得很对。依我看，科学技术是第一生产力。”② 同年 9 月 12 日，在听取关于价格和工资改革初步方案汇报时，他又一次指出：“最近，我见胡萨克时谈到，马克思讲科学技术是生产力，这是非常正确的，现在看来这样说可能不够，恐怕是第一生产力。”1992 年，邓小平南巡谈话时又一次重申了这个观点，认为这几年经济发展离开科学技术不行，因此要提倡科学，靠科学才有希望。

邓小平关于科学技术是第一生产力的思想，是对当今世界科学技术迅猛发展及其对社会经济发展巨大推动作用的科学概括和理性升华，是对科学技术及其推动现代化发展的理论深化，是邓小平科技发展战略理论的核心，也是对马克思主义科学技术和生产力理论的重大发展。

三、“科学技术是第一生产力”的现实意义

“科学技术是第一生产力”是党的第二代领导核心科技思想的结晶，是对当代科技经济发展新特点作出了新的总结和概括，丰富和发展了马克思关于

---

① 《邓小平文选》第 2 卷，人民出版社 1994 年版，第 88 页。

② 《邓小平文选》第 3 卷，人民出版社 1993 年版，第 274 页。

科技生产力学说的思想内涵。它对于我们理解邓小平关于建设有中国特色社会主义的理论，将全党全国工作重点转移到以经济建设为中心的轨道上来，推动我国科技经济和各项事业的快速、健康和协调发展，具有现实的指导意义。

第一，指出了科学技术在现代生产力系统中起着第一位作用。进入现代社会以后，生产力系统中的各个要素都随着科学技术的进步而发展，表现在科学技术对生产力诸要素的渗透作用：一是大大提高了劳动者的素质和智能。随着科学技术的进步，劳动者的素质由"体力型"转化为"文化型"，再转化为"科技型"。邓小平对此指出："我们常说，人是生产力中最活跃的因素。这里讲的人，是指具有一定的科学知识、生产经验和劳动技能来使用生产工具、实现物质资料生产的人。劳动者只有具备较高的科学文化水平，丰富的生产经验，先进的劳动技能，才能在现代化的生产中发挥更大的作用。"①；二是现代生产工具中越来越多地注入了科技因素。生产工具伴随着科学的进步，由手工工具到普通机器，再到智能机，充分发挥了现有系统的生产能力。三是扩大了劳动对象的领域。劳动对象指利用天然材料到经过劳动"过滤"的材料，再到人工合成材料，为生产提供了广阔的空间。

第二，揭示了科学技术是推动经济增长和劳动生产率提高的首要因素。当代科学技术决定着经济增长和劳动生产率的提高。从蒸汽机发明到广泛应用，用了一个世纪的时间；而电力技术从发明到应用，用了半个世纪；到了二十世纪下半叶，新科技革命使科学发现到技术发明缩短为五年左右的时间。因此，如果说在蒸汽机时代，科技对劳动生产率的提高产生的是"加数效应"，电气化时代，科技对劳动生产率的提高产生的是"乘数效应"，那么，在信息时代，科技对劳动生产率提高的就是"幂数效应"。由科技革命所导致的科学技术对劳动生产率提高和经济增长的作用，简直令人难以想象。基于此，邓小平指出："同样数量的劳动力，在同样的劳动时间里，可以生产出比过去多几十倍的产品。社会生产力有这样巨大的发展，劳动生产率有大幅度的提高，靠的是什么？最主要的是靠科学的力量，技术的力量。"② 为此，只有努力克服科学技术并入生产和经济过程中的各种障碍，加快科技成果向现

① 《邓小平文选》第2卷，人民出版社1994年版，第88页。

② 《邓小平文选》第2卷，人民出版社1994年版，第87页。

实生产力的转化，才能最大限度地解放生产力，才能充分发挥科学技术在经济增长和提高劳动生产率中的首要因素的作用，使科学技术真正成为第一生产力。

第三，明确发展科学技术与尊重和使用人才的关系。众所周知，科学技术不是一种独立存在的自然物，而是人类在社会历史发展中一代又一代先驱们认识世界的智慧结晶，它必须以一定历史时期的人来承载。科学技术自身的发展和向实际生产力的转化，绝对不能离开创造和使用科学知识的人才，离不开千百万具有高素质的劳动者。科学技术本身并不能自然地转化为生产力。所以，邓小平多次在强调科学技术的同时，强调了重视人才和使用人才。邓小平多次强调两句话："一句叫做科学技术是生产力；一句叫做中国的知识分子已经成为工人阶级的一部分。"江泽民进一步发挥和具体化了邓小平的这一思想，指出："人才是科技进步和经济社会发展的重要资源，要建立一整套有利于人才培养和使用的激励机制。"① 为此，要大力提高科技人员的地位和待遇，倡导尊重知识、尊重人才的氛围，形成良好的发展科技的社会环境。

第四，"科学技术是第一生产力"是把科学技术发展与我国经济建设直接联系在一起。邓小平在论及科技体制改革时提出要进一步解决科技和经济结合的问题，鼓励广大科技工作者以主人翁的态度，广泛地参加经济、社会决策活动。并且推动广大人民群众都懂得知识的可贵，从而尊重知识，学习知识，掌握知识。事实上，科学技术不与经济建设相结合，就不能发挥它第一生产力的作用，并不是有了先进的科学技术，经济就会自然而然地得到发展，只有实现了科技与经济的有机结合，使科技与经济协调为一体，才能促进经济高速增长。科学与经济有机结合协调为一体，才能真正意义上发挥科学技术是第一生产力的作用。

第五，"科学技术是第一生产力"对党的第三代领导科技思想的形成与创新起到了引导和推进作用。1989 年 12 月 19 日，江泽民在国家科学技术奖励大会上发表了题为《推动科技进步是全党全民的历史性任务》的讲话。他说："最近，邓小平同志在谈到经济发展时又一再指出：科学技术是第一生产力；科学是了不起的事情，要重视科学，最终可能是科学解决问题。这些论断，进一步阐明了科学技术的重要地位和巨大作用。"并就落实这一思想发表了原

① 《江泽民文选》第 2 卷，人民出版社 2006 年版，第 26 页。

则性意见："现代科学技术正在经历着深刻的革命，大力发展我国的科学技术，从总体上逐步缩短同发达国家的差距，努力接近和赶上世界先进水平，是摆在全党全国各民族人民面前的一项紧迫任务。"① 时任国务院总理李鹏指出："事实说明，当代科学技术确实已成为第一生产力，世界各国社会生产力的发展和综合国力的提高，在相当大的程度上要依靠科学技术进步。"② 李瑞环同志认为："坚持按照科学技术是第一生产力的指导思想，大力发展科学技术，既是经济问题，又是政治问题，既具有现实意义，又具有长远意义。"③ 上述的这些观点，既是对科技第一生产力思想的充分肯定，又为党的第三代领导核心科技思想的形成与创新奠定了理论基础。

科技第一生产力思想，是党对科学技术的社会功能、地位、作用、发展方向、基本任务、战略重点、体制改革、对外开放、人才培养等方面的全面的、科学的总结，形成了我国新时期科技工作的指导思想。20 世纪 90 年代以来，在科技第一生产力思想的指导下，我国科技工作和经济文化各项事业已经取得了巨大成就，新时期党的科技思想开始深入人心。

四、"科学技术是第一生产力"的深化与发展

邓小平关于科学技术是第一生产力的论断，是新时期党的科技发展战略理论的核心，也是对马克思主义科学技术和生产力理论的重大发展，对推动我国科技发展和社会主义现代化建设起到了巨大的促进作用，正是在这一重大理论发展的基础上，邓小平科技思想得到深化，并进一步具体化。

（一）中国必须在世界高科技领域占有一席之地

发展高科技，是邓小平科技发展战略思想的一个极其重要的内容。二十世纪 80 年代后期，世界处在新旧世纪交替的重要历史时期，为争取二十一世纪的战略主动权，世界许多国家和地区都在紧张地研究和制定科技发展对策。

---

① 江泽民：《论科学技术》，中央文献出版社 2001 年版，第 3 页。

② 李鹏：《在国家科技奖励大会上的讲话》（1990 年 12 月 7 日），载《新时期科学技术各种重要文献选编》，中央文献出版社 1995 年版，第 316 页。

③ 李瑞环：《谈谈科学技术是第一生产力的问题》（1991 年 5 月 21 日），载《新时期科学技术各种重要文献选编》，中央文献出版社 1995 年版，第 367 页。

邓小平对这场世界范围内高科技竞争的极端重要性和严酷性有着深刻的认识，认为高科技发展水平直接关系到一个国家的国际地位，是反映一个民族和国家兴旺发达的标志。因此他提出了，“中国必须发展自己的高科技，在世界高科技领域占有一席之地。”① 的论断，这既是一个战略性任务，也是一项实际的战略措施，以此来推动中国科学技术赶超世界先进水平。

在邓小平关于发展高技术的思想中，始终将发展高科技与生产力的发展紧密联系在一起，其实质是科技第一生产力思想的进一步深化。因此，他在不同的场合多次强调高技术发展的重要意义，并在 1992 年南巡讲话中再次提出，“高科技，越高越好，越新越好”。与此同时，邓小平非常重视高技术产业化的问题，重视通过高技术的发展带动一大批产业的发展。他指出：“经济发展得快一点，必须依靠科技和教育。近一二十年来，世界科学技术发展得多快啊！高科技领域的一个突破，带动一批产业的发展。”② 为了不失时机地发展高科技产业，邓小平审时度势、把握机遇，亲自批准实施了我国的《高科技研究发展计划纲要》，即著名的“863”计划，并于 1991 年为“863”计划工作会议作了“发展高科技，实现产业化”的重要题词。邓小平还提出，要坚定不移地落实发展高科技，实现产业化的战略部署；要在若干重要的高科技领域集中力量，积极跟踪国际水平，缩短与国外的差距；要在少数有优势的领域，以我为主，积极创新，迎头赶上，力争有重大突破；要采取强有力的措施，加速建设高新技术产业。邓小平这些发展高科技的思路不仅引导我们对未来世界发展和格局的基本认识，也对我国未来的科技发展指出了明确的方向。正如江泽民同志在国家科技领导小组第二次会议纪要上所作的重要批示强调的那样：“邓小平明确提出中国在世界高科技领域要占有一席之地，其意义极为深远。这个奋斗目标在我们这一代人手里一定要力争实现。要面向二十一世纪，选准对我国经济和社会发展具有战略意义的一些高新技术项目，集中必要的人力、财力、物力，建立重点基地，组织精干队伍，加强统一领导，齐心协力攻关。”③

在邓小平发展高科技思想指引下，“863”计划取得了丰硕成果。截止

---

① 《邓小平文选》第 3 卷，人民出版社 1993 年版，第 279 页。

② 《邓小平文选》第 3 卷，人民出版社 1993 年版，第 377 页。

③ 江泽民：《对国家科技领导小组第三次会议纪要的批示》，载《中国科学报》，1997 年 8 月 29 日。

1995 年底，共取得研究成果 1398 项，其中达到国际先进水平的有 550 项，进入应用领域的有 475 项。突破并掌握了一批关键技术，极大地带动了我国高技术及其产业的发展。近几年，“863”计划还在解决国家重大关键问题方面，集中发展计算机技术，新材料技术，农业生物工程技术，以及航天、海洋等技术，取得较大进展。目前，一项即将出台瞄准世界高科技发展最新动态以及解决我国未来经济发展的热点难点问题的“超级 863”计划，把我国推到在高起点上与世界先进国家进行高科技竞争的起跑线，吹响了二十一世纪中国高科技战役的号角。

（二）对外开放、学习世界先进科学技术

“我们引进先进技术是为了发展生产力，提高人民生活”①，这是邓小平在论述学习世界先进科学技术水平时，提出的一个鲜明的观点。这一科技政策思想是对科技第一生产力理论的进一步阐述，是指导新时期科技领域对外开放的方针。

从科学技术与生产相结合的历史过程来看，人类社会经历了几次生产力发展高潮，科技中心和生产力中心也经过了几次转移，没有一个永恒的中心。在当代，由于科学技术和生产力的迅速发展，世界上已经没有哪一个国家能够独立拥有发展本国经济和技术所需的全部资源和资金，也没有哪一个国家能够独立掌握生产一切产品的先进技术。特别是随着新技术革命的兴起，科学技术已作为一种生产要素在国际间流动，成为国际分工与合作的重要形式，国与国之间的科技合作日趋重要。邓小平十分清醒地看到了这一发展趋势，早在 1978 年全国科技大会上，就提出“科学技术是人类共同创造的财富”的观点。他认为，任何一个民族、一个国家，都需要学习别的民族、别的国家的长处，学习人家的先进科学技术。他说：“任何一个国家要发展，孤立起来，闭关自守是不可能的，不加强国际交往，不引进发达国家的先进经验、先进科学技术和资金，是不可能的。”②。这揭示了实行对外开放，学习世界先进科学技术的必要性、紧迫性。

改革开放以来，随着我国科学技术的发展和经济实力的增加，科学技术领域的国际科技交流得到迅速发展。为了进一步推动国际间的交流，邓小平

---

① 《邓小平文选》第 3 卷，人民出版社 1993 年版，第 138 页。
② 《邓小平文选》第 3 卷，人民出版社 1993 年版，第 117 页。

非常重视这一良好的国际条件，认为应该制定明确的方针，充分利用世界上一切先进技术、先进成果，让世界一切先进技术和成果为我所用。邓小平还把学习世界先进科学技术提到关系我国社会主义前途、命运的高度。他在1992年南巡讲话中说："社会主义要赢得同资本主义相比较的优势，就必须大胆吸收和借鉴人类社会创造的一切文明成果，吸收和借鉴当今世界各国，包括资本主义发达国家的一切反映社会化生产规律的先进经营方式、管理方式。"①

学习世界先进科学技术，是为了赶超先进，最终提高我国的科技水平，促进经济的持续、稳定、快速增长。为此，要从我国国情出发，善于学习，为我所用，要正确处理好学习、借鉴与自力更生的关系，处理好技术引进与自我创新的关系。邓小平指出："提高我国的科学技术水平，当然必须依靠我们自己的努力，必须发展我们的创造，必须坚持独立自主、自力更生的方针。但是独立自主不是闭关自守，自力更生不是盲目排外。"② 同时邓小平还提出，企业引进技术，第一要学会，第二要提高创新。

在邓小平科技改革开放政策的指导下，我国实行"借梯上楼"策略，努力引进国外先进技术和管理经验，特别是引进高新技术成果，加以吸收、消化，并在基础研究领域广泛开展了国际学术交流。一个多层次、多渠道、多形式的国际科技合作与交流的格局已经形成。到1998年，我国已与135个国家和地区建立了科技合作关系，签署了95份政府间科技合作协议，加入了75个国际学术组织。此外，通过国际科技合作与交流，让世界了解了中国科技发展成就，使中国的科技在世界上的声望和地位日益提高。

（三）加强和改善党对科技工作的领导

中国共产党是整个社会主义事业的领导核心。任何工作都离不开党的领导，科技工作自然不能例外。试想"离开中国共产党的领导，谁来组织社会主义的经济、政治、军事和文化，谁来组织中国的四个现代化？"③

科学技术在社会主义现代化建设中的重要地位，决定了必须加强党对科

---

① 《邓小平文选》第3卷，人民出版社1993年版，第373页。
② 《邓小平文选》第2卷，人民出版社1994年版，第91页。
③ 《邓小平文选》第2卷，人民出版社1994年版，第170页。

技工作的领导。党对科技工作的领导是我国科技管理工作的关键。邓小平明确地指出：“能不能把我国的科学技术尽快地搞上去，关键在于我们党是不是善于领导科学技术工作。”① “党委的领导主要是政治上的领导，保证正确的政治方向，保证党的路线、方针、政策的贯彻，调动各个方面的积极性。同时，是通过计划来领导，要抓好科学研究计划，要知人善用，把力量组织好。”② 这就是说，党在领导科技工作时，主要是通过制定正确的路线、方针、政策、计划和任用干部，组织、协调各种力量，调动各方面的积极性，形成强有力的领导核心，以推动党对科技工作的指导方针、任务和政策措施的贯彻落实。

邓小平还对科研单位党委工作规定了明确的标准。他说：“科学研究机构的基本任务是出成果出人才，要出又多又好的科学技术成果，出又红又专的科学技术人才。衡量一个科学研究机构党委的工作好坏的主要标准，也应当是看它能不能很好地完成这个基本任务。”③ 只有又多又好的出成果出人才，才能促进科学技术现代化，促进科技和经济的结合，促进攀登世界科学技术高峰。1992 年初，他在视察南方谈话中，更加明确地提出了著名的“三个有利于”的标准，这也就是衡量各级党委对科技工作领导的主要标准。党对科技工作的领导，要做到有利于发展社会主义社会的生产力，有利于增强社会主义国家的综合国力，有利于提高人民的生活水平。这既是党对科技工作领导的出发点，也是最终目标。

“科学技术是第一生产力”，这是新时期党的科技思想的精髓，也是邓小平生产力理论的突出特点。这个著名论断，将以一种光辉而精湛的理论思想观点，载入人类科学技术发展和生产力发展的史册。这是邓小平同志对人类文化发展的新贡献，也是中华民族对人类文明发展的新贡献。

本章小结

（一）新时期党的科技思想综述

新时期党的科技思想以邓小平科技思想为核心，内容涉及科学技术的社

① 《邓小平文选》第 2 卷，人民出版社 1994 年版，第 96 页。
② 《邓小平文选》第 2 卷，人民出版社 1994 年版，第 98 页。
③ 《邓小平文选》第 2 卷，人民出版社 1994 年版，第 97 页。

会功能、地位、作用、发展方向、基本任务、战略重点、体制改革、对外开放、人才培养等各个方面。

1. 科技思想

邓小平科技思想是对马克思、毛泽东科技学说的继承与发展，是指导新时期中国科技事业发展的理论基础。主要包括以下几个方面：

（1）实现人类的希望离不开科学。马克思把科学看成推动历史发展的革命力量。邓小平继承了马克思的观点，强调科学技术的重要性。“科学是一件了不起的事情”、“提倡科学，靠科学才有希望”、“实现人类的希望离不开科学，维护世界和平也离不开科学”。这些论述概括了科学的社会功能和历史作用，是邓小平科技思想的基础。

（2）科学技术是第一生产力。1978 年全国科技大会上邓小平重申了马克思的科技生产力的观点，并于十年后创造性地提出“科学技术是第一生产力”的著名论断。揭示了科学技术在生产力系统中起着第一位的变革作用和社会劳动生产率提高的首要因素，明确了发展科学技术与尊重和使用人才的关系，这是对马克思科技思想的创造性发展。它不仅奠定了邓小平科技思想的核心地位，也是党的第三代领导集体科技思想的理论基础，是实现我国跨世纪科技发展战略的根本方针。

（3）努力掌握科学技术工作的客观规律。“实事求是”是马列主义和毛泽东思想的精髓，邓小平认为要加快我国科技事业的步伐，同样必须实事求是，认真总结国际和国内的经验教训，研究和掌握科学技术发展的客观规律，按科技工作的客观规律办事。只有这样，才能科学地制定和完善科技方针、政策，有效地组织管理科技事业。

2. 科技战略思想

（1）关键是科学技术的现代化。1978 年，邓小平在周恩来提出的四个现代化理论基础上，进一步阐述了四化的关键是科学技术的现代化的战略思想。邓小平认为，只有用先进的科学技术去武装农业、工业、国防，才能实现四个现代化。他还根据当时刚刚兴起的新科技革命的特点与发展趋势，为“关键是科学技术现代化”思想作了许多有说服力的论证。

（2）科技体制改革。为了尽快打破阻碍生产力发展的旧的科技体制。1985 年邓小平提出了科技体制改革的任务和目标，并明确指出：经济体制、科技体制，这两方面的改革都是为了解放生产力；要进一步解决科学技术与经济发展相结合的问题等科技体制改革思想。从而拉开了中国科技体制改革的帷幕。随后出台的党和国家关于科技体制改革的一系列方针、政策及措施，都是建立在科技体制改革思想的基础上的。

（3）尊重知识、尊重人才。1978 年科技大会上邓小平代表党中央正式为知识分子正名，并要求在党内造成一种“尊重知识、尊重人才”的氛围。邓小平从社会主义事业全局出发，反复强调人才问题的重要性，并对怎样认识人才、评价人才，怎样发现人才、培养人才和管理使用人才都作了一系列精辟的论述，这为“科教兴国”战略的实施打下了理论基础。

（4）发展高科技，实现产业化。邓小平认为，21 世纪是高科技发展的世纪，中国必须发展自己的高科技，在高科技领域，中国也要在世界上占一席之地。并于 1991 年提出了发展高科技，实现产业化的号召。发展高科技、实现产业化的战略思想，既是邓小平科技思想不断深化的标志，也是改革开放以来我国科技工作发展与科技体制改革成就与经验的科学总结。

3. 关于发展科技的方针、政策的论述

邓小平还就发展我国的科学技术的具体政策、具体措施以及解决具体问题和实际问题，也有一系列重要论述。如，对外开放、学习世界先进科学技术；加强和改善党对科技工作的领导；科技发展的基础在教育；提高全民族科学文化水平；经济建设必须依靠科学技术，科学技术工作必须面向经济建设等等。

（二）新时期党的科技观特点

新时期党的科技观思路明晰，既有理论部分，又有应用部分，前者侧重于解决对客观规律的认识，后者侧重于解决实践中的问题，两者密切联系，浑然一体。因此，新时期党的科技思想具有以下几个特性：

1. 全面系统性

建党以来，在不同的历史时期党的领导人对科学技术都有相关论述，缺乏一定的整体性。新时期党的领导人对科学技术的论述是放到当代改革开放背景下，既有对科学的社会功能和作用的认识，更有发展科学技术的战略指导思想；既有从宏观上制定的科技方针，又有微观上的科技政策；它们之间相互联系、相互作用，构成了一个全面系统性的思想体系。

2. 承上启下性

党的第二代领导核心科技观具有一定的承上启下作用，从时间维度来看，新时期党的科技思想是马列主义、毛泽东关于科技学说的继承和发展，又是党的第三代领导集体制订新时期科技方针、政策、战略、规划的思想之源，根据新时期实践发展的需要，还将会进一步拓展。

3. 稳定连续性

新时期党的科技观，是建立在以经济建设为中心和改革开放为主线的时代背景下，并遵循着科学技术发展规律基础上的有关科学技术学说，因此有一定的稳定和连续性。即使是二十世纪80年代末的政治风波和经济建设的几次大的波动，都没有动摇党对发展科学技术事业的正确认识，显示出党的科技思想的成熟。

4. 实践特征性

新时期党的科技观既源于马克思科技思想，同时又是指导中国科技事业的实践总结。新时期党的科技思想、方针、政策都是来源于现代化建设的伟大实践，都是来源于经济建设对科技发展的客观需求，因此有着鲜明的实践特征。邓小平对科学技术的论述不少，但主要是结合经济、教育及其他领域的工作联系起来讲的，因此也有着很强的可操作性。

（三）历史局限性

由于以邓小平为核心党的第二代领导人所处的时代与当今社会经济和科学技术水平存在着巨大差异。因此从现实的视角来看，那个时期党对科学技术的认识及实践必然有其历史的局限性。首先，改革开放初期，党的工作重点转移到以经济建设为中心的轨道上，科技的经济工具性便被放到了显著的位置上。由于科学技术以经济工具为核心，它很可能最终因计量问题而流于形式甚或遭致夭折的厄运。因此，过分强调科技的经济功能，不利于科学技术自身规律的发展。其次，对外开放重视技术的引进的作用，而对自主创新没有提到一定的认识高度，结果市场出去，核心技术没换来。第三，对科技的双刃剑的问题认识不足。由于改革开放初期我国的科技落后，对生态的影响较弱，随着经济迅速发展，科学技术向现实生产力转化，科技对生态环境的负面作用开始显现、粗放型的经济对能源、环境的破坏等问题日益突出。上述这些问题是特定的历史环境造成的，它为党的第三代领导核心科技思想的发展与创新提供了有益的启示。

第四章

“科教兴国”战略对中国科技事业的推动

改革开放以来，经过十几年的探索，我国的科技事业取得了快速发展。以江泽民为核心的党的第三代集体继承了邓小平科技思想的精髓，深刻把握世界科技革命的新特点，对我国科技改革和发展的实践经验进行了认真总结和概括，对新的历史条件下如何发展科学技术提出了一系列新思想、新观点、新政策，形成了跨世纪党的科技思想体系，引领着我国科学技术的实践与创新，出现了新中国科技史上的第三个“黄金期”，也是中国共产党科技观的深化创新期。

第一节　把科学技术放在优先发展的战略地位

二十世纪80年代末，面对世界科学技术迅猛发展、知识经济初见端倪和全球经济一体化趋势，党的第三代领导人深刻意识到科学技术在经济社会发展中的特殊地位和作用，准确地把握当今新科技革命的发展趋势，提出了把科学技术放在优先发展的战略地位的观点。这不仅是对邓小平“科学技术是第一生产力”思想的丰富和发展，也是党的第三代领导人科技思想及其实践全面展开的基础。

一、知识经济初见端倪的时代背景分析

尊重现实并且来源于现实，是创造出科学的、实事求是的思想体系的必要前提。党的第三代领导核心关于优先发展科学技术思想的开端及其展开，

建立在20世纪80年代末至21世纪初不断发展变化的国际国内现实的基础上。

第一，人类正在经历一场全球性的科学技术革命。20世纪80年代末，人类正在经历一场新的全球性的科学技术革命，这场新科技革命是以信息科技为先导，以新材料科技为基础，以新能源科技为动力，以海洋科技和空间科技为内拓和外延，以生命科技为跨世纪战略重点的一场全方位、多层次的伟大革命。在这场迅猛发展的科技革命中，人类取得的科技成果，包括科学新发现和技术新发明，比过去两千年的总和还要多得多。并且这些科技成果无不具有知识高度密集、学科高度密集的特点，科学与技术的联系越来越紧密，形成了科学的技术化、技术的科学化、科学技术一体化的趋势。同时，高科技迅速地转化为生产力，高科技成果的商品化、产业化、国际化在社会发展中的地位和作用越来越突出。因特网伸向全球各地，克隆“风暴”震惊了社会各阶层，预示着新的世界高科技将进一步加速发展，更直接地向经济、政治、文化、军事乃至于宗教等各个领域广泛渗透，变革着人们的观念、人类生活和社会结构，变革着整个世界。面对全球性的科技革命空前活跃的发展态势，世界许多国家纷纷调整科技战略和发展政策，把提升科技竞争力，作为推动21世纪国家发展的首要目标。

第二，世界性的知识经济初见端倪。20世纪90年代以来，科学技术飞速发展的重要表征就是知识经济初见端倪，这标志着人类社会以大规模的工业化生产为基础的时代已接近尾声，正在步入一个以智力资源为主要依托的知识经济时代。知识经济是“以现代科学技术为核心，建立在知识和信息的生产、存储、使用和消费之上的经济。”① 因此，它是一种全新形态的经济。它区别于农业经济、工业经济，它所引发的经济革命，实现了物质生产能力开发的转换。知识经济将是重塑全球经济的决定力量。与农业时代、工业时代主要依靠自然资源和金融资本推动生产发展、促进生产力发展的情况不同，在知识经济时代，知识将成为最重要的经济因素和生产要素。世界银行在以“知识与发展”为主题的《1998/1999年世界发展报告》中也指出：“知识对于发展至关重要”，“今天，技术最为发达的国家和地区其经济确实都是以知识为基础的”。

第三，科学技术水平制约着国内经济可持续发展。改革开放后的十几年

---

① 《以知识为基础的经济》，机械工业出版社1997年版，第1~4页。

来，中国经济保持了连年的高速增长，平均年增长速度9.4%，但科技在经济发展中所占的比重较小，主要是依靠扩大投资、大量消耗资源和廉价劳动力来促进经济增长，是一种外延型、粗放型的增长方式。虽然我国素有地大物博之称，幅员辽阔，物产丰富，生物资源种类众多，多种自然资源名列世界前列，但由于我国有近十三亿的人口，与世界人均自然资源相比，淡水、耕地、森林、矿产等主要资源的人均占有量还不到世界平均水平的三分之一。而过度的资源消耗导致资源日益短缺、生态环境日益恶化，因此，这种低科技含量的粗放型经济发展模式已经开始制约着中国经济的可持续发展。另外，中国农业基础薄弱，主要依靠落后、分散的手工劳动，科技不发达，生产方式不先进，劳动生产率低，农业人口中文盲半文盲比重很大；工业结构不合理，工业仍以传统产业为主，高新技术产业所占比重很小，相当一部分大中型国有企业技术含量低，生产成本高，国际竞争力差，导致企业经济质量不高，产品竞争力不强，效益不佳，缺乏活力，在市场竞争中处境困难。

面对国际国内的复杂形势，新的一届党和国家领导人审时度势，在深刻认识到科学技术对人类社会发展的巨大作用和影响的基础上，提出科技发展优先战略。1989年12月，江泽民在国家科学技术奖励大会上首次提出：“我们要坚持把科学技术放在优先发展的战略地位”①。在这之后，党的领导人又在许多场合多次强调了这一观点。

二、科学技术优先发展的意义

改革开放后，邓小平反复强调，中国的发展离开科学技术不行，科学技术要走在前面，要把科学技术和教育放到战略高度去认识。党的十二大后，科技体制改革逐步展开，把科学技术放在优先发展的战略地位的意识逐渐增强。1988年，邓小平提出了“科学技术是第一生产力”的论断，其意义就在于促进科学技术尽快获得实际上的优先发展地位。第二年，刚到党中央主持工作不久的江泽民便确立了科学技术优先发展的指导思想，这是对邓小平的科技第一生产力思想的回应，表现出党的第三代领导核心在实践中推动科学技术获得优先发展的战略地位的决心，科学技术优先发展战略有着巨大的理

---

① 江泽民：《论科学技术》，中央文献出版社2001年版，第2~3页。

论与现实意义。

（一）关系着社会主义前途命运的战略抉择

1990年5月26日至29日，中共中央、国务院召开科学家座谈会。江泽民在会上明确指出："中国要振兴，必须充分认识科学技术的伟大作用，应该紧紧抓住当前新科技革命提供的机会。可以说，没有现代科学技术，就没有社会主义现代化。"① 江泽民从社会主义本质的理论层次，深刻地揭示了现代科学技术的重要地位和历史使命。

20世纪70年代，在中国历史即将发生大转折的历史时刻，为了从政治上打开拨乱反正的新局面，汲取社会主义运动的惨痛教训，邓小平从社会主义本质的高度，把民主与社会主义相联系，提出了"没有民主，就没有社会主义现代化"的重要观点。如今，在科学技术成为决定中国未来发展的前途命运的关键时刻，江泽民又把科技与社会主义相联系，从社会主义本质的高度，提出了"没有现代科学技术，就没有社会主义现代化"的创新观点。这是对科技发展与社会主义历史命运进行回顾与反思的科学结论，是对新世纪科技发展对于社会主义运动的复兴和有中国特色社会主义事业顺利发展所起决定作用的科学概括。

从历史的角度看，社会主义发展与科学技术发展一直是20世纪两股最强大的潮流。从本质上看，这两者之间存在密不可分的联系。能否把握世界科技大发展所带来的历史潮流，关系到世界社会主义运动的兴衰。因此，社会主义国家、特别是中国，能否把握住当前新科技革命提供的历史发展机遇，能否将优先发展科学技术的战略落到实处，对于未来世界社会主义运动的复兴和中国社会主义现代化建设第三步战略目标的顺利实现，其意义十分重大。

（二）是我国科技发展的重要经验总结

优先发展科学技术是我国科技发展的重要经验，是党的第三代领导人在立足现实的基础上，回顾过去得出的结论。中国是世界文明的发源地之一，以著名的四大发明——造纸术、火药、印刷术、指南针为标志的中国古代科学技术，曾经极大地影响人类文明发展的进程，深刻地改变了世界文明的面貌。近代的中国，闭关锁国、清廷腐败、列强入侵，科学技术更无从谈起，

① 《人民日报》，1990年5月31日。

中国大大地落后了，我们的国家饱经忧患。新中国成立以后，特别是改革开放以来，我们坚持依靠科技进步推动经济和社会发展，取得了很大的成绩，也尝到了优先发展科学技术的果实。

江泽民指出：“西方资本主义国家称强世界几百年，一个重要原因就是它们首先掌握和运用了先进的科学技术，在经济上、军事上对其他国家形成了压倒性的优势。中国在近代以后所以屡屡遭受西方列强的侵略和蹂躏，除了腐朽的政治统治这个原因，经济技术落后是一个重要的原因。这个历史教训，我们永远不要忘记。如果我们不紧紧跟上科技进步的时代潮流，不下大力气努力提高我国的科学技术水平，就会落后。一旦发生什么事情，就会陷入被动挨打的境地。”① 1999 年 9 月 18 日，江泽民在表彰为研制“两弹一星”作出突出贡献的科技专家大会上，发表讲话说：“我国‘两弹一星’事业的伟大成就，令全世界为之赞叹。”“‘两弹一星’事业的发展，不仅使我国的国防实力发生了质的飞跃，而且广泛带动了我国科技事业的发展，促进了我国的社会主义建设，造就了一支能吃苦、能攻关、能创新、能协作的科技队伍，极大地增强了全国人民开拓前进、奋发图强的信心和力量。‘两弹一星’的伟业，是新中国建设成就的重要象征，是中华民族的荣耀与骄傲，也是人类文明史上的一个勇攀科技高峰的空前壮举。……实践证明，在物质技术基础比较落后的条件下发展科技事业，必须坚持有所为有所不为的原则，集中力量发展那些一旦突破就能对经济发展和国防建设产生重大带动作用的关键科学技术，这样才更有利于赢得时间，缩小同发达国家的差距，并且首先在一些重点领域力争尽快进入世界高新科技发展的前沿阵地。”② 江泽民这段讲话既阐述了以“两弹一星”为代表的中国尖端科学技术成功的重大意义，同时也正是对“优先发展科学技术是我国科技发展的重要经验”最好的诠释。

（三）应对发达国家经济和科技优势压力的迫切需要

我们所处的时代是一个新旧世纪交替的重要历史时期，我们面临的世界是一个多极的、充满了矛盾和竞争的世界。全球性的科技革命浪潮给我国带来机遇的同时，又面临着一系列严峻的挑战。面对这种形势，如果我们不能迎头赶上知识经济的潮流，将会再一次拉大与发达国家的差距，这种差距就

① 江泽民：《论科学技术》，中央文献出版 2001 年版，第 120～121 页。
② 江泽民：《论科学技术》，中央文献出版 2001 年版，第 163～165 页。

像农业经济与工业经济的差距一样，不是量的差距，而是质的差距，这是一场决定我们国家前途和命运的新的国际竞争。

党的领导人正视中外科技差距和来自发达国家的压力，从提高我国的国际综合竞争力的高度，号召加快发展科学技术。江泽民认为，世纪之交，世界经济发展的一个明显趋势，就是科学技术发展日新月异，科技在经济发展中的作用越来越大。这一趋势的主要特点，一是以信息技术为主要标志的高新技术革命来势迅猛，高科技向现实生产力的转化越来越快，高新技术产业在整个经济中的比重不断增加；二是经济与科技的结合日益紧密，国际间科技、经济的交流合作不断扩大，产业技术升级加快，国际经济结构加速重组，科技、经济越来越趋于全球化；三是科技革命创造了新的技术经济体系，产生了新的生产管理和组织形式，推动了世界经济的增长；四是各国更加重视科技人才，教育的基础作用日益突出。面对这样的形势，各国特别是大国都在抓紧制定面向21世纪的发展战略，抢占科技和产业的制高点。因此他提出："世界在变化，我们的思想和行动也要随之变化。我们要充分估量未来科学技术，特别是高技术发展对综合国力、社会经济结构和人民生活的巨大影响，以科学的态度和方法，认真对待新技术革命给我们的挑战和机遇，顺应潮流，乘势而上，把我国的科学技术搞上去，把经济建设和各项社会事业搞得更好。"①

（四）促进社会精神文明建设的重要基石

科学技术是现代社会生产力中最活跃的因素，也是决定性因素，它的发展和进步不仅是物质文明的一个重要标志，而且是推动社会精神文明建设的强有力手段。历史上，每一次科学技术革命都会带来社会生产力的大发展，人们精神面貌的大改观，从而成为各个历史时期思想解放的先导，哲学或世界观革命的重要源泉。在工业经济占主导地位的时代，人们的精神需求高于农业经济占主导地位的时代；在知识经济占主导的时代，人们的精神需求又高于工业经济占主导地位的时代。人们精神需求的这种丰富、提升过程，与不断发展、前进的科学技术的推动是分不开的。在社会主义初级阶段的中国，科学技术的发展与世界科技潮流开始相融汇，对精神文明提出了更高的要求。改革开放后，邓小平十分重视我国社会主义的两个文

① 江泽民：《论科学技术》，中央文献出版2001年版，第101页。

明建设。他反复强调："我们要在建设高度物质文明的同时，提高全民族的科学文化水平，发展高尚的丰富多彩的文化生活，建设高度的社会主义精神文明。"①

江泽民继承并进一步发展了这一思想。1996 年 2 月，江泽民在接见全国科普工作会议代表的讲话中指出："我们不仅要靠科学技术提高物质文明的发展水平，而且要依靠科学技术的力量推进社会主义精神文明建设。"② 同年 5 月，在中国科协第五次全国代表大会上，江泽民进一步提出了科学技术是精神文明建设的重要基石论断。江泽民的这些论断准确而精辟地揭示了科学技术同思想道德观念、文化建设的关系，确立了科学技术在我国社会主义精神文明建设中的特殊地位和作用，也表明了科学技术是发展先进文化的基础工程。总之，科学技术为社会主义精神文明建设提供强大的物质基础，科学技术的进步有助于提升科学精神，有助于社会形成良好的学科学、用科学气氛，有助于人们树立正确的世界观、人生观、价值观。正因为如此，江泽民要求，必须坚持科技优先发展，大力弘扬科学精神，用现代科技知识武装人们的头脑。

综上所述，科学技术是现代经济社会发展的决定性因素，它的发展关系到我国的民族振兴和社会主义的前途命运。党的第三代领导集体依据马克思主义基本原理和邓小平科技是第一生产力的思想，以其敏锐的战略眼光，强调了优先发展科技的战略意义。并提出了，科技工作要面向经济建设主战场，把经济建设转移到依靠科技进步和提高劳动者素质的轨道上来，没有现代科学技术，就没有社会主义现代化等观点。

三、科学技术优先发展思想的实践拓展

正确处理好科学技术对社会发展的关系，就必须把科学技术放在经济社会的优先发展战略地位来考虑，而科学技术的发展离不开经济建设的主战场；同样，经济的发展也离不开科技进步和高素质的劳动者。这关系到我国现代化目标能否实现，关系到社会主义的前途和命运。

---

① 《邓小平文选》第 2 卷，人民出版社 1994 年版，第 208 页。
② 江泽民：《论科学技术》，中央文献出版社 2001 年版，第 68 页。

(一) 科技工作要面向经济建设主战场

当今科学技术已渗透到政治、经济、军事、文化等各个领域和人类生活的方方面面，但这一切变化主要是科学技术推动经济发展的结果。因此，科学技术在经济建设中的地位问题，是一个关系国家发展和民族振兴的重大问题。将科学技术与经济建设密切的结合起来，“科技工作面向经济建设主战场”。这表明了我们党对科学技术本质功能和科学技术自身发展规律的认识价值达到了一个新的高度。

十一届三中全会以后，百废待兴的国情对科学技术的需求日益凸显出来。邓小平敏锐地观察到这个问题。1980 年，他在《目前的形势和任务》指出：“科学技术主要是为经济建设服务的。”① 1985 年 3 月，在全国科学技术工作会议上进一步地提出要进一步解决科技和经济结合的问题，指出解决科技与经济脱节问题的根本出路在于改革体制。20 世纪 90 年代初，党的第三代领导人在继承邓小平科学技术思想的基础上，明确提出了“科学技术工作必须面向经济建设”，“科技工作要始终把经济建设作为主战场”。② 等观点，为优先发展科学技术战略的进一步落实，拓展了丰富的理论内涵。

1991 年 5 月 23 日，江泽民在中国科学技术协会第四次全国代表大会上讲话，提出 90 年代我们的科技工作必须取得重大进步的几个方面，其中第一点就是“面向经济建设主战场，运用现代科学技术，特别是以电子学为基础的信息和自动化技术改造传统产业，使这些产业的发展实现由主要依靠扩大外延到主要依靠内涵增加的转变，建立节耗、节能、节水、节地的资源节约型经济”。③

1992 年 10 月，党的十四大报告中指出：“科技工作要面向经济建设主战场，在开发研究、高新技术及其产业化、基础性研究这三个方面合理配置力量，确定各自攀登高峰的目标。”“通过深化改革，建立和完善科技与经济有效结合的机制，加速科技成果的商品化和向现实生产力转化。”④

1995 年，中共中央、国务院作出《关于加速科学技术进步的决定》，进

① 《邓小平文选》第 2 卷，人民出版社 1994 年版，第 240 页。
② 江泽民：《论科学技术》，中央文献出版社 2001 年版，第 52 ~ 53 页。
③ 江泽民：《论科学技术》，中央文献出版社 2001 年版，第 21 ~ 22 页。
④ 《江泽民文选》第 1 卷，人民出版社 2006 年版，第 233 页。

一步把新时期我国科技工作的基本方针概括为四句话：“坚持科学技术是第一生产力的思想，经济建设必须依靠科学技术，科学技术工作必须面向经济建设，努力攀登科学技术高峰。”于是，“科技工作必须面向经济建设”的思想，变成了党和国家的重大决策，化作了广大科技工作者的努力方向。

把经济建设确定为科学技术的主战场绝不是权宜之计，而是一个长远的战略方针。因此，必须正确处理好面向经济建设与提高科学技术水平的关系。江泽民认为：“目前，我国经济还不发达，技术、经济水平不高，发展也很不平衡。科学技术作为推动经济和社会发展的关键因素，首先要为解决经济和社会发展的热点、难点、重点问题作出贡献；同时，为保持经济和社会的持续发展，科学技术又要超前于经济和社会的发展，进行研究开发，为未来的发展提供动力、储备后劲。”① 从这段论述中，我们不难得出这样一个结论，即科技工作要始终把经济建设作为主战场，把攻克国民经济发展中迫切需要解决的关键问题作为主要任务，同时又要加强基础研究和高技术研究，因为加强基础研究是为未来经济发展提供科技动力和成果储备，而高技术及其产业的发展，对增强我国经济实力、提高综合国力和提高劳动生产率将起着关键的作用。

在党的优先发展科学技术战略指导下，我国科学技术在通过实施重点基础研究计划、863 计划、科技攻关计划、火炬计划、星火计划、成果推广计划以及国家重大科学工程建设、国家重点实验室建设、国家工程（技术）研究中心建设、国家重点工业性实验等一系列重大科技计划，科技工作基本形成面向经济建设主战场、发展高新技术及其产业、加强基础研究三个层次的战略格局，科技进步在经济社会发展中的作用日益增强，科技发展为促进经济建设和社会进步作出了突出贡献，科学技术也在经济发展的浪潮中取得了丰硕的成果。

（二）把经济建设转移到依靠科技进步和提高劳动者素质的轨道上来

“把经济建设转移到依靠科技进步和提高劳动者素质的轨道上来”是科学技术优先发展战略的必然要求和根本目的。这是党在新的历史条件下的战略决策，它回答了党的工作重点转移到以经济建设为中心后，中国如何建设现代化的问题。

---

① 江泽民：《论科学技术》，中央文献出版社 2001 年版，第 53 页。

从国内实际情况来看。改革开放二十多年来，我国经济建设和科技进步都取得了巨大成就。但应清醒地看到，新中国成立以来，虽然经过几十年的经济建设，综合国力有了很大的增强，但人口多、底子薄，人均资源不足，生产力相对不发达，经济效益低下；劳动者素质和科技创新能力低下，已经成为制约我国经济发展和国际竞争能力增强的一个重要因素。另外，中国是世界上最大的发展中国家，如果仅仅靠利用自己的廉价劳动力、消耗自然资源、依赖外国现成的技术产品来发展经济，而不是努力提高本民族的科学文化素质、努力提高本国的知识创新和技术创新能力，那就会在国际经济竞争中始终处于被动和依附的地位，必然进一步拉大同发达国家的发展差距。

从世界经济发展趋势来看。科学技术在经济发展中的作用越来越大，电子信息、生物工程和新型材料等一系列高新科学技术的重大突破和发展，将给整个人类社会的生产和生活方式带来重大影响。科技与经济一体化发展将大大加速，科技转化为现实生产力的速度将愈来愈快，基础研究、应用研究、技术开发和市场销售之间的结合、交叉将日益紧密，科技与经济的全球化、多元化和超大规模化将日益发展，全球范围内的合作与竞争、交流与限制紧密交织，世界经济、科技和人才的竞争将日益激烈。

面对这样的形势，党和国家领导人认识到问题的实质。党的十二大提出，把全部经济工作转到以经济效益为中心的轨道上来；党的十三大提出，使经济建设转到依靠科学技术进步和提高劳动力的素质上来；党的十四大进一步强调，努力提高科技进步在经济增长中所占的含量，促进整个经济由粗放型经营向集约型经营转变；1995 年 9 月，中共十五届四中全会通过的《关于制定国民经济和社会发展“九五”计划和 2010 年远景目标的建议》明确提出：实现今后十五年的奋斗目标，关键是实现两个具有全局意义的根本性转变，一是经济体制从传统的计划经济体制向社会主义市场经济体制转变，二是经济增长方式从粗放型向集约型转变。十五大报告正式提出“要充分估量未来科学技术特别是高技术发展对综合国力、社会经济结构和人民生活的巨大影响，把加速科技进步放在经济社会发展的关键地位，使经济建设真正转到依靠科技进步和提高劳动者素质的轨道上来。”① 至此，党依靠科技进步来改变经济增长方式的理论和方略已臻成熟。

---

① 《江泽民文选》第 2 卷，人民出版社 2006 年版，第 25 页。

“把经济建设真正转移到依靠科技进步和提高劳动者素质的轨道上来”是实现经济增长方式由粗放型向集约型转变的关键。“党的十一届三中全会决定全党工作重点转移到社会主义现代化建设上来，这是一次具有战略意义的转变。把经济建设真正转移到依靠科技进步和提高劳动者素质的轨道上来，是十一届三中全会决定的工作重点转移的进一步深化，是把这个转移推到一个更高的阶段，同样具有战略意义。如果说，把全党工作重点转移到以经济建设为中心的轨道上来保证了第一步战略目标的实现，那么，我们把经济建设进一步转移到依靠科技进步和提高劳动者素质的轨道上来，必将保证第二步战略目标的胜利实现，同时将为实现第三步战略目标奠定坚实的基础。”① 江泽民在1991年5月科协第四次全国代表大会的讲话，充分代表了党中央优先发展科学技术，依靠科技进步和提高劳动者素质来加快现代化建设的决心。

（三）用现代科学技术推动中国现代化进程

1990年5月，中共中央、国务院召开科学家座谈会。江泽民在会上明确指出：“中国要振兴，必须充分认识科学技术的伟大作用，应该紧紧抓住当前新科技革命提供的机会。可以说，没有现代科学技术，就没有社会主义现代化。”② 江泽民这一论述，从现代化建设的本质，深刻地揭示了在新的历史时期，中国优先发展现代科学技术的重要性和紧迫性。

新中国成立后，中国共产党为了迅速改变一穷二白的落后状况，提出了建设一个强大的工业化国家的历史任务，定了12年科技远景发展规划。在“技术革命”思想的指导下，党的第一代领导集体绘制了“四个现代化”宏伟蓝图，并提出了“我们要实现农业现代化、工业现代化、国防现代化和科学技术现代化，把我们祖国建设成为一个社会主义强国，关键在于实现科学技术的现代化。”③ 的论断。然而，党的第一代主要领导建立社会主义制度之后，没有把自己的精力始终放在通过科学技术来推进生产力发展上，而更多地是脱离生产力发展的基础去完善生产关系、大搞阶级斗争，从而使社会主义的发展步入误区，没有能够把科技革命所带来的新的科技成果应用于社会主义建设中，从而使社会主义现代化建设也只是停留在空洞的口号上。

---

① 江泽民：《论科学技术》，中央文献出版社2001年版，第21页。

② 《人民日报》，1990年5月31日。

③ 《周恩来选集》（下卷），人民出版社1984年版，第412页。

当历史的车轮驶进二十世纪80年代，整个世界社会主义运动却陷入了困境，步入了停滞阶段，而科技革命的发展却一如既往、突飞猛进。严峻的现实使得党的第二代领导人开始深刻反思社会主义发展的经验教训，并将目光再次关注到科学技术对社会主义运动的巨大推动作用上。早在1978年，邓小平在全国科学大会上，重申了科学技术现代化在“四个现代化”的关键地位，强调“没有科学技术的高速发展，也就不可能有国民经济的高速度发展。”为了实现中国现代化建设的根本任务，党的十三大提出了国民经济发展的“三步走”的战略目标。1988年，邓小平同志结合建国以来经济发展的历史教训和新科技革命所带来的新变化，以深邃的战略眼光作出“科学技术是第一生产力”的科学论断。把科学技术作为第一位因素，这是对一百多年来我国现代化探索进程中的经验教训的理论总结，是对当代科技革命最深刻的理论回应。

进入20世纪90年代，世界科技发展出现了新动向，知识经济初见端倪，向世界各国提出了严峻挑战。党的第三代领导人从优先发展科学技术战略的角度对社会主义前途命运进行了再思考。江泽民指出：“世界科学技术正在经历一场巨大的革命。科学技术的实力越来越决定着一个国家综合国力的强弱和国际地位的高低。科学技术的迅猛发展正在给人类的生产、生活方式带来深刻的变化。”并进一步明确：“没有强大的科技实力，就没有社会主义的现代化。”① 因此，他要求全党全国人民要有清醒的认识，增强紧迫感、危机感，坚持把科技和教育摆在经济社会发展的重要位置，充分发挥它们在经济发展和社会进步中的巨大推动作用。江泽民认为：“这是我们建设社会主义现代化强国的历史使命所要求的紧迫任务，也是我们深入总结历史经验和全面观察世界经济、科技发展趋势所得出的必然结论。”② 江泽民在不同场合多次强调科学技术在社会主义现代化建设中的重要作用，他说：“当今世界各国综合国力竞争的核心，是知识创新、技术创新和高技术产业化。我们要在未来的国际竞争和复杂的国际斗争中争取主动，要维护我们国家的主权和安全，必须大力发展我国的科技事业，大力增强我国的科技实力，从而不断增加我

① 江泽民：《论科学技术》，中央文献出版社2001年版，第51页。

② 江泽民：《论科学技术》，中央文献出版社2001年版，第64页。

国的经济实力和国防实力。”①

面对世界性的新科技革命和知识经济对发展中国家提出的严峻挑战，作为社会主义大国的中国，如何及时把握当前新科技革命提供的历史发展机遇，这对于未来世界社会主义运动的复兴和中国社会主义现代化建设第三步战略目标的顺利实现，意义十分重大。为此，党的第三代领导人得出的结论，就是必须坚定不移地优先发展科技，依靠科技进步来巩固社会主义，推动社会经济的发展。这是对马克思科技思想的继承与创新，同时也为21世纪前后，党的科技思想的丰富与发展，奠定了坚实的理论基础。

第二节 科教兴国战略与实践

科教兴国战略是党的第三代领导核心在深刻分析世界科技革命发展趋势和我国现代化建设实际情况的基础上作出的重大决策。科教兴国作为我国的一项基本国策，是1995年5月6日在中共中央国务院《关于加速科学技术进步的决定》中第一次正式提出的，并在党的十五大进一步重申实施的战略选择。科教兴国战略是科技第一生产力思想的升华，构成了党的第三代领导核心科技思想的重要内容。

一、科教兴国的历史沿革与现实背景

实施科教兴国战略是我们党在世纪之交的一项重大战略决策，是我国现代化建设中一项十分艰巨和紧迫的战略任务。科教兴国战略的提出，不是偶然的，这是中华民族自鸦片战争以来对现代化道路不懈探索的结果，也是新中国成立50年来社会经济发展正反两方面实践经验的总结。

中华民族在鸦片战争后的百余年间之所以屡遭帝国主义侵略，除了社会制度腐败等原因以外，一个重要的原因就是科技和教育的落后。许多仁人志士认识到发展科学技术和教育的重要性，从而走上了科学救国的道路。先后历经了“兴办洋务”、“改革教育”和“倡导科学”等尝试，力图通过发展科

① 江泽民:《论科学技术》，中央文献出版社2001年版，第145～146页。

学技术与教育来拯救中国。尽管他们的愿望在旧中国未能实现。但是他们的工作是极其重要的，其“科学救国”、“教育救国”思想作为中国近代科技史上重要的观念之一，成为中国共产党科教兴国思想产生的历史渊源。

1949年中华人民共和国诞生，以毛泽东为核心的新中国第一代领导人，在探索社会主义道路的实践中，积极推动科教事业的发展，使百余年来无数志士仁人富强祖国、振兴中华的追求和理想真正付诸实践，几个世纪以来一直在衰落的中国文明开始复兴。建国初期，围绕科学为人民服务的宗旨，通过团结、改造和培养，使中国的科技队伍得到了迅速恢复和壮大。在毛泽东的“向科学进军”号召和“技术革命”思想指引下，第一个科技发展规划制定并实施，我国的科学技术和教育水平得到长足的发展，在较短时间内使尖端技术的“两弹一星”取得成功，威震世界。但在究竟如何看待科学技术与教育在中国社会主义建设中的地位和作用问题上，党的第一代主要领导人在认识上经历了曲折和反复，导致了一段时期中国科教事业曲折前进的历史，使科教兴国未能形成一种战略。

1976年10月，结束了“文化大革命”十年动乱，中国社会主义建设开始进入新的历史时期。以邓小平为核心的新中共第二代领导人，为了实现把中国建设成为现代化的社会主义强国的总任务。在百废待兴的形势下，从科教战线的拨乱反正入手，全面地认真地纠正“文化大革命”中及其以前的“左”倾错误。1977年8月8日和9月19日邓小平在同科教战线负责人的两次谈话中，全面肯定了建国后17年科技、教育两条战线所取得的成绩，提出全党上下都要尊重知识、尊重人才。1978年，在全国科学大会上邓小平提出了发展科学技术，不抓教育不行；科学技术人才的培养，基础在教育等观点，进一步重申了科技和教育在社会发展中的重要地位。党的十一届三中全会胜利召开，提出对外开放和重视科学、教育的方针，80年代初，我国着手进行科研和教育的改革。1983年，邓小平作了“教育要面向现代化，面向世界，面向未来”的题词，为我国的教育改革指明了方向。1988年，邓小平继承了马克思科学技术是生产力理论，提出了“科学技术是第一生产力”论断，并从现代化建设的根本角度谈到：“从长远看，要注意教育和科学技术，否则，我们已经耽误了二十年，影响了发展，还再耽误二十年，后果不堪设想。”①

① 《邓小平文选》第3卷，人民出版社1993年版，第274页。

在1992年南巡讲话中，邓小平再次强调了经济发展必须依靠科技和教育。改开放二十多年间，邓小平虽然未明确提出“科教兴国”的号召，但在其科技思想体系中无不包含着“科教兴国”的重要思想。这为党的第三代领导集体提出符合世界发展潮流的“科教兴国”战略，打下了基础。

二十世纪80年末，世界性的知识经济初见端倪，人类正在经历一场全球性的科学技术革命。科学技术向生产力的转化速度更为迅速，知识的传播更加快捷。科学技术和教育的发展方向，不仅向微观深入，而且更加宏观系统，走向复杂化、综合化和国际化。科学技术和教育的作用越来越表现为经济增长、社会发展和文明进步的主要推动力，从而引起了世界各国政府的高度重视。

但是我国教育发展速度和科技水平整体上仍处于比较落后的状态，与发达国家相比还存在相当大的差距，科技教育事业发展中存在许多问题。一是一些关键知识和技术，我国还没有掌握或取得突破。一些如航天科技、核能技术、高温超导输电技术等仍掌握在少数发达国家手中，这些国家对我国实行知识封闭，这使得我们在许多方面处于被动和不利地位；二是科技体制仍存在许多问题，科研成果转化率低。目前我国科技对经济增长的贡献率仅为30%左右，虽然我国科研成果近年来取得很大进展，但由于科技体制中的许多关系仍未理顺，许多成果转化利用率只有25%左右，大量科研成果闲置和浪费。三是全民科技意识淡薄，国民整体素质低。国民科教意识的强弱，决定着国家各项事业的发展。据不完全统计，在中国，企业界仅有10%对企业进步有危机感，绝大多数国有企业缺乏依靠科技求发展的长远战略思想。我国文盲、半文盲率为20%左右，而对教育投入的人均水平远低于世界平均水平，严重制约科技教育事业发展和社会全面进步。四是我国总体科技水平落后于工业发达国家近二十年，科技总体竞争实力也相当落后；从1996年度世界竞争力报告的结果看，我国科技国际竞争力在46个国家和地区中综合排名第28名。这一排名低于许多发展中国家和地区。在参加比较的11个亚洲国家和地区中，排名第7，低于日本、新加坡，在同拉美国家对比中，也低于智利。这表明，作为一个国内经济实力、国际竞争力排名世界第2位的大国，科学技术国际竞争力水平与之并不相称。以这样的科技和教育现状去追赶“知识经济”已见成效的发达国家，恐怕只能是一句空话。

尊重历史，尊重现实，是创造出科学的、实事求是思想理论的必要前提。党的第三代领导集体提出的科教兴国战略思想，正是建立在历史沿革和二十世纪 80 年代末不断发展变化的国内国际现实的基础上而形成的。1995 年 5 月，江泽民在全国科学技术大会上正式作出实施科教兴国战略的重大决策。在九届全国人大会议上，朱镕基总理郑重宣布："科教兴国是本届政府的最大任务"，把实施科教兴国上升为国家战略。

二、科教兴国提出的理论基础

科教兴国战略是跨世纪党的主要领导人深刻洞察世界科技发展趋势，根据中国的现实情况及时提出的。它既是中国历史发展的必然选择，也是党的领导人科技思想在实践层面上的重大创举，因此科教兴国战略有着丰富的思想理论基础。

（一）马克思科技与教育的学说是科教兴国的理论来源

在马克思看来，科学实际上是人们对自然规律的认识，属于知识形态，是潜在的生产力，是社会发展的一般精神成果；技术是自然科学知识在生产实践中的具体运用和发展，泛指各种工艺操作方法、技术装备和生产技能等，最终转化为物质形态，是直接的生产力。马克思早就指出，科学技术是生产力，生产力中也包括科学。"科学这种既是观念的财富同时又是实际财富的发展，只不过是人的生产力的发展所表现的一方面、一种形式，社会生产力不仅以物质形态存在着，而且也以知识形态存在着，科学技术就作为知识形态的社会生产力，劳动生产率的提高取决于科学和技术的水平"①，并且反复地论证了劳动生产力是随着科学技术的不断进步而不断发展的，生产力的迅速发展归根到底来源于智力劳动，特别是自然科学的发展。马克思通过对教育与社会经济关系的考察，精辟地论述了教育在社会生活中的作用。首先，马克思认为，教育是劳动力再生产的重要手段，教育能全面发展人的劳动能力，使人的体力劳动能力和智力劳动能力都得到发展，从而提高劳动力的质量。其次，教育是科学知识再生产的极其重要的途径，教育的发展促进科学技术的进步，进而推动社会的发展。再次，教育具有经济效益。大量的事实已证明，科学技术的进步，教育发展必然会带来社会的长足发展。因此，马克思以上的学说，是科教兴国战略的理论来源。

---

① 赵旭东：《技术革命对国家的影响》，上海人民出版社 1998 年版。

(二)“科学技术是第一生产力”是科教兴国的理论核心

在人类发展历史上经历了知识就是力量、科学技术是生产力、科学技术是第一生产力几个不同的发展阶段。而每一个发展阶段，都对科技教育的发展和社会进步产生了巨大的促进作用。

马克思根据生产力的三个构成要素，提出了“劳动者是首要生产力”的论断。邓小平在对当代社会科学技术在生产力发展中所起的作用进行研究的基础上提出了“科学技术是第一生产力”的论断，它是对马克思关于生产力理论的继承、补充和发展。在“科学技术是第一生产力”的论断中，劳动者仍然是生产力的三要素中首要的因素，是生产力诸要素中最积极最活跃的因素，否则，不可能有什么第一生产力。但劳动者作为首要的生产力，必须掌握现代科学技术，否则就难以发挥首要生产力的作用，甚至不能成为现实的生产力，而且科学技术要成为第一生产力，也必须为劳动者所掌握。所以，发展教育就成为提高劳动者科学文化水平的根本途径。对于即将到来的知识经济时代，国家的综合国力和国际竞争能力将越来越取决于教育发展、科学技术和知识创新的水平。因为传统的经济增长理论认为：决定经济增长的主要因素是物质资本的投入和劳动力投入，认为物质是稀缺的，注重劳动力、资金、原材料和能源的开发和利用，知识和技术则被视为影响生产的外部因素。现代新经济增长理论认为：人力资本投入是现代社会经济迅速增长的主要因素，知识是提高劳动生产率和实现经济增长的主要驱动力。当代社会推动经济增长的关键因素是人类创造的知识和技术，发达国家和发展中国家经济发展水平的差异主要因素在于人力资本。人力资本理论的奠基人舒尔茨认为，人的素质的改善是促进国际经济增长的主要原因。所以，对知识的投资就可以出现“收益递增”的现象，从而实现国家经济增长的可能性。在未来经济增长中，知识将成为衡量综合国力的主要因素，知识创新已成为国民经济可持续发展的基石。因此，在当今社会科学技术对第一生产力和经济发展的推动，越来越依赖于教育的作用。从以上的分析，可以看出，党提出的“科教兴国”战略是以邓小平“科学技术是第一生产力”理论为依据和基础的，而“科教兴国”战略又是“科学技术是第一生产力”的具体内容和表现。这就是科教兴国战略与科技第一生产力思想的基本关系。

(三)“抓科技必须同时抓教育”是科教兴国的理论依据

发展经济和社会进步，必须依靠科学技术。但是，科学技术的发展，有赖于发达的教育为科学技术的发展培养人才和提高全民族的素质。1977 年，刚刚复出的邓小平在与中央同志的谈话中指出，“抓科技必须同时抓教育”。在科学和教育工作座谈会上提出了我国要赶上世界先进水平，必须“从科学与教育着手”的著名观点。科学技术的载体是人才，而人才的培养靠教育，邓小平一直从这个角度来观察科技生产力的影响和意义，揭示了经济→科技→人才→教育的因果关系，指出教育是科技发展的关键因素，没有教育，没有人才，也就没有科技生产力。面对我国科技队伍青黄不接的局面，复出前后的邓小平，心急如焚，提出依靠教育加速培养青年科技人才的任务。他强调：“我国科学研究的希望，在于它的队伍有来源。科研是靠教育输送人才的，一定要把教育办好，我们要把从事教育工作的与从事科研工作放到同等重要的地位，使他们受到同样的尊重，同样的重视。”① 邓小平还认为科学的未来在于青年，因此，各行各业都要支持教育事业，大力培养年轻一代的科技人才。现在，国际间的激烈竞争，表现为以综合国力为基础的经济竞争，这实际是科学技术的竞争，归根到底是教育的竞争和掌握高新技术的人才竞争。因此，教育是科技发展的希望所在，是国家兴旺发达的希望所在，必须从战略高度重视教育。这就要求我们在现代化建设的三步走过程中，势必要把提高全民族的科学素质置于优先关注的地位，势必强调教育事业在现代化建设中的战略地位和作用。教育和科技成为国家富强、民族兴旺的两翼，二者相互融合，迸发出巨大能量。科技与教育“同时抓”的思想正确认识到了科技与教育的内在联系，意识到了“教育是科技之母”，是科教兴国战略提出的又一理论基础。

三、科教兴国的理论内涵

1995 年 5 月 6 日，中共中央、国务院发布了《关于加速科学技术进步的决定》（以下简称《决定》），并于 5 月 26 日至 30 日，召开了全国科技大会。江泽民在大会上作了题为《实施科教兴国战略》的重要讲话，向全党全国人民发出了坚定不移地实施科教兴国战略的伟大号召。

《决定》阐述了科教兴国战略的基本含义：“科教兴国，是指全面落实科

---

① 《邓小平文选》第 2 卷，人民出版社 1994 年版，第 50 页。

学技术是第一生产力的思想，坚持教育为本，把科技和教育摆在经济、社会发展的重要位置，增强国家的科技实力及向现实生产力转化的能力，提高全民族的科技文化素质，把经济建设转移到依靠科技进步和提高劳动者素质的轨道上来，加速实现国家的繁荣强盛。实施科教兴国战略是我们党在世纪之交的一项重大战略决策，是我国社会主义现代化建设中一项十分艰巨和紧迫的战略任务。”①《决定》对我国新时期科技工作的大政方针战略部署作了提纲挈领的论述和规定，其主要内容大体上可以概括为7个要点：

第一，明确提出了科教兴国战略。实施科教兴国战略，就是全面落实科学技术是第一生产力的思想，坚持教育为本，把科技和教育摆在经济、社会发展的重要位置，增强国家的科技实力及向现实生产力转化的能力，提高全民族的科技文化素质，把经济建设转到依靠科技进步和提高劳动者素质的轨道上来，加速实现国家的繁荣富强。

第二，规定了深化科技体制改革的具体目标。深化科技体制改革的重点是调整科技系统的结构，分流人才。要真正从体制上解决科研机构重复设置、科技与经济脱节的状况，加强企业技术开发力量。到本世纪末，初步建立适应社会主义市场经济体制的科技体制，在全社会形成各类科技力量合理配置、科学分类、优势互补、有机结合的科技进步体系。到2010年，使基本建立的新型科技体制更加巩固和完善，实现科技与经济的有机结合。

第三，强调依靠科技进步发展国民经济，提高经济质量，增强发展后劲。科技工作要始终把经济建设作为主战场，把攻克国民经济发展中迫切需要解决的关键问题作为主要任务。把农业科技摆在科学技术工作的突出位置，推动传统农业向高产、优质、高效的现代农业转变；提高工业增长质量和效益、实现工业现代化，加快发展高新技术产业；把提高自主创新能力和经济竞争力、掌握知识产权、实现产业化作为主要目标；要切实加强基础性研究，按照“有所为、有所不为”的原则，瞄准国家目标和世界科学前沿，努力攀登科学高峰。

第四，提出必须建设高水平的科技队伍，提高全民族科技文化素质。实施科教兴国的战略，关键是人才，加速培养优秀科技人才是一项十分紧迫的

① 中共中央文献研究室编：《十四大以来重要文献选编》（中），人民出版社1997年版，第1314页。

战略任务。要认真贯彻中共中央、国务院1993年颁布的《中国教育改革和发展纲要》，大力发展教育事业。根据科技发展的趋势和四个现代化的要求，深化教育体制改革，发挥高等教育及其他各类教育在培养科技人才方面主渠道作用，造就大批德才兼备的科技后备力量。

第五，提倡多渠道、多层次地增加科技投入。科技投入是科技进步的必要条件，是实施科教兴国战略的基本保证。必须采取有力措施，调整投资结构，鼓励、引导多渠道、多层次地增加科技投入。要增大财政科技投入，运用经济杠杆和政策手段，引导和鼓励各类企业增加科技投入，使其逐步成为科技投入的主体，要拓宽科技融资渠道，大幅度增加科技贷款规模。

第六，提倡自主研究开发与引进先进技术相结合。国际科技合作与交流要把推动经济、社会各领域的科技进步和为经济建设服务作为首要目标。在学习、引进外国先进技术的同时，坚持不懈地大力提高国家的自主研究开发能力。

第七，要求切实加强党和政府对科技工作的领导。为了加强宏观决策管理，设立国家科技领导小组。各地、各部门党政第一把手都要亲自抓。国务院和省级政府每年至少要召开两次会议专门研究科技工作，切实解决科技工作中的实际问题。在制定和实施国民经济和社会发展计划及相关政策中，真正把科教兴国战略落到实处。

为了贯彻落实《决定》的精神，在全国形成实施科教兴国战略的热潮，党中央、国务院于1995年5月26日到30日召开了全国科学技术大会、这是继1956年党中央发出“向科学进军”的伟大号召，并制定了第一个长期的全国科学技术发展规划和1978年召开全国科学大会之后，我国科技发展史上非常重要的会议。江泽民在会上做了重要讲话。他代表党中央、国务院，号召全党和全国人民，全面落实邓小平科技是第一生产力的思想，积极投身于实践科教兴国战略的伟大事业。李鹏、朱镕基也就加快科技成果转化、编制“九五”计划中落实科教兴国战略等问题在会上发表讲话。

江泽民指出，我们要探索一条具有中国特色的科技进步道路，需要进一步明确关系科技工作全局的几个问题：第一，关于科技与经济的结合；他提出要正确处理面向经济建设与提高科技水平的关系。第二，关于近期目标和长远目标；他说，科技工作要把攻克国民经济发展中迫切需要解决的关键问题作为主要任务。同时要目光远大，加强基础研究和高技术研究，确定有限目标，突出重点，才能有所作为。第三，关于自主研究与引进国外先进技术；他指出，科学技术，总要同世界各国如切如磋，如琢如磨，才能取得更快更大的进步，但必须认识到最先进的技术是买不来的。创新是一个民族进步的灵魂，是国家兴旺发达的不竭动力、一个没有创新能力的民族，难以屹立于世界先进民族之林，我们必须在科技方面掌握自己的命运。第四，关于市场机制与宏观管理的结合；江泽民强调，在社会主义市场经济体制下，二者是科技进步不可缺少的手段。第五，关于自然科学与社会科学的结合；提出科技人员要学习社会科学知识，社会科学工作者要学习自然科学知识。江泽民还就培养大批德才兼备的科技人才和加强党对科技工作的领导做了进一步阐述①。这个讲话，进一步明确了关系科技工作全局的重大问题，实际上是为落实科教兴国战略而在科技政策上的综合阐述，是有关党的科技政策的一份纲领性文献，也是对邓小平科技思想的丰富和发展，具有重大的理论意义和实践意义。

总之《决定》的颁布和江泽民在科技大会上的讲话全面阐述了科教兴国的伟大战略，从而把以往对科学技术和教育在经济发展和社会进步中的地位和作用的认识提升到一个新的高度，使之系统化、完整化、纲领化。《科技日报》发表社论《科技事业发展的第三座里程碑》，盛赞这次大会是“继 1956 年知识分子问题会议、1978 年全国科技大会以来我国科技事业发展的第三座里程碑。”②

四、科教兴国战略实施的途径

全面实施科教兴国战略，把社会主义与现代科学技术紧密结合起来，对于加快我国现代化建设步伐，对提升我国的国际地位，具有重大而深远的意义。而科教兴国战略的展开，离不开政府的投入和社会各个方面的配合，离不开全社会力量的参与。

---

① 《江泽民文选》第 1 卷，人民出版社 2006 年版，第 425 ~ 439 页。

② 《科技日报》，1995 年 5 月 26 日。

（一）加大对科技教育领域的投入

人类社会发展史证明，教育与科技是立国之本。而要真正依靠科教，就要增加对科技教育领域的投入，这是实施科教兴国战略的首要前提。1995 年全国科技人会所通过的发展纲要规定，到 2000 年，科技研究开发投入占国民生产总值的 15%。这不是过高的指标，只是发展中国家的平均水平，而实际上 1995 年的研究开发投入国民生产总值的 0.5%，1996 年是 0.48%，这些比例远低于 15%，使科技工作难于发展。1993 年正式颁布的《中国教育改革和发展纲要》规定，到本世纪末，国家财政性教育经费支出占国民生产总值的 4%，这只是发展中国家八十年代的平均水平，实际执行情况是，1995 这个比例只达到 2.46%，教育投入不足一直是长期困扰和严重制约教育事业改革和发展的一个关键问题，已成为科技、教育改革和发展的“瓶颈”。总之是否把科技、教育摆到了战略地位，要看科技、教育经费是否落实，是否做到了在别的方面忍耐一些，甚至于牺牲一点速度，把科技教育问题解决好。朱镕基总理提出的通过精简机构、压缩人员、制止重复建设，把节省下来的钱集中用在“科教兴国”战略的实施上的措施抓住了落实“科教兴国”战略方针的根本，也为解决困扰人们多年的教育投入严重不足问题找到了切实可行的突破口，为科技和教育提供了强有力的支持和经费保障。同时，政府应制定一系列符合市场经济规律和科技发展规律的法律和政策，鼓励社会和企业加大对科技教育领域的投入。

（二）深化体制改革，加强法制建设

实施科教兴国战略，必须深化科技教育体制改革，以促进科技、教育、企业之间的联系与合作。在科技体制改革方面，加强“产学研”结合。要市场需求为导向，以不断创新和实现科技成果价值为目标，从事研究与开发，从根本上解决科技与经济脱节的问题。在教育体制改革方面，要优化教育结构。我国的教育结构在一个较长的历史时期内，形成了单一的普通教育模式，经过改革开放多年的发展。我国的教育模式形成了包括全日制、电大、夜大、自考等多样化的格局。但我国的教育结构体系仍然不能满足社会多层次、多形式、多类型的教育需求。因此，要深化教育管理体制、投资体制、办学体制、内部管理体制及教育教学等方面的改革。开拓多形式、多渠道办学的路子，满足社会对教育的需求，以适应知识经济时代的到来。

实施科教兴国战略，还必须制定、完善有利于科教发展的法律、法规。使其有利于科技进步、科技成果转化、科学决策和科学普及，确保教育优先发展的地位。正如江泽民指出：“我们必须始终坚持把大力发展科学技术，加速全社会的科技进步放在经济社会发展的关键地位。这就需要大力加强科技法制建设，为实施科教兴国战略提供坚实的法治保障。”① 总之，科技教育领域的法制建设对推动科技进步，大力发展教育事业，具有不可替代的重要作用。

（三）倡导科学精神，提高全民族的科学文化素质

实施科教兴国战略的一个重要环节就是坚持不懈地倡导尊重科学、尊重知识、尊重人才的风气、尊师重教的风气。一个民族如果没有崇尚科学、学科学用科学的社会共识、没有科学创新能力、没有振兴科教、振兴经济的时代精神，就难以屹立于世界先进民族之林。因此，要大力传播现代科技知识和科学思想，使公民能感受这种引导现代社会产生最深刻变革的伟大力量，欣赏科学工作者不懈探索未知世界的求知人性，感悟科学的伟大精神价值，自觉地按照科学原理、科学规律办事把科学思想、科学观念作为现代社会的构成要素，培养公众良好的科学素养，大力倡导科学意识消除愚昧、消除那些阻碍社会进步的传统观念，反对封建迷信活动。广大科技、教育工作者要认清自己的光荣而艰巨的历史使命，加强学习，提高自己科技创新能力，弘扬科学精神，争做时代的先锋模范。

实施科教兴国战略还要增强作为决策者的各级领导干部重视科技教育工作的意识，帮助他们树立牢固的科学决策观念。在市场经济条件下，正确把握现代市场经济运行规律，对现代科技发展趋势及未来社会的走向产生一个较为明确而清醒的认识。要自觉地为科教工作者解决工作、学习和生活中的各种实际问题，努力学习现代科学技术知识，牢固树立科教兴国思想，把科教工作摆上议事日程，进一步发展科学民主，建立起有利于人才成长和进步的机制，使大批高素质的科技、教育人才脱颖而出。

知识经济时代是继农业时代、工业时代之后人类社会的一个新时代，它给人类社会的生活、工作和思维方式带来了深刻的变革也带来了挑战。历史

① 江泽民：《论科学技术》，中央文献出版社 2001 年版，第 96 页。

把科技与教育推到了迎接挑战的前台，实施科教兴国战略，迎接知识经济的挑战不仅是历史和民族赋予科教工作者的神圣使命，也正在成为每个中国人的共识，这必将推动我国科教事业的更大发展。

第三节 科学技术与先进生产力

江泽民在庆祝中国共产党成立八十周年大会上的讲话中指出，“科学技术是第一生产力，而且是先进生产力的集中体现和主要标志。”① 这一重要论断进一步科学地揭示了新科技革命条件下科学技术在生产力形成和发展过程中的重要地位与作用，是对马克思主义生产力理论特别是邓小平关于“科学技术是第一生产力”思想的丰富和发展，更是对科学技术发展的时代特点和未来发展趋势的深刻把握，它构成了党的第三代领导科技思想的重要组成部分。

一、科学技术与先进生产力关系的提出

随着以信息技术为代表的当代科技革命的迅猛发展，人类社会开始从工业经济时代向知识经济时代快速推进。与时俱进是马克思主义的理论品质，时代的发展必然要求马克思主义关于科学技术与生产力关系的思想不断创新。江泽民系统地总结了当代科技革命给人类的经济社会生活带来的深刻变革，创造性地提出了“科学技术是第一生产力，而且是先进生产力的集中体现和主要标志”，这一观点是在洞察世界科技发展新趋势，紧密结合中国社会主义现代化建设实际，经过 12 年的酝酿提出的。这一过程大体可划分为两个阶段②。

自 1989 年到 2000 年初为第一阶段，主要是宣传和贯彻“科学技术是第一生产力”的观点。1989 年，党的第三代中央领导核心深刻认识到邓小平“科学技术是第一生产力”论断的理论和实践意义。因此，党的领导人在出席各种全国性的科技会议，会见中外科学家，出访国外发表演讲中，大力宣传

① 《江泽民文选》第 3 卷，人民出版社 2006 年版，第 275 页。

② 崔禄春：《建国以来中国共产党科技政策研究》，华夏出版社 2002 年版，第 202 页。

科技的重要性和邓小平科技生产力观。在党的“十四大”和“十五大”会议上，党中央多次强调要依靠科技、教育振兴中华，提出要把科技放在优先发展的战略地位，把经济建设真正转移到依靠科技进步和提高劳动者素质的轨道上来，并把这一转移称作十一届三中全会上作重点转移的进一步深化。江泽民还提出了科学技术“日益成为现代生产力中最活跃的因素和最主要的推动力量”，“21世纪科技创新将进一步成为经济和社会发展的主导力量”等重要观点。在实践中，为坚决贯彻“科学技术是第一生产力”的思想，重视科技、教育，党中央提出了科教兴国的战略决策。

第二阶段是2000年初到2001年7月1日，正式提出“科学技术是先进生产力的集中体现和主要标志”。2000年2月，江泽民提出“三个代表”之后，《人民日报》等报刊以及科技部门的领导发表了科学技术与先进生产力关系的一些看法。认为科学技术是第一生产力，代表先进生产力的发展要求，就要重视科技创新，重视科技事业的发展。显然，这里都是以如何代表先进生产力发展为主题论证的，而没有以科学技术如何促进先进生产力发展为主题。因此，是不全面的。经过不断地思考和探索，中共第三代领导核心终于在2001年7月1日建党80周年大会上正式提出了“科学技术是第一生产力，而且是先进生产力的集中体现和主要标志”的新观点。

由科学技术是潜在生产力到科学技术是直接生产力，由科学技术是第一生产力到科学技术是先进生产力的集中体现和主要标志，不同时代党的领导人站在时代的高度，科学揭示了科学技术与生产力的内在关系。这一思想的不断演进，展现了一幅实践人类用科学技术推动社会发展的气势恢宏的历史画卷。

二、“科学技术是先进生产力的集中体现和主要标志”内涵

社会生产力的发展是一个继承和积累的历史过程。所谓先进生产力，就是指生产力体系中的先进部分，即在一定社会历史时期，与时代最新的科学技术相结合，能够代表生产力发展的前沿和未来趋势的部分。① 因此，从一定意义上讲，先进生产力是新的科技革命与生产力在新时期不断相互融合、相

① 王克修：《先进生产力论》，湖南人民出版社2002年版，第205页。

互渗透的必然结果。

（一）科学技术是先进生产力的集中体现

生产力包括劳动者、生产工具、劳动对象。由于生产力中人的因素和物的因素，都同一定的科学技术相联系；因此，生产力的先进性就集中体现在各要素中的科学技术含量，以及把生产力各要素组织起来的管理活动等方面。

第一，科学技术发展了劳动者的智力。在生产力中，劳动者是首要的、能动的要素，是具有一定科技知识、生产经验和劳动技能的人。劳动者的智力水平，是科学技术在生产力中的首要表现。尤其在现代，随着科学技术的发展，工人的智力素质明显提高，人类劳动方式也发生了革命性变化。熟练工人不断增加，工业部门中科技人员比重不断提高，在整个人口中科技工作者人数增加，从事简单劳动的人少了，从事复杂劳动和脑力劳动的人多了。这些都说明了科学技术在劳动者智力水平的提高和劳动者队伍智力素质的提高上发挥着越来越重要的作用，集中反映了生产力的先进程度。

第二，科学技术扩大了劳动对象的范围。科学技术对于先进生产力的作用，还集中体现在劳动对象的开发中，主要表现在四个方面：一是勘探和开发自然资源。如我国地质学家李四光在20世纪50年代提出新华夏体系三个沉降带，特别是第二沉降带，是我国战略上找油的远景地带。在这一理论指导下，找到了大庆、胜利、大港油田。二是不断扩大劳动对象。如塑料、合成橡胶、合成纤维等合成材料的涌现，无一不是应用科学的结晶。三是不断揭示物质的各种物理和化学的属性。如石油从用来点灯到制取炸药、糖精、染料、药物、香料、纤维、橡胶、塑料等几百种半成品，完全归功于科学研究的成果。四是促进劳动对象利用率的提高。如综合利用废料、废气、废水，变废为宝，化害为利，都体现了科学技术的进步。

第三，科学技术推动了产生工具的进步。科学技术是先进生产力的集中体现，一个重要因素就是表现为科学技术的飞速发展推动了生产工具的不断改进，从而实现先进生产力对落后生产力的替代。因为，科学技术的进步可以制造出更加先进的机器设备，不断改进生产工具的质量，用先进工艺替代落后工艺。特别是自动化、智能化程度的不断提高，运输工具不断地创新与发展，大大提高了劳动的机械化、自动化程度，劳动工具的科技含量越来越高，把人类从繁重的、重复性的体力劳动中解放出来，成百倍地提高劳动生产率，加速了社会财富的创造。

当今世界，科学技术飞速发展并向现实生产力迅速转化，日益成为现代生产力中最活跃的因素和最主要的推动力量。科学技术为劳动者所掌握，就会极大地提高人们认识自然、改造自然和保护自然的能力；科学技术和生产资料相结合，就会大幅度地提高工具的科技含量。从而提高人们的劳动生产率，就会帮助人们向生产的深度和广度进军。在新的世纪，人类正迎来一个崭新的信息时代，世界的每一个角落正在日益强烈地感受到新科技革命浪潮的冲击。在这个充满竞争、充满挑战、充满机遇的时代，我们要始终把握"科学技术是第一生产力"的观点，不断推动先进生产力的发展。

（二）科学技术是先进生产力的主要标志

人类社会生产力的发展史实质上就是一部科技进步及其应用的历史。科学技术的每一次重大进步，不仅极大地推动了社会生产力的发展，而且愈来愈成为先进生产力的标志，尤其是当代科学技术的突飞猛进，使得科学技术成为先进生产力主要标志的特征越来越明显。具体说来，科学技术是先进生产力的主要标志，主要体现在科学技术决定着先进生产力的性质、方向、结构和水平。

第一，某一时代特定生产力的先进性质是由科学技术决定的。生产力是一个由劳动者、劳动工具与劳动对象以及劳动过程的组织管理等各种要素组成的复杂系统。某一时代特定生产力的先进性质要通过该系统中每个要素的先进性质反映出来。劳动者由"体力型"转变为"知识型"，标志着生产力先进程度的提高。1956 年美国历史上第一次出现从事技术和管理等工作的白领工人超过蓝领工人，1988 年白领工人占就业人口比重约 70%。这不仅表明美国劳动者科学技术水平大大提高，而且也标志着美国生产力先进程度提高。历史上产业革命都是以劳动工具的变革为标志。在科学技术比较落后的情况下，人类劳动往往以自然物、半自然物为劳动对象。随着科学技术水平提高。人类更多地用人工创造的全新材料、原料作为劳动对象。

第二，现代科学技术是决定先进生产力演进方向的主要标志。在 20 世纪以前，科学、技术、生产者相互作用的关系，往往是按照生产→技术→科学的顺序发展的，即生产和技术的实践为科学理论的形成奠定基础。如 1782 年发明了往复式蒸汽机，但作为其理论依据的热力学原理却直到十九世纪中叶才建立起来。而在当代，科学技术具有明显的超前性。运用分子生物学、生物化学、散生物学和遗传学等科学发展起来的生物技术，广泛地应用于工业、农业、医药卫生和食品工业等方面，使得生产力向越来越广的先进领域发展。

第三，科学技术是决定产业结构升级的主要标志。科学技术的迅速发展决定了产业结构向高层次化方向发展。二十世纪 60 年代以来，高技术产业、研究与设计业、金融保险业、文化教育业、商业与服务业等第三产业逐渐占据主导地位，产业结构的这种升级是以科技知识在产业中的密集程度为标志的。第一产业占优势的国家为农业国，第二产业占优势的国家为工业国，第三产业占优势的国家为后工业国。从第三产业的就业人口比重来看，一些发达国家在二十世纪 70 年代末就超过 50%，特别是高科技产业的崛起和发展更有力地证明了科学技术成为先进生产力的主要标志。美国在 1994 ~ 1997 年，高科技部门在国内生产总值中占的比重达 27%，对国内生产总值增长率的贡献率为 30% 左右。

第四，科学技术是决定一定时期生产力先进水平的主要标志。产业的高科技化程度、产品中的科技含量密集程度、科学技术应用于生产的时间周期、科学技术在经济增长中的贡献率等。是衡量生产力先进水平的重要因素。第二次世界大战后，产品的科技含量每隔 10 年增长 10 倍。在 19 世纪，从科学发现到技术发明的间隔期一般在 15 ~ 30 年之间，到 20 世纪，这种时间周期大大缩短，其中集成电路只用了 2 年，激光器仅用了 1 年。发达国家科学技术对国民经济总产值增长速度的贡献率在二十世纪初只有 5% ~ 20%，20 世纪中叶上升到 50%，当代一般为 60% ~ 80%，明显超过资本和劳动的贡献率。

科学技术是先进生产力的主要标志，进一步表明了科学技术对生产力的推动作用的重要性。如果说在工业经济时代，科学技术对生产力发展产生的效应是加数效应，在自动化时代，科学技术对生产力发展造成的影响上升到乘数效应，那么到当今信息化时代，科学技术是第一生产力，而且是先进生产力的集中体现和主要标志。它对生产力的发展产生的则是幂数效应。

三、实现高科技产业化是发展先进生产力的战略重点

发展高科技、实现产业化，是带动产业结构升级、大幅度提高劳动生产率和经济效益的根本途径。当今世界高科技的发展与渗透，强烈冲击和推动着生产力各个领域的发展，改变着人类的生活方式和思维方式，因此，高科

技及其产业化代表着先进生产力的发展方向，它成为我国跨世纪发展科学技术的战略重点。

高科技是指高技术及其相关科学研究的总称。基础科学前沿领域的重大突破，常常是高技术发展的先导，而高技术的发展又为基础科学的研究提供了有效的实验手段和经济支持。高技术一词最早出现于美国，是一个相对的概念。过去被称为高技术的技术，今天已成为常规技术，而今天的高技术，经过几十年的发展又将成为常规技术。一般来说，高技术是指含有现代尖端科学成就的新技术、体现了科学技术最主要的特点和发展趋势。当今人们所说的高技术，就其种类划分，主要是指信息技术、新材料技术、新能源技术、空间技术、海洋技术、生物技术等等。这些技术都具有高智力密集、高投入、高风险、高附加值、高效益的特点，因此称为高技术。高技术产业化是指某项成熟的高技术成果。通过技术创新、技术扩散、直至与该项技术创新有关的高技术产品达到一定市场容量，并形成一定生产规模，最终形成一个产业的过程。高科技与以往科学技术比较具有以下明显特征：高度综合化、知识高度密集性、高度渗透性、迅速直接实现产业化。

改革开放以来我国的科技事业虽然取得了很大成绩，但是在高科技领域与西方发达国家相比差距较大。从世界范围来看，由于高科技对社会生产力的发展越来越具有决定性的作用，并促使人类社会生活各个领域发生了深刻的变化。因此，世界各大国都在根据自身的条件抓紧制定面向21世纪的发展高科技战略，抢占竞争制高点。从国内情况来看，由于经济贸易全球一体化的趋势，国外高科技产品纷纷涌入国内市场，优胜劣汰的竞争规律强烈地冲击着尚处于幼稚阶段的我国高科技产业。严峻的形势使以江泽民为核心的第三代领导集体，始终把发展高技术、实现产业化这一问题放在重要的战略位置上。20世纪80年代末，江泽民就把跟踪高技术研究，并推动高科技产业发展，作为我国科技工作重要的布局提了出来。20世纪90年代初，江泽民强调我国科技工作必须取得四个方面的重大进步。其中一条就是“有重点地发展高科技，实现产业化”①。《中共中央、国务院关于加速科学技术进步的决定》和1995年全国科技大会上，也明确指出了发展高新技术对于增强我国的经济实力，提高综合国力以及增强我国在国际经济和科技竞争能力等方面的重要

① 江泽民：《论科学技术》，中央文献出版社2001年版，第22页。

意义，并强调要把发展高新技术产业纳入国家经济发展规划，摆在优先发展的位置。

如何发展我国的高科技，实现产业化。江泽民认为，要依靠我国科技力量，大力研究开发高新技术，用高新技术改造传统产业，有计划有组织地发展高新技术产业。这对于调整产业结构，推动传统产业技术改造，大幅度提高劳动生产率，来增强国际竞争能力。党的十六大也再次强调要“积极发展对经济增长有突破性重大带动作用的高新技术产业。……正确处理发展高新技术产业和传统产业、资金技术密集型产业和劳动密集型产业、虚拟经济和实体经济的关系”①。因此，我们要加快实现高技术产业化，就必须强化应用技术的开发和推广，促进科技成果向现实生产力转化，集中力量解决经济和社会发展中的重大相关技术问题。要坚持突出重点，有所为、有所不为的方针；要面向21世纪，选准对我国经济和社会发展具有战略意义的一些高新技术项目，集中人力、财力、物力，建立重点基地，组织精干队伍，加强统一领导，齐心协力攻关，力争有所突破。要在电子信息、生物、新材料、新能源、航天、海洋等重要领域接近或达到世界先进水平，在世界高技术的若干重要领域占一席之地。

我国最早启动高科技研究发展计划，是由王大晰、王淦昌、杨嘉爆、陈芳允四位老科学家倡议，邓小平批准以跟踪世界先进水平为主的《高技术研究发展计划（“863”计划）纲要》。863计划从世界高技术发展趋势和中国的需要与实际可能出发，坚持“有限目标，突出重点”的方针，选择生物技术、航天技术、信息技术、激光技术、自动化技术、能源技术和新材料7个领域15个主题开展研究。经过15年的努力，863计划取得了一大批具有世界水平的研究成果，突破并掌握了一批关键技术，如采用基因工程技术培育的抗虫效果好的转基因抗虫棉；依靠生物技术培育的平均亩产达760公斤的超级杂交水稻；生物技术领域的基因工程研究给患恶性肿瘤、心血管疾病等严重疾病的人们带来福音；自动化技术领域研制成功的多种功能智能机器人已活跃在各个生产领域；此外，纳米技术、能源技术、海洋技术等领域的研究，也都为人类摆脱自然的控制、不断开拓新的生存领域。这不仅缩小了同世界先进水平的差距，而且培育了一批高技术产业生长点，极大地带动了我国高技

① 《江泽民文选》第3卷，人民出版社2006年版，第545页。

术及其产业的发展，并为传统产业的改造提供了高技术支撑。据不完全统计，863 计划实施 15 年来，在民口 6 个领域的 230 多个专题研究方向，共资助项目近 5200 余项，获国内外专利 2000 多项，发表论文 47000 多篇。累计创造新增产值 560 多亿元，产生间接经济效益达 2000 多亿元。

为了加强国家重点基础研究，确保我国的高科技自身发展能力不断加强，打破国外对我国高科技的封锁。1997 年，国家科技领导小组第三次会议决定，制定和实施《国家重点基础研究发展规划》即“973”计划。“973”计划从 1998 年开始组织实施，主要围绕农业、能源、信息、资源环境、人口与健康、材料等领域的重大科学问题，开展多学科综合性研究，提供解决问题的理论依据和科学基础。到 2003 年，我国共启动了 133 个“973”计划项目。为实施《规划》项目，国家财政从 1998 年起五年内累计投入 25 亿元，用于支持该项工作的开展。“973”计划，体现国家发展高科技的战略目标，为解决下世纪我国经济和社会发展中重大问题提供有力的科学支撑。另外，国家还启动了重大科技产业计划（1992 年）、社会发展科技计划（1995 年）、国家技术创新计划（1996 年）、中国科学院国家知识创新工程试点（1998 年）、科技型中小企业技术创新基金（1999 年）。这些项目的实施为我国高科技及其产业化的发展带来了强劲的动力。

四、以科技进步促进可持续发展是先进生产力的发展方向

“可持续发展”作为一种社会发展观，是二十世纪 50 年代后西方国家工业化经济迅速增长，出现了世界性的环境恶化、人口膨胀等危机之后，人们经过反省和探索，于二十世纪 80 年代左右开始正式形成的关于人类发展的一种新思路、新理论。它不仅涉及人类未来的前途和命运，而且对人们的思维方式、生产方式和生活方式都将产生巨大的影响。

自从蒸汽机的广泛应用引起第一次工业革命以来，在短短的几百年间，科学技术突飞猛进，使人类的生产力迅速发展，所创造的财富比以前几个世纪任何时候创造的财富都要多得多。但是由于科学技术自身的缺陷以及人类对科学技术的滥用，又给人类带来了一系列灾难性的后果。早在主要资本主义国家已经或接近完成工业革命的历史任务之际，马克思、恩格斯就指出：“不要过分陶醉于我们人类对自然界的胜利”，因为“对于每一次这样的胜利，

自然界都对我们进行报复"①。

这就是科学技术二重性原理：科学技术既可用来造福人类，同时它的不正当利用也能给人类自身带来灾害。江泽民对于科学技术的二重性有着深刻的认识，他认为："科学技术极大地促进了人类控制自然和人自身的能力。但是，科学技术运用于社会时所遇到的问题也越来越突出。工业的发展将带来水体和空气的污染，大规模的开垦和过度放牧造成森林与草原的生态破坏。信息科学和生命科学的发展，提出了涉及人自身尊严、健康、遗传以及生态安全和环境保护等伦理问题。"② 因为科学技术具有二重性，所以人们形象地称科学技术是一柄双刃剑。伴随着科学技术的不断进步和人类对技术的滥用，资源枯竭、环境恶化、人口爆炸等一系列问题越来越严重，危及人类生存和可持续发展。

解铃还需系铃人。科学技术造成的问题也必须通过科学技术自身的完善才能得以彻底解决。因为，科学技术是"现代生产力中最活跃的因素和最主要的推动力量"③，在人类社会可持续发展的进程中发挥着至为关键的作用。保护自然资源，维持可再生资源的持续供给能力，积极治理和恢复已遭到破坏和污染的环境等等这些都与科学技术水平密切相关。总之，科学技术的负面效应使得全球问题凸显并爆发出来，同时，科学技术的积极作用，又为人类解决全球问题、走可持续发展之路提供了技术支持。

那么，怎样确保科学技术为人类社会的可持续发展发挥积极作用呢？首先，"科学研究应更加重视人类前途命运攸关的全球性问题"④。能源危机、资源危机、人口危机、环境危机等一系列全球性问题，都是威胁人类的生存和发展，决定人类前途命运的重大问题。人类应该高度重视这些问题，并将它们作为科学研究的重点。只有这样，科学技术才能克服自身的缺陷，向着有利可持续发展的方向转化。也只有在这个基础上，人类才能找到解决全球性问题的正确途径。其次，"对科学技术的研究和利用实行符合各国人民共同利益的政策引导"⑤。全球性问题是全人类共同面临的难题，它不会偏袒某个

① 《马克思恩格斯选集》第4卷，人民出版社1995年版，第383页。

② 江泽民：《论科学技术》，中央文献出版社2001年版，第216～217页。

③ 江泽民：《论科学技术》，中央文献出版社2001年版，第20页。

④ 江泽民：《论科学技术》，中央文献出版社2001年版，第214页。

⑤ 江泽民：《论科学技术》，中央文献出版社2001年版，第217页。

国家，某个地区。当全球问题爆发时，全人类都深受其难。因此，不同国家、不同地区的人们应该抛弃自己的眼前利益、局部利益，以全人类的共同利益为重，求同存异。通过共同的努力来解决全人类的共同利益问题，引导科学技术的研究和使用。只有这样，才可以避免科学技术的滥用。

从上面论述中我们不难看出，科学技术既可以促进生产力的发展，但应用不当也会阻碍生产力的进步。那么，怎样才能处理好科学技术这柄双刃剑与生产力的关系，也就是说今后中国的生产力将赋予哪些新的内涵。马克思主义经典作家，苏联哲学家布哈林曾在其专著《历史唯物主义理论》中指出"生产力是自然界和社会的相互关系的标志"，并且从社会和自然之间的平衡上来考察生产力，把生产力看做是"这种平衡的精神反映"①。因此，将生产力作为社会和自然之间的重要平衡因素来考虑，就应该充分应用科技进步来促进社会的可持续发展，从而进一步推动社会生产力的健康发展，这是先进生产力发展的趋势和新的内涵。

二十世纪90年代初，我国学者熊映梧和孟庆琳教授根据中国环境恶化趋势加剧，资源浪费严重，污染事件频发已经成为制约经济发展、危害群众健康的这一严峻事实，提出了绿色生产力的概念，认为绿色生产力是中国特色可持续发展的重要理论基础。绿色生产力的提出是建立在西方发达国家经验教训和我国现实国情的基础之上的，从某种意义上说，它代表着中国社会生产力今后发展的趋势。党的十三中全会以来，党的领导人高度重视通过科技进步来解决经济增长方式的转变，正确处理好经济发展与人口资源环境的关系，在发展的前提下，"既要考虑当前发展的需要，又要考虑未来发展的需要，不要以牺牲后代人的利益为代价来满足当代人的利益"②。江泽民这段论述是对当今社会生产力提出的新要求，同时也指出了先进生产力的发展方向。

第四节 科学的本质是创新

创新，是指人的创造性劳动及其价值的实现，没有创新，就没有发明创

① [苏] 布哈林：《历史唯物主义理论》，人民出版社1983年版，第123页。
② 江泽民：《论科学技术》，中央文献出版社2001年版，第279页。

造，就没有科学的发展。一部人类科学史，就是一部发现新现象、创立新理论和新方法的历史。面对二十一世纪科技突飞猛进，知识经济初见端倪，以科技创新能力的强弱决定一个国家的发展及其在国际竞争中的地位的局面，以江泽民为核心的党的第三代领导集体以战略的眼光，提出了“科学的本质是创新”① 的论断，并把科技创新提到“民族之魂”的战略高度。科技创新思想，是一个极为重要的马克思主义新观点，构成了党的第三代领导科技思想的核心。

一、科技创新思想形成的背景分析

20 世纪 80 年代以来，为了尽快缩短与世界科技水平的差距，我国加大了科学技术引进力度，其方式主要通过大规模的科学技术引进及引进外国直接投资，希望“以市场换技术”等方式，促进传统产业的技术改造和结构调整。但是，随着国民经济的不断发展，一些新的问题和矛盾开始凸显：一方面，由于缺乏核心技术，我国很难以单纯的劳动力比较优势换来应有的利益和好处。另一方面，在一些产业领域，正在表现出一定程度的对外技术依赖。许多企业过度依赖跨国公司的技术转移，深陷无休止价格战的泥沼难以自拔。尽管许多领域的产品结构已经发生了很大变化，但企业的自主创新能力并没有得到提高。因此，引进技术不等于引进技术创新能力。在一定条件下，技术可以引进，但技术创新能力不可能引进。况且当经济发展到令技术转让方引起警觉时，技术引进便会面临困境。另外，由于受冷战时期的“巴统组织”到今天的“瓦森纳协议”的规定，美国等西方国家对技术出口的控制不断加强。因此，真正的核心技术是很难通过正常贸易得到的。中国的一些产业几十年来走了一条“引进、落后、再引进、再落后”的恶性循环之路，付出的代价很大。中国企业的技术创新能力薄弱已成为中国科技发展的主要缺陷。

从发达国家经验教训来看，现为超级大国的美国当初也是靠技术引进而走向自主创新道路，超过英、德国的。1860 年以前，美国由于科学技术落后，人才不足，只好选择技术引进的道路。它从欧洲引进先进的技术，并注重消化吸收。1860 年以后，美国继续引进技术，但消化吸收后独立创新的比例有

① 江泽民：《论科学技术》，中央文献出版社 2001 年版，第 192 页。

明显的增加，技术专利数增长很快。第二次世界大战以后，开始逐渐进入自主的创新阶段，并逐渐强化科研投入和基础研究。而日本二战以来，一直通过“买进战略”引进国外技术发展了经济，但因缺乏科技创新，也就缺乏重大的技术革新成果，缺乏新的龙头产业，因而导致经济发展的后劲明显不足。在新技术革命浪潮的冲击下，强烈的危机感促使日本人调整其科技发展思路，正式提出“科技创新立国”的新战略，走“播种型”即创新型科技发展之路。

多年来的中外经验教训表明：技术引进是途径，技术创新才是实现技术进步的根本。但从现实统计数据上看，中国研究与发展经费支出占国内生产总值的比重一直徘徊在 0.7% 左右，1999 年才达到 0.83%，约 70 亿美元，不及韩国的一半，仅为美国的 1/34①远远落后于主要发达国家 2% 的水平。而每万人劳动力中从事研究开发活动的人员，近几年来一直徘徊在 11～12 人，②在当前和今后一个时期，缺少具有国际领先水平的创造性人才，已经成为制约我国创新能力和竞争能力的主要因素之一。另据中国科技部科技统计分析中心根据 2003 年《洛桑报告》③，并选取了有关“科技要素”全部评价指标最后分析得出，2003 年中国的科技竞争力在 51 个国家中排名第 32 位，在 2000 万人口以上的 27 个国家中排名第 13 位。也即是说，中国科技竞争力在世界处于中等偏下水平。④这不能不引起我们的高度警觉。据此，不难得出这样的结论，我国社会经济日益增长的科技需求与科技创新能力不足的矛盾，是科技发展在相当长的历史时期内必须加以重视和解决的问题。

鉴于我国科技创新相对落后的实际情况，江泽民在 1989 年国家科学技术奖励大会上指出：“科学技术长期落后的国家和民族，不可能繁荣昌盛，不可能自立于世界民族之林。我们要迎接科学技术突飞猛进和知识经济迅速兴起的挑战，最重要的是坚持创新”⑤。在 1995 年 5 月全国科学技术大会上，他提

---

① 《中国技术发展的现状与动力分析》，载《新华文摘》，2001 年第 7 期。

② 参见《中国科技论坛》，2001 年第 7 期。

③ 笔者注：《洛桑报告》指瑞士洛桑的国际管理开发研究院（IMD）自 1986 年以来每年发表的《国际竞争力年度报告》，是对有关国家和地区的国际竞争力进行评比排序，中国大陆自 1994 年开始，被正式列为评价对象。

④ 中新网，2003 年 11 月 12 日。

⑤ 江泽民：《论科学技术》，中央文献出版社 2001 年版，第 2 页。

出:“创新是一个民族进步的灵魂,是国家兴旺发达的不竭动力”①。1996 年 4 月,江泽民又一次阐述了科技创新思想,他认为:“搞科学技术特别是高技术,创新非常重要,创新是一个民族进步的灵魂”②。在 1997 年党的十五大报告中,江泽民又重点阐述了技术创新,指出有重点地引进先进技术、增强自主创新能力。1999 年,江泽民在全国技术创新大会上指出:“科技创新越来越成为当今社会生产力解放和发展的重要基础与标志,越来越决定着一个国家、一个民族的发展进程”。③ 至此,党的第三代领导核心科技创新思想已基本形成。

二、科技创新的理论基础

任何思想理论的提出,都是继承前人的理论成果,结合现实,反复探索,不断突破的结果。党的第三代领导核心科技创新思想的形成就是源于马克思、恩格斯、列宁,以及毛泽东、邓小平的创新学说经过不断拓展、深化和演进的成果。

(一)马克思、恩格斯、列宁关于创新的论述

从整个马克思主义认识史来看,马克思、恩格斯是创新思想的源头活水。马克思、恩格斯毕生都在进行创新思维,都在从事创新事业。他们曾从一个高度综合的意义上将自己的事业和学说概括为:破坏旧世界,创造新世界。我们从中也可以看出,创新的根本诠释和最高境界就是“创造新世界”。

马克思、恩格斯认为,任何科学理论的发现和创立都有其历史的局限性,因此,不可能依赖某种理论一劳永逸地、反复而无所不包地解释所有的未知世界。马克思早在创立科学社会主义理论的初期就申明:“我们不想教条式地预料未来,而只是希望在批判旧世界中发现新世界。”他十分厌恶对他的理论的“奴隶式的盲目崇拜”和“简单模仿”④。恩格斯反复强调:“我们的理论是发展着的理论,而不是必须背得烂熟并机械地加以反复的教条。”⑤《共产

① 江泽民:《论科学技术》,中央文献出版社 2001 年版,第 55 页。
② 江泽民:《论科学技术》,中央文献出版社 2001 年版,第 70 页。
③ 江泽民:《论科学技术》,中央文献出版社 2001 年版,第 147 页。
④《马克思恩格斯全集》第 1 卷,人民出版社 1995 年版,第 416 页。
⑤《马克思恩格斯全集》第 4 卷,人民出版社 1995 年版,第 681 页。

党宣言》发表24年后，马克思、恩格斯在为《共产党宣言》德文版作序时指出：由于时代的变迁和实践的发展，《宣言》中的一些观点、一些论述“是不完全的”，有时“已经过时了”；如果可以重写，“许多方面都会有不同的写法”。①

马克思、恩格斯还倾向于从整个人类历史发展的角度考察创新。他们创立的唯物史观告诉我们，无论从理论上还是实践上，创新都是人类区别于其他动物的重要标志，是人类自身和社会历史不断发展变化，不断由低级向高级、由简单到复杂、由自发到自由自在地前进和提高的重要动力。人类自身和社会历史发展的程度，既是创新的结果，又是对创新不断提出更高要求的尺度。不仅如此，他们的创新思想也是广泛、综合而全面的。他们对每一个具体领域的一切新创造、新发明都发自内心的欣喜，都给予高度评价。对创新的主体、创新的内容、创新的目标以及创新对社会发展的动力作用等，都有所论述。

马克思、恩格斯创新思想在列宁那里被进一步发扬光大。列宁的创新思想内涵丰富，且充满辩证思维。列宁突破了马克思、恩格斯在西方发达资本主义国家争取进行无产阶级革命的设想，率先在经济文化比较落后的俄国，成功地领导了十月革命，实现了社会制度创新。在探索社会主义建设道路的过程中，他提出要采用资本主义一切有价值的科学技术成果。认为：“社会主义能否实现，就取决于我们把苏维埃政权和苏维埃管理组织同资本主义最新的进步的东西结合得好坏。”② 这里“结合”就必然意味着创新，不仅有科技体制和其他体制的创新，也有对科技本身的自主创新。

（二）毛泽东、邓小平科技创新思想

作为中国革命的掌舵人，毛泽东在领导中国革命和建设的漫长历程中，始终关注科学技术的发展。他运用马克思主义原理考察、分析和研究科学技术的各种问题，提出了许多重要的见解，虽然他没有明确使用科技创新这一概念，但在他的著作中有关科技创新的思想是十分丰富的，应该说，毛泽东是一位创新的倡导者。

早在1940年，毛泽东就把科学技术看做是变革自然的一种革命力量。不

① 《马克思恩格斯全集》第1卷，人民出版社1995年版，第249页。
② 《列宁选集》第3卷，人民出版社1995年版，第492页。

仅如此，他还把科学技术看做是改造社会的动力之一。这是对马克思有关科学技术是革命力量的新的诠释。1963 年，毛泽东又进一步从认识论的角度，把科学实验列为人类社会三大革命实践之一，从人类社会发展的高度肯定科学技术的地位和作用。这是毛泽东对马克思恩格斯将科学实验只是作为科学研究的一种方法，其作用则局限于自然科学领域来讲是一个伟大的创新。建国初，面对极其落后的中国科技状况时毛泽东指出："不能走世界各国技术发展的老路，跟在别人后面一步一步爬行。我们必须打破常规，尽量采用先进技术"①。正是毛泽东的超常规发展略，反对一步一步地爬行哲学思想，不仅提高了我国的国际地位，而且带动了我国高技术工业产业的建立和壮大，加速了中国工业化建设的进程。打破常规，不搞洋奴主义、爬行哲学，是毛泽东对我们这样一个"一穷二白"的国家，实现科技创新规律的概括。毛泽东还在总结人类发展的历史的基础上指出："人类总得不断地总结经验，有所发现，有所发明，有所创造，有所前进。停止的论点，悲观的论点，无所作为和骄傲自满的论点，都是错误的。"② 毛泽东这里的科学无止境，鼓励人们不断探索、不断创新、不断前进。

邓小平科技思想的重大创新之一，是揭示了科学技术在现代社会生产力发展中的第一位的变革作用，提出了"科学技术是第一生产力"的思想，实现了人类对科学技术本质认识的一次大飞跃。"科学技术是第一生产力"是邓小平科技创新思想的灵魂、精髓。首先，他站在坚持和发展社会主义的高度提出并阐述了这一观点。其次，他用"第一"两个字对当代世界经济发展的新趋势、新经验作了崭新的概括，把科学技术在生产力发展和社会发展中的作用和地位，提到了前所未有的高度。

邓小平十分注重科技创新实践，并发表了许多新见解。关于科技创新人才问题，邓小平说："干革命，搞建设，都要有一批勇于思考、勇于实践、勇于创新的闯将，没有这样一大批闯将，我们就无法摆脱贫困落后的面貌，就无法赶上更谈不上超过国际先进水平。"③ 对于科技创新的途径，邓小平作过许多重要指示。邓小平认为："引进技术改造企业，第一要学会，第二要提高

---

① 《毛泽东文集》（第 8 册），人民出版社 1999 年版，第 341 页。

② 《毛泽东著作选读》（下册），人民出版社 1986 年版，第 845 页。

③ 《邓小平文选》第 2 卷，人民出版社 1994 年版，第 143 ~ 144 页。

创新。”① 要“有自己的技术，要自己的创造。”邓小平还说：“搞科技，越高越好，越新越好。越高越新，我们就越高兴。”这些精辟论述，构成了邓小平科技创新思想的重要内涵。

由上所述，马克思列宁主义是中国共产党科技创新思想的理论源泉，而毛泽东，邓小平关于科学技术创新的论断，是党的第三代领导核心跨世纪科技创新思想的新的起点。“马克思、恩格斯、列宁和毛泽东同志、邓小平同志都善于创新，为我们树立了坚持创新精神的光辉典范”②。总结历史，着眼现实，江泽民指出：“推进科技发展，关键要敢于和善于创新。有没有创新能力，能不能进行创新，是当今世界范围内经济和科技竞争的决定性因素。历史上的科学发现和技术突破，无一不是创新的结果。”③。

三、科技创新的内涵

科学的本质是创新，不断有所发现，有所发明。促进科技发展，根本思路就是推动科技创新。创新精神是中华民族几千年来生生不息，发展壮大的重要动力。科技创新是扬弃旧义，创立新知。这些构成了党的三代领导核心科技创新思想的内涵。

（一）创新是一个民族进步的灵魂

江泽民多次指出：“创新是一个民族进步的灵魂，是一个国家兴旺发达的不竭动力”。其实，一部人类文明史，就是人类创新活动的历史。人类社会的每一点进步无不是追求变革和创新的结果。一个民族的发展壮大也是如此。一个民族如果敢于创新，善于创新，就能够迅速发展壮大，如果缺乏创新意识和创新能力，思想僵化、因循守旧，就难以进步，注定处于落后和被动挨打的地位，甚至走向灭亡的道路。

中华民族自古以来就具有自强不息、锐意创新的光荣传统。在5000年的发展历史中有过光辉灿烂的古代文明，被世人称颂的“四大发明”使中华民族曾走到了历史发展前列。只是到了近代，中华民族一度落伍，一个深层的

① 《邓小平文选》第2卷，人民出版社1994年版，第129页。
② 《人民日报》，2006年6月6日。
③ 江泽民：《论科学技术》，中央文献出版社2001年版，第192页。

原因就是民族创新活力受到严重压抑。建国后，党的导人高度重视培养民族创新能力，曾号召广大科技人员发挥聪明才智和创新能力，先后造出了“两弹一星”、运载火箭、远程导弹、航天飞船等等，极大地提高了我国的国际地位，也充分说明了中华民族是勤劳、智慧、富有创新精神的民族。正如江泽民指出的，创新精神是我们民族几十年来生生不息、发展壮大的重要动力。现在，世界科技突飞猛进，知识经济初见端倪，以科技为主导的综合国力竞争越来越尖锐、激烈，创新能力的强弱将决定一个国家的发展及其在国际竞争中的地位。正是在这个意义上，江泽民指出：“创新意识对我国21世纪的发展至关重要。”“一个没有创新能力的民族，难以屹立于世界先进民族之林。”① 为此，他进一步强调，“必须把增强民族创新能力提到关系中华民族兴衰存亡的高度来认识。”②

创新是民族进步的灵魂，也是人类进步的灵魂。整个人类历史，就是一个不断创新、不断进步的过程。没有创新，就没有人类的进步，就没有人类的未来。对于我国这样一个科学技术相对落后的国家来说，我们必须始终高度重视创新，坚持创新，敢于创新，始终把创新作为推动我国科技进步、经济社会发展和民族振兴的动力源泉。

（二）科学的本质是创新

科学技术的任务在于揭示未知世界规律、发明改造客观世界的手段，其要旨是通过新的发现，达到新的认识，创造新生事物。创新是科技进步的内在要求，创新不但决定性地影响着科学技术的发明创造，也决定性地影响着科学技术面向社会生产力的转化，最终促进社会经济的迅速发展。正是在这个意义上，江泽民同志明确指出了，科学本质就是创新，要不断有所发现，有所发明。

推进科技发展，关键是要敢于和善于创新。历史上的科学发现和技术突破，无一不是创新的结果。无论是十八世纪中期到十九世纪30年代的“蒸汽革命”，19世纪60年代开始的“电力革命”还是二十世纪50年代开始的新科技革命都有力地说明了这一点。每一次科技革命都极大地影响了各民族历史发展的进程。近100年特别是近50多年来，科技革命打破了时间和空间障

① 江泽民：《论科学技术》，中央文献出版社2001年版，第44页。

② 江泽民：《论科学技术》，中央文献出版社2001年版，第55页。

碍，地球成为一个村落。从上个世纪初开始，以量子论、相对论为代表的一系列具有划时代意义的科学成果相继出现，推动人类社会经济文化生活发生了深刻变化。以信息科学和生命科学为代表的现代科学技术，为世界生产力的发展开辟了更加广阔的前景，实践证明，科学有无限创造能力。

人类科学技术发展史，尤其是近代以来的科技革命反复证明了科学的本质就是创新，面对世界科学技术进步日新月异的挑战，面对我国现代化建设对科学技术的迫切需要，我们必须紧跟世界科技发展潮流，正确理解科学技术的创新本质，在掌握前人积累的科技成果的基础上力求创立新的科学理论和新的体系。

（三）科技创新是扬弃旧义，创立新知

推动科技进步关键是要敢于和勇于创新。科学不承认任何教条，不执着任何独断，不迷信任何权威，不崇拜任何偶像。历史上的科学发现和技术突破，无一不是创新的结果。科技创新就是扬弃旧义，创立新知。科技创新绝不是无本之木，无水之源，无缘无故地杜撰所谓科学理论，捏造所谓科技发现，空想所谓科技发明。世界的无限本性，决定人类对世界认识的无穷无尽的特性，要求"理论要由浅入深地不断发展"。① 因此，科技创新是新的科学理论在对旧的科学理论肯定基础上的否定，继承基础上的超越。一方面表现为肯定，即把旧事物中某些还暂适于生存的东西给予合法的地位而保存起来，而另一方面表现为否定，即剔除旧事物主要的不适于保存的东西。因此，江泽民同志指出："掌握前人积累的科技成果，扬弃旧义，创立新知，并传播到社会，延续至后代，不断转化成生产力和社会财富，这是知识传承和发展的通途。关键是要能够在已有的基础上不断创新。"② 创新绝不是彻底否定前人的科技成就，杜撰自己的所谓科技成果和科学体系，而是站在巨人肩上的艰苦劳动。

四、科技创新的实现途径

（一）推进技术创新

技术创新是科技创新的主要载体和重要途径，强调技术创新，这就抓住

① 《周恩来选集》（下卷），人民出版社1984年版，第17~18页。

② 江泽民：《论科学技术》，中央文献出版社2001年版，第192页。

了科技创新的关键。所谓技术创新，是指企业应用新知识、新技术和新工艺，采用新的生产方式和经营管理模式，提高产品质量，开发新的产品，增强市场竞争的能力和抵御风险的能力。江泽民指出："加强技术创新，不仅对我们搞好国有企业具有重大意义，而且对我们提高整个国民经济的质量和效益，提高全社会的劳动生产率，提高我国的国际竞争力也具有决定性的意义"①

技术创新是一种将新技术引入市场并由此创造利润的活动，国家的技术创新政策和法规，最终目的是为企业的技术创新创造环境。因此，企业应当是技术创新的主体。但是，目前中国企业仍然没有成为技术创新的利益分配主体、风险承担主体和投资主体，因而技术创新动力不足、压力不足和能力不足。企业技术创新能力是国家技术创新能力的基础。江泽民同志指出："首先要确立企业作为技术创新主体的地位，加强企业技术创新机制的建设，努力提高企业的技术创新能力和科学管理水平。"② 江泽民同志提出："大企业和企业集团要建立技术开发中心，实现市场开拓、技术创新和生产经营一体化。"③ 这就要求包括国有企业的大中型企业要建立健全企业技术中心，因为这是促进企业成为创新主体的必要措施。同时还要求国家支持和鼓励大型企业集团提取一定数量的资金，集中用于共性、关键性和前沿性问题的研究开发和产业化投入。其次，必须大力促进科技型企业的发展。科技型企业是企业成为创新主体的重要形式。科研院所的企业化转制，是建立以企业为技术创新主体，促进技术创新的关键步骤。江泽民同志要求，"科研院所特别是应用型开发科研机构，要以不同形式进入企业同企业合作或改制为企业，实现产学研相结合，加速科技成果向现实生产力的转化。"④ 再次要加强企业与高等院校、科研机构的联合协作。最后，鼓励与保护企业家的技术创新。企业家是企业技术创新的组织者，在企业创新中发挥着举足轻重的作用。任何一个成功的企业背后都有一个富于创新、善于创新的企业家。促进企业技术创新主体地位的形成，就要建立一种机制来激励、监督企业家的行为，鼓励和保护其技术创新。

---

① 江泽民：《论科学技术》，中央文献出版社 2001 年版，第 148 页。
② 江泽民：《论科学技术》，中央文献出版社 2001 年版，第 155 页。
③ 江泽民：《论科学技术》，中央文献出版社 2001 年版，第 172 页。
④ 江泽民：《论科学技术》，中央文献出版社 2001 年版，第 172 页。

（二）构建国家创新体系

科技活动体制化是近代科技发展的显著特征。国家创新体系的形成是科技活动体制化的必然结果。由于21世纪是以知识经济为中心，以创新能力为基础的高新科技竞争的时代。因此，世界各国面对知识经济的挑战和机遇，纷纷调整本国的科技体制，构建国家创新体制，以提高科技创新能力。

党的领导人密切关注世界科技体制的发展变化，顺应世界科技发展的潮流，使创新的理论尽快地落到实处。1997年年底，中国科学院根据我国国情和科技发展目标，提出建设中国的国家创新体系。在该报告中，将国家创新体系定义为由知识创新和技术创新相关的机构和组织组成的网络系统。江泽民批示到："中国将致力于建设国家创新体系，通过营造良好的环境来推进知识创新、技术创新和体制创新，提高全社会创新意识和国家创新能力，这是中国实现跨世纪发展的必由之路。"① "这是关系中华民族发展的大战略"。②建设国家创新体系，是党中央推进中国科技进步，实现全面建设小康目标的重大决策。国家创新体系是在市场选择的基础上经过长期的历史发展而逐步形成的，并且受到社会制度、传统文化以及民族习惯等因素的强烈影响。在不同国家，国家创新系统的结构与特点各不相同，不存在国家创新体系的最优模式。因此，江泽民在反复强调："真正搞出中国的创新体系来。"③

中国的国家创新体系包括知识创新系统、技术创新系统、知识传播系统和知识应用系统，是四者之间相互作用的整体。它是由创新资源、创新机构、创新机制和创新环境四个相互关联、相互协调的主要部分构成的。国家创新体系的作用体现在对其组成主体的政府、企业、科研机构和大学的组织与协调，使它们相互作用，发挥各自的优势，其本质是在创新主体间形成协调机制。因此，江泽民同志强调指出："加强政府、科研机构、大学和企业之间的有机联系和分工合作，使技术创新成果更快更好地转化为现实生产力，加速高新技术产业化的发展和传统产业的升级。"④

由于科技体制是推动国家科技创新体系建立的制度保障，科技体制的优

---

① 江泽民：《论科学技术》，中央文献出版社2001年版，第207页。

② 江泽民：《论科学技术》，中央文献出版社2001年版，第223～224页。

③ 江泽民：《论科学技术》，中央文献出版社2001年版，第116页。

④ 江泽民：《论科学技术》，中央文献出版社2001年版，第155页。

劣，是影响科技创新能力的关键。而中国现行的科技体制与发达国家相比，存在着官本位体制、不科学的用人机制、急功近利式的评价机制和不合理的科研经费划拨机制等弊端。因此，要借鉴发达国家的成功经验，改革现行的科技体制。制定并完善科技体制改革的总体方案，把深化改革同调整结构结合起来，使科技创新由目前的科研单位为主过渡到企业为主；理顺政府同科研企事业单位的关系，深化科研企事业单位的内部改革，强化创新激励机制；建立开放的科技体系，形成多元化的科技融资体制，给科技创新注入不竭动力和永久活力。

（三）加强科技创新人才队伍建设

科技创新的关键在于创新人才，这是江泽民同志反复强调的一个重要命题。人才是科技进步和社会发展中最重要的资源。谁拥有大批高素质创新型人才，谁就具有科技创新的优势，谁就掌握了经济和社会发展的主动权。

加强科技人才队伍的建设，首先要改变传统的教育模式，夯实科技创新人才的社会基础。造成我国创新人才匮乏的根本原因是现行的知识型教育，它束缚人的创新精神和创新能力。在教育观念上，我国的教学模式是把人才的培养定位于一般的知识传授水平上。教师往往以“无问题”作为教学的成功标准，排斥学生的质疑精神和问题意识，而穷根究底，敢于标新立异，是创新人才的重要特征。在教育质量的评价体系上，由于我国中小学教育是一切以分数作为衡量学生优劣的标准，单纯地以考分定终身，考分的高低成了能否成才的预兆，这种评价体系是一种新式的科举制度，其结果只能培养出思维趋同，缺乏创新意识的人。因此，我们要改变传统教育模式，即要建立起以全面素质教育为基础的创新教育体系和以创新意识、创新精神为核心的人才培养机制。①

其次，要建立一套育才、留才、用才、引才的体制和激励机制。科技体制的核心就是怎样发现、吸引、培养和激励人才，怎样使用、引导和发挥人才的创造力以及组织评价并为之提供最好的服务。为此，就要加大对人才的投入，建立和完善有利于人才成长和脱颖而出的体制。没有合理的体制和机制，其他方面的措施不仅难以发挥其预期作用，而且还可能引发新的矛盾。

再者，加强科技队伍建设，离不开领导者的重视。目前，我国科技人员

---

① 薛建明：《历史与现实视野下的科技创新》，载《理论学刊》，2006年第10期。

数量和整体水平，还不适应社会主义现代化建设的要求，加速培养优秀科技人才是一项十分紧迫的战略任务。江泽民号召各级党委和政府要始终信任、关心和爱护人才，他指出：“努力为他们提供适宜的工作条件和生活条件还要采取有效措施，促进全社会进一步形成尊重科学、尊重知识、尊重人才的良好风尚”①。关心人才、团结人才是领导成熟的主要标志之一。要制定人才培养计划和相关的政策，落实有关规定。对创新人才所创造的成果要及时予以肯定，支持奖励。在改善工作环境、生活待遇、体现知识的价值等方面多下工夫，努力为科技创新人才的培养和脱颖而出创造出一个宽松的政策环境。

本章小结

（一）跨世纪党的科技观述要

跨世纪党的科技观是以江泽民科技观为核心，涉及中国科技发展的历史经验教训，世界科技发展的新的态势，科学技术的社会功能，地位，作用，科技体制改革，科技进步与创新，国际科技合作与交流，人才培养，党对科技工作的领导等方方面面，从而构成了一个比较系统、完整的思想体系。这是党的科技观不断深化创新的结果，其科技观体系主要包括科技观、科技发展战略思想和科技政策思想三个层面。

1. 科技观

（1）科学技术是现代社会进步的决定性力量。科学是一种历史上起推动作用的力量是马克思科技观的基本观点。江泽民则进一步认为科学技术是现代社会进步的决定性力量。这是由科学技术日益渗透于经济发展和社会生活的各个领域，成为推动现代生产力发展的最活跃的因素所决定的。这一观点不仅向人们展示了当代科学技术对人类社会进步所具有的决定性意义，也为准确把握当代科学技术的性质、地位和作用开辟了一个新的认识途径。它构成了党的第三代领导核心科技观的基础。

（2）科学技术是先进生产力的集中体现和主要标志。江泽民这一观点，进一步科学地揭示了新科技革命条件下，科学技术在生产力形成和发展过程中的重要地位与革命性的作用。这不仅是对马克思主义生产力理论，特别是

---

① 江泽民：《论科学技术》，中央文献出版社 2001 年版，第 78 页。

邓小平关于“科学技术是第一生产力”思想的直接继承和创造性发展，更是对科学技术发展的时代特点和未来发展趋势的深刻把握，它构成了党的第三代领导核心科技观的重要组成部分。

（3）科学的本质是创新。科学的本质就是探索、创新，科学总是在创新中不断前进。面对21世纪以科技创新能力的强弱决定一个国家的发展及其在国际竞争中的地位的局面，以江泽民为核心的党的第三代领导集体以战略家的眼光，提出了“科学的本质是创新”的著名论断，并把科技创新提到“民族之魂”的战略高度。这既是建国以来我国科学技术发展经验教训的总结，也是对科技进步内在规律的阐述，它构成了党的第三代领导集体科技观的核心和灵魂。

2. 科技发展战略思想

（1）把科学技术切实放在优先发展的战略地位。二十世纪80年代末，党的领导人深刻认识到科技在经济社会发展中的特殊地位和作用，准确地把握新科技革命的发展趋势，提出了“要坚持把科学技术放在优先发展的战略地位”的观点。这是对时代发展形势的科学判断的必然结果，是实现社会主义现代化建设第三步战略目标的迫切需要。它不仅是对邓小平科技思想的丰富和发展，也是跨世纪党的科技发展战略思想全面展开的基础。

（2）没有现代科学技术，就没有社会主义现代化。二十世纪90年代初，党的领导人从优先发展科学技术战略的角度对社会主义前途命运进行了再思考，提出了“没有现代科学技术，就没有社会主义现代化”的观点。当今综合国力的竞争，在很大程度上表现为科学技术的竞争。因此，要在激烈的国际竞争和复杂的国际斗争中取得主动，维护我们的国家主权和安全，必须大力发展我国的科学技术事业，加快现代化建设的步伐。这一观点是对党的第一、二代领导人“四个现代化关键是科技现代化”思想的继承和发展。

（3）科教兴国战略。为全面落实邓小平“科学技术是第一生产力”的思想，1995年党中央向全国人民发出了实施“科教兴国”战略的伟大号召。把科技和教育摆在经济、社会发展的重要位置，增强国家的科技实力及向现实生产力转化的能力，提高全民族的科技文化素质，把经济建设转移到依靠科技进步和提高劳动者素质的轨道上来，加速实现国家的繁荣昌盛，这是我们党在世纪之交作出的一项战略决策，是我国现代化建设中一项十分艰巨和紧迫的战略任务。

3. 科技政策思想

为了更好地促进科技对社会发展的推动作用，党的第三代领导核心对一些具体而且实践性很强的问题，提出了一系列科技政策思想。如，科技工作要面向经济建设主战场；深化科技体制改革；推进国家创新体系的建设；建设一支宏大的富有创新能力的高素质队伍；加强同国际科技界的交流与合作；基础研究要有所为，有所不为等等。

（二）跨世纪党的科技观主要特征

以江泽民为核心的党的第三代领导集体，在继承邓小平科技观的基础上，对90年代以来世界科技革命的形成和发展进行了认真的研究和把握，对我国科技事业改革过程中的经验教训进行深刻的总结和概括，形成了一整套较为完善的科技观体系，其主要特征如下：

1. 时代性特征

世纪之交，科学技术在社会经济发展中的作用越来越大；高科技向现实生产力的转化越来越快；国际间科技、经济的交流合作不断扩大；科技人才，教育的基础作用日益突出。面对新形势，党的第三代领导紧紧把握住当代时代潮流，充分估量科学技术发展对综合国力、社会经济发展和人民生活的巨大影响，认真对待科技革命给我国带来的挑战和机遇。从科学技术优先发展战略思想的提出，到"科教兴国"战略方针的实施，无不体现出强烈的时代特征。

2. 创新性特征

科技创新是党的第三代领导集体科技观的核心，如果说"科学技术是第一生产力"是邓小平科技观的精髓，那么创新则是江泽民科技观的灵魂。江泽民从哲学的层面提出了科学的本质是创新。在实践层面上，江泽民结合世界科技发展的新特点和我国科技体制改革与发展的新情况，提出一系列富有创新特点的思想，并把科技创新提升到国家兴衰、民族存亡的战略高度。从有计划地发展高新技术产业，到建立国家创新体系，都体现出其科技观的创新性思维特征。

3. 系统性特征

党的第三代领导核心科技观涉及科学技术观、科技发展战略思想、具体的科技政策等方面。它是以"科学技术是第一生产力"为指导，以科教兴国为战略，以科技创新为根本，以科技体制改革为动力，以实现科技和生产力的跨越式发展为途经，以高素质的科技人才为依托和以实现中华民族的伟大复兴为目标的全方位、多层次的科技观体系，因此它具有清晰的层次结构和完整的系统性等特征。其体系的完整性和逻辑的严密性也代表了党对科学技术的最新认识水平。

4. 开放性特征

党的第三代领导的科技观的开放性表现在两个方面：从时间上看，江泽民吸收了从马克思、毛泽东到邓小平科技观的精华，时间跨度是 100 多年。从空间上看，江泽民的科技观是多方位的。江泽民不仅提出了中国的科技发展离不开世界，世界科技的进步也需要中国的论断，而且在实践层面上积极主张引进世界大国的先进技术，重视加强中国同国际科技界的交流，按照平等互利、成果共享、尊重知识产权开展合作。这无不体现其科技观及实践体系的开放性。

第五章

“科学发展观”对中国科技事业腾飞的引领

进入21世纪以后，世界新科技革命发展的势头更加迅猛，信息科技、生命科学和生物技术、能源科技、纳米科技和空间科技等高技术领域的新突破和相关新兴产业的迅速崛起，引发了世界范围内的产业结构调整和升级，大大地促进了生产力的发展。以胡锦涛总书记为核心党中央高度重视科技进步在推动社会主义现代化建设中的关键作用，在准确把握当今世界经济、科技、教育发展态势的基础上，提出了许多具有重要指导意义的新命题和新论断，开创了中国科技发展的新道路，形成了中国科技发展新战略，引领着中国科技事业的跨越发展。

第一节　以科学发展观指导科技事业

以人为本，全面、协调、可持续的发展观，是胡锦涛以邓小平理论和“三个代表”重要思想为指导，从新世纪新阶段党和国家事业发展全局出发提出的重大战略思想，这是对社会主义现代化建设规律认识的深化，是对人类社会文明进步发展规律认识的深化，是全面建设小康社会和实现现代化的根本指导方针，也是中国科技发展的指导方针。因此，科学发展观的提出对推进我国科学技术事业的发展具有重大的意义。

一、把握科技发展时代机遇

进入新世纪，中国正处在一个难得的科技发展和经济社会发展的双重战略机遇期。和平、发展、合作是当代的潮流，经济社会发展的迫切要求，日益突出的全球性问题，科学技术体系的内在演进，都在孕育重大科技突破。科技知识创新、传播、应用的规模和速度不断提高，科学研究、技术创新、产业发展、社会进步相互促进和一体化发展趋势更加明显，一系列重大科技成果以前所未有的速度转化为现实生产力，正在深刻改变世界科技和经济社会发展形态，科技成果转化为生产力产业的周期和更新换代越来越短。

在机遇和挑战并存的新时代背景下，以胡锦涛总书记为核心党的领导集体提出新的发展观，其内涵包括“坚持以人为本，树立全面、协调、可持续的发展观，促进经济社会和人的全面发展”，按照“统筹城乡发展、统筹区域发展、统筹经济社会发展、统筹人与自然和谐发展、统筹国内发展和对外开放”的要求来统领中国现代化建设。针对世界科学技术发展态势，胡锦涛立足全局，高屋建瓴，把握机遇，审时度势，洞察世界科技发展的态势及各国采取的策略，明确指出：“人类社会步入了一个科技创新不断涌现的重要时期”，“世界各国尤其是发达国家纷纷把推动科技进步和创新作为国家战略”。①“科技知识创造、传播、扩散、应用的规模和速度不断提高”。②“世界科学技术酝酿着新的突破，一场新的科技革命和产业革命正在孕育之中”。“如果看清世界科技进步的大势，能够制定出正确的科技发展战略，奋力跟上科技发展的时代潮流，就可以在未来的发展中进一步把握住机遇、赢得主动”。“科学发现正在为技术创新和生产力发展开辟更加广阔的道路，科技成果产业化周期缩短，技术更新速度越来越快，以信息科技、生物科技为主要标志的高技术及其产业快速发展，不断创造出新的科技制高点和经济增长点。”③

本世纪头20年，是中国经济发展的重要战略机遇期，也是中国科学技术发展的重要战略机遇期。当今时代，谁在知识和科技创新方面占据优势，谁就能够在发展上掌握主动。因此，作为发展中的大国必须抓住难得的机遇，

---

① 胡锦涛：《坚持走中国特色自主创新道路为建设创新型国家而努力奋斗》。载《人民日报》，2006年1月10日。

② 胡锦涛：《在纪念中国科协成立50周年大会上的讲话》，载《人民日报》，2008年12月15日。

③ 胡锦涛：《在中国科学院第十二次院士大会、中国工程院第七次院士大会上的讲话》，载《人民日报》，2004年6月3日。

依靠科技进步和创新推动经济社会又好又快发展。

二、深刻认识科技是生产力实质

20世纪80年代，邓小平提出了科学技术是第一生产力的著名论断，使我国科技事业和社会经济各方面得以大力的发展。在新的世纪，胡锦涛进一步强调：科学技术作为第一生产力，对一个国家、一个民族现在和未来的发展具有决定性意义。党的十六届三中全会提出了坚持以人为本，全面、协调、可持续的发展观，这是对社会主义现代化建设规律和人类社会文明进步发展规律认识的深化，也是对科学技术是第一生产力认识的深化。

落实以人为本，全面、协调、可持续的发展观，是一项内涵十分丰富的大事业。人类发展的历史告诉我们，科学技术的每一次重大突破与应用都使生产率得以极大提高，都带来物质生产水平的进步和经济大发展，进而促进社会政治、文化的发展与繁荣，推动人类社会进步；社会进步又促进了科学技术发展。因此，要落实科学发展观，必须将科学技术放在优先发展的位置。尤其是对于我国这样一个拥有13亿人口的大国，人口多、底子薄，经济、科技、文化相对落后，要解决诸多历史和现实的问题，必须依靠科学和技术的进步，必须将科学技术是第一生产力的观念落到实处。这个论断是对人类社会发展历史的高度概括。生产工具的进步产生了农业革命，蒸汽机的发明与应用带来了空前的工业革命。当今日新月异的科学技术发展更让人感到了科学技术的力量：信息技术改变了生活方式、交通方式的变革改变了地域观念、现代武器改变了战争概念。"科学技术是第一生产力"已深入人心，但仍需要进一步深化，特别是要充分认识到，科学技术是社会发展的原动力，是社会政治、经济、文化发展的第一推动力。纵观当今世界，尽管各国在历史文化、发展水平、社会制度等方面存在着这样那样的差异，但各国都普遍关注和重视科技进步。特别是各大国都高度关注科学技术的发展趋势，纷纷加强科学展望和技术预见，认真思考和积极实施新的科技发展战略和科技政策，希望通过科技进步来推动本国的经济发展和社会进步。因此，只有依靠科学技术，才能不断创造新的产业、新的市场、新的生活、新的文化；只有依靠科学技术，才能培养数以亿计的掌握现代科技知识的劳动者，建立先进的科技创新平台和高效的科技成果转移与价值实现体系，才能支撑整个经济社会的全面协调可持续发展。

我国正处于并将长期处于社会主义初级阶段，人口多、底子薄，经济、科技、文化相对落后，是我国的基本国情，在综合国力竞争日益激烈的形势下，我们面对着西方发达国家在经济、科技等方面明显占有优势的压力。从近期看，我国人口多、资源人均占有量少的国情不会改变，不可再生性资源储量和可用量不断减少的趋势难以改变；从长远看，经济发展和人口、资源、环境的矛盾会越来越突出，可持续发展的压力会越来越大。因此，我们必须按照科学发展观的要求，立足当前，着眼长远，深刻认识科学技术是第一生产力，坚持依靠科技进步和创新，抓紧解决这些问题。

总之，树立和落实科学发展观，不管是促进人的全面发展，还是促进经济发展和社会全面进步，都离不开科技这一第一生产力的进步和创新。因此，我们必须坚持科学技术是第一生产力，坚定不移地实施科教兴国战略，坚定不移地真正将科学研究当做未来发展的基石，坚定不移地依靠科技进步和创新来实现全面、协调、可持续发展。

三、制定正确的科技发展战略

当今世界，综合国力竞争日趋激烈。这种竞争，关键又在科学实力的竞争和技术水平的竞争，能否跟上世界科技发展的潮流，关系到一个国家在未来发展中的强弱。在这种情况下，从宏观的层次上规划和制定国家科技发展目标就显得十分重要。科技有其自身发展的客观规律，科技成果的滞后性，要求科技规划必须要有前瞻性。对于中国这样一个长期处于社会主义初级阶段的国家来说，经济力量的局限，科学技术水平的整体落后，迫使我们要更加合理地布局科技力量，把分散的资源集中起来，才能走上全面、协调、可持续的发展道路，最终实现综合国力的提高。反之，面对我国经济和科技水平都十分落后的基本国情如果不把国家现有的科学力量适当地组织起来，密切地联系现代化建设事业的需要，作出比较全面的和长期的规划，那么科学技术事业的发展就没有了方向。

专家们预计，在未来 30 年到 50 年内，世界科学技术将会继续出现重大创新，很有可能在信息科学、生命科学、物质科学、脑与认知科学、地球与环境科学、数学与系统科学以及自然科学与社会科学的交叉领域中形成新的科学前沿，出现新的科学飞跃，为人类社会发展打开新的广阔前景。未来科学技术引发的重大创新，将会推动世界范围内生产力、生产方式以及人们生活方式进一步发生深刻变革，也将会进一步引起全球经济格局的深刻变化和利益格局的重大调整。这个发展趋势，必然对世界经济、科技发展和国际综合国力竞争带来重大影响。在这样的大背景下，如果看清世界科技进步的大势，能够制定出正确的科技发展战略，奋力跟上科技发展的时代潮流，就可以在未来的发展中进一步把握住机遇、赢得主动。反之如果没有看清世界科技进步的大势，不能制定出正确的科技发展战略，在全球激烈的科技竞争中落伍了，那就会失去机遇、陷于被动。机遇和挑战并存，关键看我们能不能把握住机遇、加快发展，开创科技事业发展的新局面。因此，党的十六大提出并制定国家中长期科学和技术发展规划的任务，是加速我国科技发展、提高科技竞争力和综合国力的重要举措。我们应用科学发展观统领科技规划编制工作，立足国情、着眼全球、把握趋势，制定出符合国家未来10至20年经济社会可持续发展和国家安全战略需求及科学技术自身规律的规划。

在制定出正确的科技发展战略的同时，我们还要以制定国家中长期科技发展规划为契机，完善国家科技计划体系，将重点集中到事关现代化全局的战略高新技术，事关实现全面、协调、可持续发展的重大公益性科技创新和重要基础研究领域。要依据政府引导市场、市场引导企业的原则完善科技开发性计划，减少重复计划、重复投资、重复建设。要充分发挥市场配置资源的基础性作用，通过市场引导，调整科技创新目标，促进科技创新要素和其他社会生产要素的有机结合，形成科技不断促进经济社会发展、社会不断增加科技投入的良好机制。

总之，跟上科技发展的时代潮流，制定出正确科技发展战略，才能使我国在全球科技进步的浪潮中夺取优势，并保持强大的发展后劲；也才能抢占科技制高点，把握"崛起"的主动权，它将使我们能从容面对复杂多变的世界政治经济环境进退自如。

四、加强对科技发展的社会控制

科学发展观的提出是为了社会更好的发展，社会发展离不开科学技术。然而，科技的应用对社会发展有两重性效应：它既有可能造福于人类，推动社会进步，也有可能威胁人类的生存和发展，给社会进步带来负面影响。正如里夫金所言："每一场新的技术革命总是利弊共存。新技术征服和控制自然的力量越大，我们为其破坏甚至毁灭生态与社会的可持续发展所不得不付出的代价也就越大。"① 随着科学技术的发展，科学技术的两重性效应正表现得越来越明显。因此，为了更好利用科学技术促进社会发展，有必要加强对科技发展的社会控制。对科技的社会控制可分为内部控制和外部控制两种形式。

内部控制是一种微观控制，是在科技社会内部建立起各种行为规范和机制，使科学家的行为和研究工作约束在一定的框架范围之内。无规矩不成方圆，没有制度和规范，科技工作者的行为就会失控，科学技术对社会的作用也就会失控。因此，有必要在科学社会内部健全各种规范，形成有效机制，引导科技工作者的研究朝着有利于人类社会发展的方向进行。

外部控制属宏观控制，是社会运用意识形态，通过制定科技政策、科技法律、科技规划影响和控制科学技术的发展。人类对科技的宏观控制是要在思想意识形态中树立起对科学技术正确、客观的理解模式，摒弃原有的科学技术万能论，明确科技与社会其他子系统之间不是决定与被决定的线性关系，而是共同组成一个相互关联的有机整体，科技的发展和运用一定要考虑社会其他子系统对此的承受能力。在树立正确的指导思想基础上，社会应通过制定合理的科技政策，完善科技法律，进行科学规划来实现对科技的调控。科技政策是国家在一定时期的总目标下，为促进和调节科学技术的发展而制定的科学技术工作应该遵循的基本原则和措施。国家通过科技政策，确定科技事业的发展方向，处理科技活动领域的各种内部关系和外部关系，实现对科技活动的宏观控制，以促进整个科学技术系统的良性发展。科技法律是促进科技正确发展的法律保障。当前优化我国科技进步的法律环境的任务，可以归纳以下几个方面：依法确定国家发展科学技术的基本方针、重大政策和管理体制并赋予其巨大的权威和执行效力，这是科技进步的法律环境的基础和前提；依法确立科学技术系统的运行机制，保障科学技术与经济、社会协调发展，实现由必然王国向自由王国的飞跃；依法确立保护知识产权的基本政策，建立保护专利、商标、著作权、计算机软件、集成电路、植物新品种以

① ［美］杰里米·里夫金：《生物技术世纪》，付立杰等译，上海科技教育出版社 2000 年版，第 37 页。

及制止不正当竞争的法律制度，合理解决科技经济一体化进程中，科技成果和知识产权归谁所有、如何转让和使用，以及由此产生的利益如何分配的问题；依法确立特定行业、特定领域尤其是高科技产业的技术政策，振兴措施和监督管理制度。

第二节 走中国特色的自主创新道路

中共十六届五中全会通过的《国家中长期科学和技术发展规划纲要(2006~2020)》，提出了国家发展战略中关于自主创新的重大课题。历史经验告诉我们，技术引进只能作为我国科技发展在特定时期的策略目标，而不能把它作为国家战略来对待。今天，我国提出的以自主创新为主导的科技发展战略，是应对国际科技发展形势的战略抉择。

一、自主创新对当代中国科技进步的意义

胡锦涛在全国科技大会的讲话中明确指出："一个国家只有拥有强大的自主创新能力，才能在激烈的国际竞争中把握先机、赢得主动。"① 这是基于当今国际科技和经济发展态势的重要论断。所谓自主创新，就是一个国家或一个企业坚持技术学习主导权，并把发展技术能力作为竞争力或经济增长动力主要源泉的行为倾向、战略原则和政策方针。因此，其实质就是要使科学技术进步成为经济增长和社会发展的主要动力源，同时把本土技术能力的发展看做是提高国家经济国际竞争力的主要途径。② 历史与现实告诉我们，一个国家要想得到真正意义上的经济腾飞，必须注重科技的自主创新。

首先，技术自主创新能力决定着国家的竞争力。从世界经济史可以看出，发展中国家必然要经历一个从技术引进、消化、吸收到自主创新，逐步建立起本国的产业发展基础，最终实现经济自主独立并参与国际竞争的过程。在过去相当长的历史时期里，中国以劳动密集型产业参与国际分工，对于经济

① 胡锦涛：《在全国科学技术人会上的讲话》，载《求是》，2006年第2期，第3页。
② 路风：《理解"自主创新"》，载《软科学研究》，2006年第10期。

增长和促进就业都发挥了重要作用。但是，长期处于低端技术产品环节的深层次矛盾日益尖锐。比如我国现在生产的个人计算机平均利润不到5%；我国苏州生产的美国罗技鼠标，每只销售价约41美元，生产企业只赚到3美元；我国企业生产的DVD机，每台售价不到30美元，交给别人的专利费接近10美元，生产企业的最终利润只有1美元；我国生产的电视机，纯利润已经不到10元人民币。由于缺乏核心技术．我国企业不得不将每部国产手机售价的20%、计算机售价的30%、数控机床售价的20%~40%支付给国外专利持有者。因此，无论是在国际市场还是在国内市场，依靠过去那种拼资源、拼劳力和低水平引进的方式，已经很难换来应有的利益。通过自主创新掌握核心技术，赢得竞争优势，这是提高国家竞争力的必由之路。

其次，引进技术不等于引进技术创新能力。技术和技术能力是两个有本质区别的概念。在一定条件下，技术可以引进，但技术创新能力不可能引进。研究表明，技术创新能力必须是组织内生的，只有通过有组织的学习和产品开发实践才能获得。① 也正因为如此，即使那些与美国有着更加密切关系的西方国家，也无一例外地致力于增强自身创新能力上。20世纪60年代末，欧洲下定决心研制自己的大飞机，即使美国人极力阻挠，欧洲四国政府仍然以长达25年、先后投入250亿美元的毅力，造出了自己的空中客车，到今天已经与美国波音平分天下。而令人遗憾的是，就在同一个历史时期，通过自主研发的国产“运十”大型客机却在一片崇洋媚外的技术引进声中，黯然下马。2005年，法国总统希拉克对欧洲实施卫星定位导航系统的“伽利略计划”，强调指出，如果我们不在这个领域有所作为，就只能成为美国的附庸，就不可能建设起一个独立的欧洲。韩国也曾经大量引进国外先进技术，但他们从一开始就非常注重消化吸收和再创新，许多领域技术引进与消化吸收投入之比达到1：5~1：8，使本国企业的自主开发能力得到了迅速提升，成就了一批世界知名企业和知名品牌。因此，我国的产业体系要吸收消化国外先进技术并使之转化为自主的知识资产，就必须建立自主开发的平台，培养锻炼自己的技术开发队伍，进行技术创新的实践。在发展技术特别是战略技术及其产业方面，强调国家意志并没有过时。通过自主创新提升产业素质，把资源禀赋决定的比较优势转化为核心技术的竞争优势，使之成为新时期我国技术

---

① 梅永红：《自主创新与国家利益》，载《中国软科学》，2006年第2期。

进步的一个立足点。

第三，更为重要的是，作为一个经济正在转型的发展中大国，有着自身特定的需求，不可能指望别人来帮我们解决自身所面临的重大科学技术问题。我国人均自然资源相对短缺，耕地资源只有世界人均水平的1/3，淡水资源只有1/4，石油资源只有1/10。面对这种基本国情，建立在资源过度消耗和对生态环境破坏基础上的发展模式注定难以为继。况且我国人口众多，公众科学素养低下，公共卫生与健康问题日益突出，上百万的艾滋病毒感染者、上亿的肝炎病毒感染者、数百万的开放性结核病人已经成为挥之不去的伤痛。我们能够把希望寄托于他人吗？答案无疑都是否定的。正如印度曾经担任总理首席科学顾问的现任总统卡拉姆强调：“科学是无国界的，但技术永远是国家的财富，没有哪个国家会为别国去搞技术开发。”另一方面，我国的战略环境不断恶化，还面临着“台湾”回归、统一国家的艰巨任务，某些西方国家出于维护霸权的需要，对我国从政治环境、科技转让、新闻舆论等方面进行全面围堵，手段无所不用其极，已经超过一般竞争性冲突的范畴，这些严峻的事实使加强自主创新的战略包含新的神圣的使命。

二、自主创新的类型及特点

自主创新包括三种类型：原始创新，集成创新，引进、吸收、消化再创新。原始创新是指创造新的知识和为新的知识创造新的应用的过程，这种创新的主体以大学和研究院所为主；集成创新是指把个别的知识或者技术，整合为新的系统，是新系统的整体创新。集成创新的主体是企业，强调产、学、研的紧密合作；引进、吸收、消化再创新，是指对引进的科学与技术，通过吸收、消化再研究，突破引进的科学与技术的已有成果，实现新的创新。这三种类型都是自主创新，不能偏废。自主创新由三个环节组成：科学创新、技术创新和企业自主创新。科学创新，就是创造新的知识，增加人类知识的总量的行为。技术创新是以已经获得的新知识去创造新的应用的系统的、创造性的工作。在科学活动中，一般把科学创新叫做基础研究，或者基础性研究。而技术创新则包含应用研究、试验发展和它们的成果转化，只有知识还不是现实的生产力，要把它变成现实的、直接的生产力就必须经过技术创新这个环节。企业技术创新包含三个要素：企业在技术创新的主体性；企业的核心竞争力；企业的品牌创造力。自主创新的功能要得以发挥，就必须实现创新的物质化，把自主创新落实到经济行为中，从而转变为直接的现实生产力，这一过程包括两个方面：产品创新和产业创新。产品创新不是简单的科学发现或发明，更不是没有自主知识产权的产品制造。产品创新要经过长链条的发展过程，即广义的技术创新，它包括研发、成果转化、工业化生产、商业销售等一系列的创新活动。产业创新是指整个产业的更新换代，即以产品创新推动先导产业的进步，再以支柱产业的升级推动产业结构的调整，最后实现经济时代的整体转变。

自主创新具有四个特点：内生性、率先性、原创性和内在性。内生性是指自主创新所需要的核心技术必须来源于创新主体内部的技术突破，是创新主体依靠自身力量，通过独立的研究开发而获得的，这是自主创新的本质特点。自主创新的成果可通过专利保护的形式加以巩固，在法律上确定自主创新者的技术垄断地位，从而使自主创新主体可在一定时期内掌握和控制创新成果的技术核心，在一定程度上左右产品和技术发展的进程和方向。率先性是指技术与市场开发上都居于领先地位，即在技术成果的申请上，率先注册以寻求法律保护，同时将技术成果率先推向市场。率先性虽然不是自主创新的本质特点，但却是创新活动努力追求的目标。自主创新并不意味着要独立研究开发其中的一切技术，创新主体只要开发了其中的关键性核心技术，解决了创新活动中的最重要任务，独立地掌握了核心技术原理，就能拥有技术与市场方面的率先性。自主创新还必须具有原创性。在市场经济的条件下，非原创性的自主创新是没有意义的。只有具有原创性的创新成果才会独占创新成果，并将得到法律的保护，从而最大化地实现社会和经济效益。自主创新的主体为了获取最大的经济利益和社会效益，必须将是否具有原创性作为创新活动的基本要求。自主创新不但要在开发上具有原创意义，而且要能迅速实现市场化和实用化。自主创新的内在性即研究主体在开发、设计、应用、推广等创新链的每一个环节都具有相应的自身积累的技术条件。这里的技术条件包括物质条件、技术力量和人才储备。自主创新不仅要有内生的技术突破，而且后续的主要环节也要依靠自身的力量实现。总之，自主创新是一种极为强调原创性的创新，它要求创新的主体具有比较雄厚的研发实力和一定的研究成果的积累，而且在这一领域占据着领先的地位。没有一定的实力和相关的研究成果的积累，创新主体是很难一开始就获得成功的。

三、自主创新的科技资源配置

提高科技自主创新能力，关键是合理调整科技资源配置。因为科技运行的焦点是科技资源配置，科技资源配置决定科学技术作为第一生产力的发挥。“目前，科技资源的宏观配置，由政府职能部门调控、分配全国的科技资源”①，“通过国家科技计划的实施，实现国家创新体系科技资源的分配与组合”②。合理调整科技资源配置的目的就是提高国家科技自主创新的能力。按照国务院的总体部署，调整科技资源配置和国家科技计划的重点，主要是以下三个方面：

一是要加强基础性研究科技计划原始创新的目标管理。基础性研究是指以探索自然界的规律为目的的科学活动，具体表现为创造新的知识和新的发明。国家基础性研究计划，就是要吸引、鼓励、凝聚科学家，将对自然规律的探索与国家发展目标相结合，为满足国民经济和社会发展，提供科学理论基础的支撑，同时也为应用研究和技术开发提供科学理论源泉。我国的“973”计划，就是国家基础性研究计划的主体计划。它与“863”计划既互相区别又互为支撑。目前存在的问题是：“973”计划原始创新的导向不突出，研究目标向应用研究和技术开发漂移，存在着向“863”计划延伸的倾向，研究项目成果的验收界限也比较模糊。要完整实现“973”计划的目的，就必须在满足科学理论基础原始创新的要求下，延长“973”计划项目的研究周期，同时要在管理制度（体制与机制）上创新，让“973”计划项目与国家自然科学基金计划统筹安排。部分项目要实行“三级火箭”制，即从自然科学基金遴选优秀结题项目，竞争进入“973”计划，从而拓展研究范围，以支撑关键性的理论突破。待项目结题验收后，再遴选项目中的优秀课题，由“973”计划实行直接委托研究，最终取得前沿的原始创新成果。

二是要设立公共技术、关键技术的技术开发工程科技计划。从1999年到2000年，国务院原经贸委管理的10个国家局所属242个科研机构和国务院11个部门（单位）所属134个科研机构实行转制。国务院部属的科研机构是中

① 杜基尔、蔡富有：《创新发展的战略选择》，中国经济出版社2005年版，第604页。
② 杜基尔、蔡富有：《创新发展的战略选择》，中国经济出版社2005年版，第623页。

国科技大军中一支重要的方面军，这批大院大所是国民经济各行业科技水平领先的国家代表队。“他们是中国的公共技术、关键性的技术平台，他们在中国科技系统、经济系统的发展链上、处于技术创新的关键位置、而这又是中国的薄弱环节。”① 可以认为，在关键点以及薄弱环节上，当时的改革缺乏系统性的统筹安排且过于简单化。作为公共技术、关键性技术的技术创新平台，不是要出局，而是应该得到加强和升级。在我国的各类企业中，国有企业有经济规模大和装备累积足的优势，有熟练的产业工人队伍和销售人员队伍，但研发能力不强；高新技术企业，有快速的产业化能力，但自主的科技创新能力不足；一般的民营企业市场经营能力强，但缺乏前瞻性创新优势，主要是选择经济效益高的适用技术科技型企业则可以成为具有高水平科技优势的新型企业，成为领航的技术创新企业。应在原部委大院大所基础上，面向全国遴选组建公共技术、关键技术的创新技术平台工程基地，并为此设立公共技术、关键技术的创新技术平台工程科技计划，提供充满活力的发展条件。

三是要设立以企业为主体的企业技术创新科技计划。企业是国家经济实力的基础和支柱，也是全社会技术创新和科技投入的主体。但要使企业成为集成创新和引进、吸收、消化再创新的主体，其科研实力还需进一步加强。现在全国有 2 万多家大中型企业，设有研发机构的仅占 25%，有研发活动的也仅占 30%。大中型企业的研究开发经费平均统计，只占销售额的 0.39%，即使是高新技术企业也只占 0.6%，这个比例还不到发达国家的 1/10。国家既要推动国家科技计划进入企业，同时也要鼓励企业主动进入国家科技计划。要改变企业依赖高投入、高消耗、高污染、低产出、低效益粗放型经济增长方式，就必须改变企业重引进、轻消化，忽视吸收和创新的发展现状。只有当企业真正成为技术创新主体，中国才能实现由经济大国向经济强国的转变，步入知识经济时代。当前国家科技计划中还没有一个计划是以企业为主体，虽然也有少数企业介入国家科技计划的项目，但基本上处在配角的位置，只是承接技术开发和产业化的配套任务。企业技术创新科技计划，就是以提高企业核心竞争力，增强企业自主技术创新为目标，以企业为主体，实现产、学、研的合作。在投入资金方面，以企业自筹资金为主，市场融资为辅。同

① 《首届中国科技政策与管理学术研讨会 2005 年论文集》，中国科学学与科技政策研讨会，2005 年版，第 110 页。

时中央财政按项目按比例补偿支持，并允许企业以投入资金冲抵企业所得税。企业自主创新科技计划实施的主要目标，是通过企业技术需求来推动实现技术集成创新和引进、吸收、消化再创新。只有国家科技计划进入企业，企业加入国家科技计划，提高自主创新能力，才能真正提高国家的核心竞争力。

四、自主创新的实施途径

第一，推进国家创新体系建设。具体来说，要建设以企业为主体、市场为导向、产学研相结合的技术创新体系，使企业真正成为研究开发投资的主体，技术创新活动的主体和创新成果应用的主体，全面提升企业的自主创新能力；要建设科学研究与高等教育有机结合的知识创新体系，以建立开放、流动、竞争、协作的运行机制为中心，高效利用科研机构和高等院校的科技资源，稳定支持从事基础研究、前沿高技术研究和社会公益研究的科研机构，集中形成若干优势学科领域、研究基地和人才队伍；要建设军民结合、寓军于民的国防科技创新体系，加强军民科技资源的集成，实现基础研究、应用研究开发、产品设计制造、技术和产品采购的有机结合，形成军民高技术的共享和相互转移的良好格局；要建设各具特色和优势的区域创新体系，促进中央和地方的科技力量有机结合，发挥高等院校，科研机构和国家高新技术开发区的重要作用；要建设社会化、网络化的科技中介服务体系，大力培育和发展各类科技中介服务机构，并实现其专业化、规模化、规范化。

第二，选择重点领域实现跨越式发展。胡锦涛指出：“自主创新是中国应对未来挑战的重大选择，是统领中国未来科技发展的战略主线，是实现建设创新型国家目标的根本途径”。① 中国的科技发展不能再停留于一般的模仿和跟踪，而必须具有实现跨越发展的胆识和魄力，增强从事原始科学创新和世界一流技术创新与集成研究的信心和勇气。从认知客观世界的本质出发提出科学问题，从我国经济社会发展的战略需求出发寻求技术突破，确定战略重点，开辟新的领域，创造新的方法。我国要在激烈的国际科技竞争中赢得主

① 胡锦涛：《坚持走中国特色自主创新道路、为建设创新型国家而努力奋斗》，载《经济日报》，2006 年 1 月 10 日。

动，就必须把促进科技进步和创新作为推动整个科技事业发展的关键环节，通过重点领域的突破，带动国家整个科技竞争力的显著跃升。要加强基础研究和高技术研究，推进关键技术创新和系统集成，实现技术跨越式发展。要坚持有所为有所不为的方针，在事关我国经济社会发展、国家安全、人民生命健康和生态环境全局的若干领域，重点发展，重点突破，努力在关键领域和若干技术发展前沿掌握核心技术，拥有一批自主知识产权。

第三，把提高自主创新能力作为科技发展的首要任务。中国之所以要提高自主创新能力、建设创新型国家，就是因为在关系国民经济命脉、国家安全的关键领域，真正核心的关键技术是买不来的，只能依靠自主创新来获得。因此，要认真落实国家中长期科学和技术发展规划纲要，加快组织实施国家重大科技专项，加大对自主创新的投入，激发创新活力，增强创新动力，在若干重要领域掌握一批核心技术，拥有一批自主知识产权，造就一批具有国际竞争力的企业，创造一批具有核心知识产权和高附加值的国际著名品牌；要制定和实施鼓励自主创新的政策，加大产权尤其是知识产权的保护力度，改善对高新技术企业的信贷服务和融资环境，加快发展创业风险投资，营造有利于自主创新的环境。

第四，创造良好环境，培育创新性人才。科学技术是第一生产力，而广大的科技工作者是新的生产力的开拓者，是发展和解放科技生产力的主力军。因此，科技的进步和社会的发展，从根本上说取决于劳动者的素质。胡锦涛极其强调人才的关键作用。他把全面实施人才强国战略放在特别重要的位置，提出，要坚持在创新实践中发现人才，在创新活动中培育人才，在创新事业中凝聚人才；要依托国家重大人才培养计划、重大科研和重大工程项目、重点学科和重点科研基地、国际学术交流和合作项目，积极推进创新团队建设，努力培养一批德才兼备、国际一流的科技尖子人才、国际级科学大师和科技领军人物，特别是要抓紧培养、造就一批中青年高级专家；要努力营造鼓励人才干事业、支持人才干成事业、帮助人才干好事业的社会环境，形成有利于优秀人才脱颖而出的体制机制，特别是要为年轻人才施展才干提供更多的机会和更大的舞台。

第五，坚持把以人为本，大力发展与民生相关的科学技术。发展科技的最终目的，是为人类服务。“坚持以人为本，让科技发展成果惠及全体人民。

这是中国科技事业发展的根本出发点和落脚点"。[①] 根据科学发展观的要求，科技的发展要以人为本，贴近民生，把改善民生作为科技工作的一个出发点和落脚点。在科技发展上坚持"一切为了人民，一切依靠人民，科技成果让全体人民共享"的根本方针。科技发展的成果，要以解决人民最关心、最直接、最现实的利益问题为重点，使科技发展成果更多体现到改善民生上，科研项目的选题要把解决民生问题放在重要位置。从人民的实际需要出发，解决"学有所教、劳有所得、病有所医、老有所养、住有所居"等社会问题，让科技成果为惠民、富民做出贡献，提高人民群众的生活质量，提高人民群众的幸福指数。

第三节 重视科技与环境的和谐发展

科学技术作为人类社会发展进步的"助推器"，为人类带来了巨大福祉。但是科学技术的负面效应及其不合理的应用也使人类面临诸多严重后果：环境污染、生态失衡等。因此，只有重视科技与环境的和谐发展，依靠科技，发展循环经济，推广清洁生产，依法淘汰落后工艺技术和生产能力，才能从源头上控制环境污染，使科技创新的成果惠及广大人民群众。

一、科学技术滥用对自然环境的僭越恶果

飞速发展的科学技术促进了人类社会的发展和人民生活水平的提高，但也使人类的生存危机前所未有的加深，人类正陷入一个科学技术发展的两难困境之中，科技发展带来的负面作用也越来越明显。一方面，自然科学技术的发展导致了环境破坏、温室效应、物种灭绝、高科技犯罪等现象，严重影响了人们正常的生产、生活。比如说，汽车工业的飞速发展节约了人们大量的时间，方便了人们的生产、生活。但同时，汽车排放的尾气是大气的主要污染源之一，引起全球温室效应，紧接着的连锁反应是地球表面冰雪融化加

---

① 胡锦涛：《在纪念中国科协成立50周年大会上的讲话》，载《人民日报》，2008年12月15日。

快，海平面上升，加剧了自然灾害的发生；遍布每一个角落的公路网和停车场占用了大量的农田，造成人与汽车争地的尴尬局面；由于汽车数量陡增，塞车时有发生，又浪费了人们大量的时间；另外，交通事故的频繁发生，对人民的生命财产安全构成重大威胁。因此，有人就提出“科技愈发展，生态问题愈凸现①”，尽管此观点有些片面和极端，但也不是完全空穴来风，没有根据。

当然，很多时候我们对环境的破坏，对资源的浪费都是无意识的。在资源开发方面，只注重发展大规模采掘自然资源的技术和装备，以获得最大的财富，而很少关心资源的养护与再生。在生产方面只注重利润最高产品的生产，而将其余物质都当做废物丢掉了。所使用的技术与装备也大多是单程式的，使原料变成产品和废物，而没有废物回收、再使用等生产环节和技术装备。在消费方面，发展了用后即丢的方式，不关心丢弃掉的废弃物可能产生的不利影响，给人造成一种“有了科学技术，人类的环境质量反倒越来越差”② 的印象。高污染工业已经严重危及到人民的生命财产安全，2003 年全国共计发生 18 起重大和特大环境污染事件，死亡 260 多人，涉及搬迁、临时安置的有上万人③。

另一方面，社会科学技术的应用也产生了许多负面效应，但这种效应往往是隐性的、潜在的，不易为人们所察觉的，对社会发展的影响作用却是巨大的。社会科学技术对人的影响方式有多种：一种是通过舆论和价值引导，潜移默化地影响人的思想和行动；另一种方式是社会科学技术变成法律、体制及政策，通过国家的强制力来影响人们的思想和行为。不管哪种方式，影响力都是巨大的，特别是社会科学技术变为国家的意志力以后，对社会发展的影响更明显。GDP 核算体系是社会科学技术的一项重大成果，是目前世界各国普遍采用的衡量一个国家经济实力的通用标准。但同时，若从全人类利益以及人类长远利益来分析，这一核算体系也存在致命的弊端，它完全以经济增长为中心，没有顾及资源环境的价值、社会的福利和公正，没有考虑经济社会的全面发展，导致在实际操作中，一切以 GDP 为中心，GDP 成了各项

---

① 覃明兴：《关于生态科技的思考》，载《科学技术与辩证法》，1997 年第 3 期。

② 周光召：《将绿色科技纳入我国科技发展总体》，载《绿色周刊》，1995 年第 10 期。

③ 王玉庆：《总结经验，进一步推进全国循环经济发展》，载《中国环保产业》，2004 年第 10 期。

工作的指挥棒，GDP 成了衡量工作成绩的唯一标准。为此，有些官员为了提高 GDP 甚至不惜浪费资源、破坏环境，加剧了人与自然的矛盾。更有甚者，或以国家法律、政策做交易来招商引资，或捏造统计数字，欺上瞒下，制造假政绩。非典发生以后，在些地方官员，借口“不影响投资环境，保 GDP 增长”而隐瞒疫情，导致了疫情的进一步漫延。很显然，与自然科学技术相比，不合理的社会科学技术对环境的危害是有过之而无不及。

二、走科学技术生态化发展之路

科学发展观强调发展，并要求以实现人的全面发展为目标，从人民群众的根本利益出发谋发展、促发展，不断满足人民群众日益增长的物质文化需要，切实保障人民群众的经济、政治和文化权益，让发展的成果惠及全体人民。然而，作为一个发展中的人口大国，我国的发展面临着多方面的困难和压力。其中环境污染、生态危机等以及由此带来的环境贫困已经成为我国实现可持续发展的主要障碍。频繁的水灾、旱灾、沙尘暴等现象严重侵蚀着我国经济增长的成果，危及我们未来的生存和发展。而工业发展产生的大量废水、废气、废渣和居民生活垃圾、污水排放的污染，也直接威胁人们的身体健康。这些现象如果不能得到有效的控制，长此以往让“老百姓喝上干净的水，呼吸新鲜的空气，吃上放心的食物，在良好的环境中生活”这样一个基本的要求会越来越成为难以企及的“梦想”，发展必将成为一句空话，人民的利益保障也无从谈起。从这一点来说，实现社会发展的“生态化”就是最大的善，就是终极意义的人文关怀。莱斯特·布朗指出：“长久维持的能力是带有经济含义的生态学概念。它强调经济的增长和人类的福利有赖于维持一切生物系统的自然资源基础。”① 社会的发展不仅仅应考虑经济效益，而更应考虑社会效益与生态效益。事实表明在影响我国社会生态化发展，造成当前环境问题的原因中，科技水平、管理模式的落后是关键。因此，实现生态科技创新，走科学技术的生态化之路，是落实科学发展观的应有之义。

所谓科技生态化是“指社会科技发展趋向于生态科技形态，生态科技居于科技体系的核心，以实现科技成为环境优化力量的过程。”而生态科技“指

① 马克斯·韦伯：《儒教与道教》，商务印书馆 1995 年版。

其研究运用能够促进整个生态系统保持良性循环，甚至能优化生态系统结构的科学技术系统。这里有必要说明，所谓的生态科技并不仅仅指这类科技的积极生态效应，而是指它在产生生态效应的前提下，能够带来明显的经济效益，使得生态科技的研究和实施不仅保证了生态的可持续发展，而且也使经济的可持续发展和社会的可持续发展成为可能。”① 从根本上讲，科技生态化就是要用生态思想指导科学研究和技术应用，用生态规律引导和规范技术工艺体系，使科学技术能更好地为人和自然的协同进化服务。具体说来科技生态化包含如下主要内容：

一是科研主体思维生态化。科学研究的主体是具有科学知识并从事研究的人即科研工作者。科研主体在探索自然界时应具有生态化思维。生态化思维是多元化的思维，在社会发展问题上不仅考虑是否增加生产，还要考虑这种增加是否会造成环境的污染和生态平衡的破坏；不仅要考虑人民生活是否富裕，还要考虑这种富裕是否会影响地区和国家之间、当代人与后代人之间的公平；不仅要考虑一项科技成果是否会增加生产，还要考虑这种成果的应用可能造成什么不良的后果。

二是科研目的生态化。科研目的生态化则以人类文明的持续发展作为追求的目标，不仅追求经济效益，以最大限度地满足人们日益增长的物质需要，而且追求社会效益和环境效益，既考虑当代人日益增长的物质文化需要，也要考虑为后代保留和创造充分满足其需要的良好环境。

三是科技成果生态化。科技成果有思想理论方面和生产实践方面。在思想理论方面，科技成果生态化是人类科学技术可持续发展的现实选择，人们只有掌握了生态规律，运用科学的理论做指导，才能更好地适应生态，实现人类与环境协调发展，最终实现可持续发展。在生产实践方面，科技成果生态化不仅要有效地弥补传统技术中过分强调经济效益的最优化而忽视环境保护和污染治理的缺陷，突破传统技术“高投入、高消耗”的发展模式，妥善地解决已经产生的环境污染问题；而且要把生态纳入科技创新的目标体系之中，注重生态资源的优化利用，追求自然生态环境承载能力下的经济持续增长，即生态综合效益最大化。

---

① 张强：《“自家人、自己人和外人——中国家族企业的用人模式”》，载《社会学研究》，2003 年版。

实现科技生态化，建立绿色技术体系，改造并发展传统产业，走出一条用生态科技产业发展经济之路，实现生态经济产业，不仅是我国落实和执行科学发展观的必然要求，而且已经成为我国科技进一步发展的深层动力，促进科技创新的不断深入。

三、构建绿色科技观

绿色科技是以保护人体健康和人类赖以生存的环境，促进经济可持续发展为核心内容的所有科技活动的总称，绿色科技是一种可持续科技。而绿色科技观是建立在绿色科技进步基础上的新的科学技术观，其核心是以维护自然生态环境平衡和人类的最大利益的合理平衡为最高价值取向。绿色技术观是人类道德观和技术观在新的历史条件下的发展和统一，是伦理道德观念在科技领域与生态环境领域的深化、扩展和具体运用，是用来约束和规范人们运用科技的行为，以保护生态环境，实现社会的和谐可持续发展。

首先，绿色科技是解决资源匮乏、实施资源节约型战略的惟一途径。从人与自然关系角度看，掌握科学技术的人类，盲目地无节制地向大自然索取，造成了今天社会经济发展过程中，始终受到资源相对短缺的制约。我们只有依靠绿色科技来减少资源的使用数量，提高资源的使用效率，才能实现社会经济的可持续发展。其次，绿色科技是解决环境问题的基本手段。从科学技术发展的角度看，当前科学技术生态负效应所引起的不良环境后果，还是要靠科学技术进步去消除。依靠绿色科技治理已出现的环境污染，预防可能出现的环境问题，把经济增长与环境的改善结合起来，达到经济效益、社会效益和生态效益的统一，这是绿色科技观的内容之一。第三，绿色科技是促进当代和今后社会经济发展的内在驱动力。长期以来，我国一直沿用着粗放型的经济增长方式，这种增长方式在建国初期对改变“一穷二白”的面貌起过一定积极作用，但在经济发展到一定阶段后仍沿用这种增长方式，非但经济效益低下，而且要以牺牲环境、资源为代价。为了实现社会可持续发展，就必须借助绿色科技，依靠科技进步促进经济增长方式的转变。第四，发展绿色科技对广大的科学技术工作者发挥积极性提出了更高的要求，为他们发挥创造性提供了广阔的天地。振兴民族经济和延续人类未来这二者的结合，既是鼓舞科技工作者奋斗的动力，又是引导科技工作者选题的指南。如果说，我们过去的重点从是强调经济建设要依靠科学技术，科学技术要面向经济建设，今后就还需要可持续发展依靠科学技术，科学技术面向可持续发展，走“绿色需要科技，科技面向绿色”的有利于科学技术进步之路。

21世纪的今天，当出现资源短缺、环境污染、生态失衡的严峻事实和由此造成的生存危机时，人类不得不重新思考自然环境、生态系统在人类社会中的意义和作用。因而，保持人与自然之间的协调发展，发挥科学技术的生态正效应，树立起人与自然和谐“伙伴”的关系的绿色文明观念，不仅成为科学家们的共同话题，而且也成了各国决策者、政治家和公众的共同话题。绿色文明是建立在绿色科技观基础上的人类新的文明观，是依靠科技领域掀起的绿色革命为后盾的社会可持续发展模式。为了构建人类社会的绿色文明，我们必须制定出符合国情的绿色科技政策与制度，走科技可持续发展之路。首先，要加大对绿色科技投入力度。绿色科技的创新研究离不开经费的支撑，要使绿色科技研究成果尽快转化为现实生产力，我们必须将有限的资源和资金倾斜到绿色科技研究和推广中去，来实现绿色产业群的形成与快速发展，为绿色文明世界的建立打下坚实的物质基础，从而造福人类。其次，要大力发展环境科学与环保技术，综合治理和保护环境。按系统论的理论和方法，把环境作为一个整体来研究用绿色科技去扩大和保护资源。应用科技知识形成的智力资源去有效地扩大物质资源，加深对地球科学的基础研究，尽快开拓当今尚未发现和利用的潜在资源——非传统资源。第三，运用绿色科技开拓清洁、高效、持久的能源体系，改变能源结构。绿色能源的研究与开发应重点转向天然气、太阳能、风能等领域，同时要大力研究开发人类取之不尽的清洁能源——受控核聚变能。第四，要大力发展与可持续发展相适应的社会科学。

2005年2月19日，胡锦涛总书记在中央党校举办的省部级主要领导干部专题研讨班上，提出“建构社会主义和谐社会”的命题，并进行了比较系统的阐述。“我们所要建设的社会主义和谐社会，应该是民主法治、公平正义、诚信友爱、充满活力、安定有序、人与自然和谐相处的社会。”至此，“建构和谐社会”作为党和政府的执政理念得以确立。在和谐社会的总体内容中，人与自然关系的和谐成为其中的一个重要内容。改革开放以来，在我国的社会发展中，人与自然的关系出现了一些令人不安的现象，这一问题在改革开放以前，我们党的科技政策与制度是没有考虑到的。但是，今天，中国的科技发展与科技政策必须对此作出回应，必须发挥科学技术在人与自然关系和谐问题上的促进作用，并为“和谐社会”的构建提供“科技动力”与“科技支持”。

第四节 新世纪中国科技事业回眸

新中国成立以来，经过几代人艰苦的持续奋斗，科技事业取得了令人鼓舞的巨大成就，科技在促进经济与社会发展、提高劳动生产率、增强综合国力、提高人民生活水平等方面发挥了重要作用。以“两弹一星”、载人航天、杂交水稻、高性能计算机等为标志的一大批重大科技成就，极大地增强了中国的综合国力，提高了中国的国际地位，振奋了民族精神。到了21世纪，中国的高科技水平与世界先进水平的整体差距明显缩小，有些科学技术领域甚至达到世界一流的水平，新世纪中国现代科学技术的进步速度被公认是史无前例的。

一、基础科学领域硕果累累

基础研究是科技进步的先导，是自主创新的源泉。只有以深厚的基础研究作后盾，才能不断提高原始创新能力，增强国家发展的后劲。我国通过建立国家自然科学基金，实施国家重点科学工程，建设国家重点实验室等有力措施，坚持服务国家目标与鼓励自由探索相结合，大力开展基础研究，不断加大资金投入，基础研究领域呈现较快发展态势，一些学科的研究水平逐渐步入世界科学前沿。

（一）人类基因组“中国卷”通过专家验收

2001年8月26日，国际人类基因组计划中国部分通过了由科技部和中国科学院联合组织的专家验收。至此，国际人类基因组计划中国部分“完成图”提前2年完成。“人类基因组计划”与“曼哈顿原子弹计划”、“阿波罗登月计划”一起，并称为人类自然科学史上的“三大计划”，是人类文明史上最伟大的科学创举之一。2007年10月11日，我国科技工作者又完成了全球第一个中国人的基因组测序，绘制了第一张亚洲人的基因组图，成为用新一代测序技术独立完成的中国人全基因组图谱，实现了在基因工程领域的跨越发展。

（二）我国科学家揭示卵细胞重组编程的奥秘

近日，国际著名期刊《Axure》杂志在线发表了中国科学院上海生命科学研究院生物化学与细胞生物学研究所徐国良课题组和李劲松课题组关于卵细胞重编程机制的最新研究成果，首次阐明了自然受精和克隆过程中卵细胞重编程的机制，使人们对早期胚胎如何获得正常的发育能力有了更清晰的认识。中国科学家的这项研究成果，为开发女性不孕不育症的治疗手段提供了新的理论依据和参考，也为提高动物克隆效率带来了新的希望。

（三）国家重大科技基础设施“中国散裂中子源”动工

“中国散裂中子源”（CSNS）建成后，将成为发展中国家拥有的第一座散裂中子源，也将跻身世界第四大脉冲散裂中子源。由于散裂中子源技术在生物、生命、医药等研究领域发挥着X射线无法替代的作用，从而大幅提升中国材料、生命、纳米等学科前沿基础研究和高技术的水平，缩短中国与世界前沿的差距，带动和提升我国机械加工、医药医疗、石油化工和生物工程等众多相关产业的技术进步。

（四）新能源发电及碳减排基础研究取得较大进展

中国在煤燃烧、煤气化、煤液化、太阳能电池、太阳能制氢，生物催化转化等方面取得了一批基础研究成果。如：建立了世界上首座500W燃料敏化太阳电池示范系统；1.5MW直驱永磁式风电机组研发成功并实现产业化；建成了世界上规模最大的燃煤电厂二氧化碳捕获工程；世界上首套年产60万吨煤制烯烃工业装置即将建成等。

（五）我国科学家发现阿尔茨海默症致病的新机制

2006年11月19日，国际著名学术期刊《自然·医学》网络版在线发表了中国科学院上海生命科学研究院生物化学与细胞生物学研究所研究组关于β淀粉样蛋白产生过程新机制的最新研究成果。这项成果揭示了阿尔茨海默症致病的新机制，并且提示β2-肾上腺素受体有可能成为研发阿尔茨海默症的治疗药物的新靶点。

（六）第四代核电技术自主创新获突破

2010年7月21日，由中国原子能科学研究院研发的我国第一座快中子反应堆——中国实验快堆首次临界，意味着我国第四代先进核能系统技术实现突破，成为继美、英、法等国之后，世界上第8个拥有快堆技术的国家。快中子反应堆是世界上第四代先进核能系统的首选堆型，代表了第四代核能系统的发展方向。中国先进研究堆的建成为我国核科学研究及核技术开发应用提供了一个重要的科学实验平台，也是我国核科学技术研究能力达到较高水平的重要标志。

（七）EAST全超导非圆截面托卡马克核聚变实验装置运行

由国家发改委投资建设的国家大科学工程EAST超导托卡马克核聚变实验装置在进行的首日物理放电实验的过程中，成功获得了电流大于200千安，时间接近3秒的高温等离子体放电，这标志着世界上第一个全超导非圆截面托卡马克核聚变实验装置已在中国首先建成并正式投入运行。

（八）绘制出天空中的宇宙线分布图，发现宇宙线分布是各向异性的和宇宙线的运动规律

美国《科学》杂志刊上，依据在我国西藏羊八井宇宙射线观测站的“西藏大气簇射探测器阵列”所获得的、积累近九年之久的近四百亿观测事例的实验数据的系统分析，中国和日本两国物理学家合作发表了有关高能宇宙线各向异性以及宇宙线等离子体与星际间气体物质和恒星共同围绕银河系中心旋转的最新结果，这些实验观测的前沿进展被审稿人誉为宇宙线研究领域中“里程碑”式的重要成就。

（九）“科学”号海洋科学综合考察船建成下水

2011年11月30日，我国新一代海洋科学综合考察船在武汉顺利下水，标志着我国海洋科学考察能力迈入国际先进行列。“科学”号海洋科学综合考察船配备了水体探测、大气探测、海底探测、深海极端环境探测、遥感信息现场印证所需的多种国际先进的探测与调查设备，具备高精度长周期的动力环境、地质环境、生态环境等综合海洋观测、探测以及现场取样和分析能力，能够满足海洋科学多学科交叉研究需要。

（十）揭示果蝇记忆奥秘，探索记忆的神经生物学基础

中科院生物物理研究所研究组关于果蝇的最新研究成果，揭示了果蝇的脑中并不存在一个通用的记忆中心，而是不同感觉记忆储藏在不同的区域里，并且像人类能记住图像的高度、大小、颜色等不同参数一样，果蝇的图像记

忆也有对应的不同参数。通过对果蝇记忆基因的研究，可进一步运用到小白鼠、哺乳动物甚至人类身上，从而解决人类失眠、老年痴呆等精神性疾病。

近年来，中国基础研究还取得一批重大原始性创新成果。如“北京正负电子对撞机重大改造工程通过国家验收”、“查明中国陆地生态系统的碳平衡状况”、“揭示 A1 型短指症致病机理”、“发现 β－抑制因子－2 复合体信号缺损可导致胰岛素耐受”、“实验证实诱导性多能干细胞具有发育全能性”、“发现金属钠在高压条件下可转化为透明绝缘体”、“阐明纳米孪晶纯铜极值强度的形成机制”、“高温铜氧化物超导体物性和超导机理研究取得重要进展”、“鉴别出与超级杂交水稻杂种优势相关的潜在功能基因”和“找到鸟类起源的一些关键证据”等科研成果集体亮相，标志着中国基础研究又上新台阶。

二、前沿技术研究取得重大进展

伴随着《国家中长期科学和技术发展规划纲要（2006～2020 年）》的全面实施，我国一批重大关键技术研发取得重大突破，攻占了一批前沿技术制高点，从根本上提升了我国科技的创新能力，形成了以自主创新为核心的国家科技创新体系。这些前沿技术的创新不仅支撑引领了“十一五”期间中国经济社会发展，还为“十二五”期间我国继续探索建立市场经济条件下的新型举国体制、建设创新型国家奠定了良好的市场和制度基础。

（一）航天航空领域

1. 载人航天重大突破

我国载人航天事业起步比国际社会至少晚了 30 年，比航天强国美国、俄罗斯至少落后半个世纪。但是自从 1999 年 11 月 20 日发射“神舟”一号载人试验飞船后，到 2008 年圆满完成神舟飞船 4 次不载人试验飞行和 3 次载人飞行，实现了从 1 人 1 天试验飞行到多人多天开展空间实验活动，从载人舱内活动到进行太空行走的重大技术突破。我国成为世界上继俄罗斯和美国之后第三个独立开展载人航天活动和掌握航天员出舱技术的国家。

2. 月球探测成功起步

中国探月工程经过 10 年的酝酿于 2004 年启动嫦娥月球探测工程，三年后即实现嫦娥一号月球探测卫星的绕月飞行，对月球进行了初步探测并拍摄发回地球表面照片，迈出了深空探测技术的第一步。2010 年嫦娥二号月球探测卫星发射成功，并发回了全球第一张优于7米分辨率、100%覆盖全月球表面的全月球影像图，这是探月工程取得的又一重大科技成果，使我国成为世界上第五个发射月球探测器的国家。在完成探月使命后，嫦娥二号飞往拉格朗日2点，近身探测小行星。

3. 中国空间站建设启动

2011年“天宫一号”发射升空后，同年“天宫一号”与“神舟”八号在太空两次交会成功，从而正式启动了我国空间站的建设工程。根据规划，我国载人空间站工程分为空间实验室和空间站两个阶段实施。2016年前，研制并发射空间实验室，突破和掌握航天员中期驻留等空间站关键技术，开展一定规模的空间应用；2020年前后，突破和掌握近地空间站组合体的建造和运营技术、近地空间长期载人飞行技术，并开展较大规模的空间应用。随着国际空间站的退役，那时我国或将成为唯一拥有空间站的国家。

4. 北斗定位系统初建成效

2000年我国第一颗北斗导航卫星发射成功，拉开了北斗卫星定位系统组网的序幕。北斗卫星导航定位系统运行5年来，累计提供定位服务2.5亿次、通信服务1.2亿次、授时服务2500万次，系统可靠性达99.98%；成功应用于水利水电、海洋渔业、交通运输、气象测报、国土测绘和减灾救灾领域。特别是在汶川抗震救灾中，北斗卫星导航定位系统全力保障救灾部队行动，经受了考验。根据规划，北斗卫星导航系统将于2012年前具备亚太地区区域服务能力，2020年左右，具备覆盖全球的服务能力。到时北斗将于美国的GPS、俄罗斯的Glonass、欧洲的Galileo并称为全球四大卫星定位系统。

5. 航空工业重大跨越

新世纪以来，中国航空工业迎来发展的重大机遇，突破了一大批具有自主知识产权的航空工业核心技术、关键技术和前沿技术，以歼10飞机为代表，实现了我国军机向第三代的跨越，歼20试飞成功标志着我国军机向第四代迈进；以“太行”发动机为代表，实现了我国军用航空发动机从第二代向第三代、从涡喷向涡扇、从中推力向大推力的跨越；空空、空地导弹实现了从第三代向第四代的跨越；重大特种飞机实现了从无到有，直升机专项研制取得重大成果的一系列历史性跨越；而具有自主知识产权的新支线飞机ARJ21首飞成功、新舟60飞机的批量出口以及预计2014年国产大型客机C919实现首飞，使我国民机产业发展翻开了崭新的一页。

（二）信息产业领域

1. “龙芯”、“北大众志”等一批国产 CPU 成熟并得到应用

2002 年由中科院研发成功的“龙芯”CPU，标志着我国已打破国外垄断。随着我国信息产业的飞快发展，基于龙芯 2E/FCPU 的低成本计算机实现万套规模生产和销售，多核处理器龙芯 3B/C 也即将投放市场，与国外先进技术的差距逐步减小。而中国科技大学与中科院计算所近期成功研制出龙芯万亿次计算机系统，该系统采用 336 颗龙芯 2FCPU，理论峰值达到了一万亿次。该系统的研制成功，对推动中国民族高性能计算机事业的发展和国家安全都具有重要的意义。

2. 下一代互联网示范工程 CERNET2 主干网建成

由清华大学等 25 所大学联合承担的 CERNET2 主干网已于 2004 年 12 月 25 日正式建成开通，以 2.5G ~ 10Gbps 速率连接分布在 20 个城市的 25 个核心节点，并以三条 45Mbps 速率的链路分别与北美、欧洲、亚太等地的国际下一代互联网实现了互联。CERNET2 是目前世界上规模最大的纯 IPv6 网络，它的建成为我国开展下一代互联网及其应用研究提供了开放性实验环境，成为我国研究下一代互联网技术、开发重大应用、推动下一代互联网产业发展的关键性基础设施，也标志着我国在下一代互联网的研究和部署方面走在了世界前列。

3. “天河一号”超级计算机问鼎全球

2010 年 11 月 17 日上午，国际超级计算 TOP500 组织正式发布第 36 届世界超级计算机 500 强排行榜，国防科学技术大学研制的“天河一号”，以峰值速度 4700 万亿次和持续速度 2566 万亿次每秒浮点运算速度刷新国际超级计算机运算性能最高纪录，一举夺得世界冠军。“天河一号”采用了我国自主研制的高速互连芯片，芯片性能是目前国际最佳商用产品的 2 倍以上，使得 CPU 之间的通信速度得到大幅提升；中央处理器也首次部分采用我国自主研制的“飞腾 - 1000”高性能多核微处理器。“天河一号”可广泛应用于石油勘探数据处理、生物医药研究、航空航天装备研制、资源勘测和卫星遥感数据处理、金融工程数据分析、气象预报和气候预测、海洋环境数值模拟、短期地震预报、基础科学理论计算等。

4. 相变存储器芯片研制成功

2011 年 4 月，我国第一款具有自主知识产权的相变存储器（PCRAM）芯

片研制成功，相比于传统存储器利用电荷形式进行存储，相变存储器主要利用可逆相变材料晶态和非晶态的导电性差异实现存储，被称为是“操纵原子排列而实现存储”的新型存储器。我国半导体存储器市场规模目前已接近1800亿元，但由于长期缺乏具有自主知识产权的制造技术，国内存储器生产成本极为高昂。PCRAM相变存储器自主研制成功，使我国的存储器芯片生产真正摆脱国外的技术垄断。

（三）重大技术装备自主化成绩显著

1. 世界最大激光快速制造装备问世

经过十几年努力，华中科技大学科研团队于2011年11月成功开发成形空间为1.2米×1.2米、基于粉末床的激光烧结快速制造装备。基于粉末床的激光烧结快速制造技术也叫选择性激光烧结成形技术，是一种广泛工业化应用的快速制造技术。这项技术与装备的研发解决了新产品开发周期长、成本高、市场响应慢、柔性化差等问题，尤其适合动力装备、航空航天、汽车等高端产品上关键零部件的制造。专家表示，这一装备与工艺的开发表明，我国快速制造技术处于国际领先地位，这也是我国在先进制造领域的一项新突破。

2. 我国研制成功世界首台永磁悬浮旋转机械

2011年10月，由江苏大学设计、苏州申华低温成套设备有限公司和江苏大学机电总厂等联合研制的永磁轴承透平机，日前成功进行满负荷试验，转速初步达到2万转/分钟。实验证实，永磁悬浮旋转体达到一定转速后，可稳定悬浮而产生陀螺效应。在动态条件下，永磁悬浮机械旋转越大越稳定，转速越高越稳定，为永磁悬浮机械的完善和产业化奠定了基础。首台永磁悬浮旋转机械的问世，被专家誉为，“这是一场新的机械革命”，其意义在于理论上的重大突破把科学界百年认为的“永磁悬浮不可能稳定”原理变为“能够稳定”的现实。

3. 我国首辆高速磁悬浮样车交付

2010年4月8日，由中国航空工业成都飞机工业集团公司制造的我国首辆高速磁浮国产化样车在成都实现交付。此举标志着我国成为继德国、日本之后，世界上第三个具备磁浮车辆设计和制造能力的国家。高速磁浮列车可以达到时速500公里，车体具有与飞机相似的特性。2008年7月，该公司与上海磁浮交通发展有限公司签订了合同，承担两节高速磁浮工程样车的研制任务，从合同签订到车辆交付，历时仅20个月，创造了“中国速度”。

4. 我国自主研制出世界首台脊柱微创手术机器人

2010年7月11日，由第三军医大学重庆新桥医院与中国科学院沈阳自动化研究所联合研发的、具有自主知识产权的脊柱微创手术机器人在新桥医院投入前期临床试验。这是世界上首台专门用于脊柱微创手术的机器人系统。继上世纪90年代末机器人开始在腹部外科、泌尿外科、妇产科、心脏外科等领域推广应用后，我国科学家成功将机器人引入到脊柱微创手术中，通过机械的精准定位来替代医生在放射线下手术操作，不仅能提高手术的精准性，还能降低手术风险和减少术后并发症发生，同时还能降低对医生的放射损害，对于脊柱微创技术在临床的进一步推广运用具有重要意义。

5. 我国成为第五个掌握载人深潜技术的国家

2010年8月26日，国家科技部、国家海洋局在京联合宣布：我国第一台自行设计、自主集成研制的“蛟龙号”载人潜水器3000米级海试取得成功，最大下潜深度达到3759米，超过全球海洋平均深度3682米，标志着我国成为继美、法、俄、日之后，第五个掌握3500米以上大深度载人深潜技术的国家。与国际上现有的5个大深度载人潜水器相比，“蛟龙号”在近底自动航行功能和悬停定位、水下各种信息实时双向传输以及充油银锌蓄电池等技术上有很多独特之处。“蛟龙”号载人潜水器在不久前首破5000米深度纪录，近期还将进行深度为7000米下潜实验。

6. “高铁奇迹”：时速486.1公里刷新世界纪录

2010年12月，在京沪高铁枣庄至蚌埠间的先导段联调联试和综合试验中，由中国南车集团研制的“和谐号”380A新一代高速动车组，在12月3日上午11时28分最高时速达到486.1公里，刷新世界铁路运营试验最高速。京沪高铁全长1318公里，途经244座桥梁、22座隧道，贯穿北京、天津、河北、山东、安徽、江苏、上海7个省市，是当今世界一次建成线路里程最长、技术标准最高、运行速度最快的高速铁路，举世瞩目，举国关注。2011年底前通车后，北京至上海将实现4小时直达。

7. 3000米深水半潜式钻井平台研制成功

2011年5月，中国海洋工程装备制造业标志性工程、国家科技重大专项标志性装备——3000米深水半潜式钻井平台“海洋石油981”，顺利交付给中国海洋石油总公司，中国海洋油气开采吹响了由大陆架向深海进军的号角。

以前，我国海洋油气开发主要集中在水深小于500米的内海，深水油气开发技术和装备几乎为空白。经过我国科技人员不懈攻关，成功研制了3000米深水半潜式钻井平台，是国内首次建造完成的顶级深水半潜式钻井平台，基本形成了3000米水深作业能力，标志着我国实现从500米到3000米海洋深水的重大跨越。

8. 中国研制成功世界最大垂直挤压机实现多项突破

经过3年半的攻关，我国自主研制的世界首套3.6万吨黑色金属垂直挤压机，成功完成热调试，挤出第一根合格的厚壁无缝钢管。万吨级重型装备是一个国家制造能力的标志，涉及设计、制造、运输、安装等诸多难题，属于“极端制造”领域。此前，美国威曼·高登公司、德国曼内斯曼公司等外国企业几乎垄断了世界全部耐高温高压厚壁成型材料，国产3.6万吨垂直挤压机的问世打破了这一局面。

三、科技进步造福民生

科技要坚持以人为本，坚持科技成果惠及人民，让人民充分享受到现代科技带来的便利，这就决定我国科技发展必须把解决人民群众切身利益的问题作为推进科技工作的重要内容。在造福民生方面，我国重点围绕生物医药、健康、节能环保、海洋等进行产业发展，组织重大科技产业工程，开展了12个产业技术创新战略联盟试点工作，建立了一批成果转化和科技产业化基地。

（一）“超级水稻”亩产再创世界纪录

在袁隆平的技术路线指导下，2000年，我国成功实现了超级稻第一期亩产700公斤目标；2004年，第二期亩产800公斤的目标提前实现。2011年，隆回县百亩范围内平均亩产过900公斤，这是我国超级稻攻关一个重大突破，意味着中国的杂交稻研究水平已在世界上遥遥领先。据不完全统计，1999～2005年，我国累计推广种植超级稻新品种约2亿亩，覆盖了长江流域稻区、华南稻区和东北稻区，累计增产稻谷120亿公斤。中国杂交水稻在世界许多国家都适合种植，如果世界上杂交稻种植面积增加7500万公顷，每公顷按增产2吨计算，可增产粮食1.5亿吨，能多养活四五亿人口，有效保障世界粮食安全。

（二）高致病性禽流感基因工程疫苗研制走在世界前列

2005年4月，中国农科院国家禽流感参考实验室承担的科技部重大专项——“高致病性禽流感防治技术研究与开发”项目取得重大突破。哈尔滨兽医研究所的科学家采用重组DNA技术和反向基因操作技术，在国际上第一个研制成功抗H5N1禽流感病毒的基因工程灭活疫苗和H5亚型禽流感重组禽痘病毒载体疫苗。最近，又首次成功研制了新型高致病性禽流感基因工程疫苗，该疫苗同时抗高致病性禽流感和新城疫两种重大病害，安全性更高、使用更方便、成本更低廉。高致病性禽流感防治技术研究与开发项目的成功完成，必将对进一步提高我国动物疫病的防疫能力和防疫水平做出积极的贡献。

（三）扁豆安全优质育种生产取得重大突破

经过13年的努力，上海交大农业与生物学院教授武天龙率领的课题组发明了三大系列的扁豆新品种（系），其中“交大红扁豆2号”、“交大艳红扁”新品种属于早熟新品种创新系列，成熟期提前7至10天，颜色鲜艳，抗斑点病，耐热性强，煮熟后荚厚、多肉质，口感好；特别是新品种“艳红扁”荚皮厚度、宽度、长度、单荚重都有显著增长。“交大翠绿扁”和“交大青扁豆1号”属于优质新品种创新系列，口感为香甜柔糯型。该课题组计划在未来5年，完成黑色、大红、枣红、浅红、黄色、草绿、深绿等各种颜色的扁豆新品系。在扁豆基础研究方面结合分子育种，在新品种培育方面超越世界领先水平。

（四）多项“世界之最”的青藏铁路通车

茫茫雪山之中的钢铁“哈达”连通了西藏与内地的交通，圆了国人乘火车进西藏的梦想。青藏铁路依靠科技创新破解了三大世界性工程技术难题，荣获了2008年度国家科学技术进步奖特等奖。青藏铁路工程拥有多项“世界之最”，一是世界线路最长的高原铁路；二是这条铁路穿越连续冻土里程达550公里；三是拥有世界最长高原冻土铁路桥和海拔最高的火车站；四是在被称为“生命禁区”的青藏高原，创造出在施工过程中没有发生过一例因高原病而死亡的奇迹。截至2009年8月，青藏铁路共运送旅客889万，格尔木至拉萨段完成货物到发量696万吨，有力地促进了青藏两省区的社会经济发展，为民族区域经济发展起到了十分重要的作用。

（五）中石油渤海湾发现10年来最大油田

2007年3月国土资源部官员表示，中石油已在渤海湾冀东油田区发现特大油田，初步探明储量22亿桶的油田，这也是10年来中国最大的石油资源发现。据了解，新发现油田产量在三年内将达到每天20万桶。由于其储量巨大，可能超过中石油在新疆塔里木盆地油田，这将为本来油源充足的中石油带来强有力的资源保障。冀东油田南堡凹陷陆地石油天然气的勘探工作始于20世纪60年代初，相继发现高尚堡、柳赞、老爷庙等油田。20世纪90年代投入开发后，由于受当时技术水平的局限，勘探工作进展缓慢，连续多年没有新发现。随着技术的进步，对该地质结构的进一步勘探将会发现新的石油储藏，预计最终可采储藏量能达到73亿桶，这一新发现将有助于缓解中国石油供应紧张局面和对进口石油的过度依赖。

（六）“科技奥运”取得巨大成功

2008年8月8日，第29届世界奥林匹克运动会在北京隆重开幕。“科技奥运”是2008北京奥运会三大理念之一。北京奥运科技的“首次”之多，覆盖面之广，都是历届奥运所不能及的。第一次全部采用高清信号转播；第一次将奥运圣火送上严重缺氧的珠穆朗玛峰；第一次通过无线方式成功实现媒体照片拍摄；第一次在比赛现场屏幕与电视转播中同步实时显示中英文赛事信息……7年的时间，北京在智能交通、洁净能源、场馆建设、信息通信、奥运安全、运动科技等诸多领域的自主创新，兑现了申奥时“科技奥运”的庄严承诺。鸟巢、水立方等一系列奥运场馆的建设，缔造了世界建筑史上的丰碑；绿色节能汽车的研制和使用，让奥林匹克中心公园成为最清新的比赛场地；中国新一代极轨气象卫星——风云三号升空，将奥运期间的天气预告做到精细、准确；奥运的数字化系统，让网络连起了世界与奥运，也是历史上最大规模使用无线网络的一届奥运。

（七）幽门螺杆菌疫苗研制成功

由第三军医大学研究团队历时15年研制的“口服重组幽门螺杆菌疫苗”问世。该疫苗是迄今为止世界上最早完成Ⅲ期临床研究并获得新药证书的原创性Hp疫苗，标志着中国在预防幽门螺杆菌感染及相关胃病研究领域跃居国际领先水平。幽门螺杆菌是一种定居于人胃部的细菌，是引起慢性胃炎、胃溃疡、十二指肠溃疡、胃粘膜相关淋巴瘤等上消化道疾病的罪魁祸首。它与胃癌发生密切相关，被世界卫生组织列为一类致癌因子。有关资料显示，我国 Hp 感染者超过 6 亿，每年胃癌死亡者约 20 万人，这一项具有完全自主知识产权的新药研发成功，将实现从源头上防控病菌感染，具有重要的医疗社会价值。

（八）我国已建 58 个航天育种基地

自 1987 年中国航天利用第 9 颗返回式卫星首次成功进行农作物种子的太空搭载试验以来，我国先后利用 15 颗返回式卫星和 7 艘神舟飞船，搭载了上千种作物种子、试管苗、生物菌种和材料，获得了大量产生变异的新性状品种。目前，我国拥有经过太空搭载的农作物共计 9 大类 393 个品系，育成并通过国家或省级鉴定的新品种达到 70 多个，其在农业生产中的大规模应用，明显提高了农作物产量，改善了农产品质量，优化了农作物抗性，并为航天工程育种的产业化发展奠定了坚实基础。同时，我国已经建成 58 个具有一定规模的航天育种技术试验基地和新品种产业化示范基地。一批种业板块核心基地逐步建立；以北京为核心示范区，以海南、甘肃、黑龙江、福建等为推广示范区的全国范围发展格局已经形成。航天工程育种正在农业、林业、微生物制造业以及细胞工程等众多产业领域发挥着重要的牵引和带动作用。

（九）甲型 H1N1 流感疫苗全球首次获批生产

2009 年 9 月，北京科兴生物制品有限公司生产的甲型 H1N1 流感疫苗获得由国家食品药品监管局颁发的药品批准文号，这也是全球首支获得生产批号的甲型 H1N1 流感疫苗。此前完成的临床试验结果初步显示，该疫苗安全性良好。在有效性方面，该疫苗一剂免疫后 21 天，儿童、少年和成人三个年龄组保护率均在 81.4% 至 98.0% 范围内，达到了国际公认的评价标准（保护率 70% 以上），可用于 3 至 60 岁人群的预防接种。甲型 H1N1 流感在全球暴发后，我国共有 10 家疫苗企业投入甲型 H1N1 流感疫苗的研发。从获得世界卫生组织提供的疫苗生产用毒种，经过研制、试生产、临床试验直至获得生产批准，北京科兴公司仅用时 87 天。这充分说明，我国在生物医药领域的研发能力快速赶超世界领先水平。

（十）大型仿生式水面蓝藻清除设备研发成功

2010 年 9 月，由中国科学院南京地理与湖泊研究所科研人员研发的“大型仿生式水面蓝藻清除设备”通过鉴定，是一款高强度控制目标水域蓝藻总量的实用设备，不仅可以用于各类水源水体、景观水体以及其他重要水体的蓝藻灾害防御，还可用于水体生态平衡的调控，也可作为水体生态修复的辅助手段。承担单位研制的大型仿生式水面蓝藻清除船是仿照鲢鱼滤食浮游生物原理研制的，作业宽幅达 10 米，以每小时 1000 立方米的流量分离获取富含蓝藻的表水层并快速完成藻水分离，浓缩成含鲜藻 50% 左右的藻浆后袋装，并实现连续作业。鉴定结果表明，其单机能力和效率比国内外类似设备高出一个数量级，单位能耗降低了一个数量级，具有广阔的应用前景。该成果的推广使用，将为保障湖泊水源地供水安全开辟一条新的思路。

第六章

中国低碳社会构建与科技保障

工业革命使生产力得到极大的解放和前所未有的发展，促进了人类社会的进步，但发展的同时也招致了严重的生态破坏和环境危机。工业生产和日常生活中大量的碳排放使得全球气候变暖，极端天气的频繁爆发已引起了全球的警惕，各国都在积极采取措施应对气候变化危机，寻找摆脱困境的出路。而社会的需要正是理论发展的创新之处，探索出一种既能确保社会经济发展又能保护人类赖以生存的环境是人类亟须解决的问题，在这种背景下，在发展低碳经济基础上建设低碳社会就成了人们的理想选择。

第一节　低碳社会的兴起

低碳社会是一种与现行的社会发展模式不同的社会发展模式，它以人与自然的和谐为出发点，以经济社会的可持续发展为指导思想，以人的全面发展为目标，在实现经济增长方式和发展方式变革的基础上，实现社会的系统变革。低碳社会发展模式的出现，正是人类社会对科技“双刃剑”作用的理性认知和对高碳经济模式导致气候环境恶化深刻反思的产物。

一、科技时代人类生存困境的反思

科学技术的进步促进了社会生产力的迅猛发展，而社会生产力的极大提高为人类创造了前所未有的物质财富和发达的精神文明，但是，科技的发展同时也带来了许多消极影响，如全球性的资源短缺、环境污染和生态破坏。

这些问题的不断积累，加剧了人类与自然界的矛盾，为社会经济的持续发展和人类自身的生存制造了新的障碍。正如恩格斯所说："我们不要过分陶醉于我们对自然界的胜利。对于每一次这样的胜利，自然界都报复了我们"①

一是科技时代的人类资源困境。由于科学技术的进步，人类征服自然的速度也就越来越快，而对于人类对自然的残酷征服，大自然也给予了人类凶猛的报复。随着20世纪以来，人口的急剧增加与经济的迅速发展所带来的压力正在超过我们赖以生存的资源基础所能承载的极限，人类陷入了资源困境。土地资源是指在一定生产力水平下能够利用并取得财富的土地。土地资源是固定的，而人口的增长却似乎没有止境，有限的土地如何能供养无限增长的人口已是一个世界性课题。有限的土地日趋匮乏，一方面由于不断地开发利用而不断减少，另一方面由于侵蚀与沙漠化正在退化，世界上每年约有600万公顷能生产谷物的土地正由于土地退化而消失，近10亿多人口的生存受到威胁；矿产资源是不可再生的资源，是社会发展的重要物质基础。近百年来，工业的高速发展以及人口倍增，矿物资源的储量急剧下降。石油资源的寿命，顶多还有40年。煤炭作为石油的替代物虽然储量很大，有9827.14亿吨，可是，由于采掘困难，运输困难，实际可供采掘的资源并不理想。目前，许多矿物资源的储量也越来越少，据"罗马俱乐部"预测，全世界现有资源的储量还能供人类使用500年，如果消耗量每年递增2.5%，这些资源只能使用90多年。尤其那些稀有矿物，如锌、锰、镍、钨、锡、钢、银等，只能使用几十年。水是生命之源，是生物生存的基础，是人类生活、生产的命脉。地球表面70%以上为水覆盖，然而其中97.41%的水是咸水，淡水仅占2.59%，而这些淡水的87%被封存在冰层和冰川之中，其余的13%分布于河流、湖泊、大气、土壤、生物体和地下水之中，人类可利用的淡水资源十分稀少。现在由人口增长而带来用水量的增加和水污染严重这两个原因而导致原本稀少的水资源更加短缺，以至成为"迫在眉睫的生存危机"。据预测，到2025年将有40多个国家中占30%的人口受到水资源短缺的影响，到2050年将有65个国家约占全球60%的人口将面临淡水危机。

二是科技时代的生态环境困境。人类与外部环境有着天然的联系，人类

---

① 《马克思恩格斯选集》，中共中央马克思、恩格斯著作编译局译，人民出版社1995年版，第517页。

衣食住行等需求的满足最终离不开环境。工业文明出现之后，“机器延伸了人的器官，化石能源取代了畜力，社会化大生产代替了手工生产，人类的足迹涉及地球生物圈的各个角度开始干涉整个地球的生物化学循环，改变物质循环与能量流动。”① 凭借现代科学技术的支持，人类发明了制冷剂，广泛用于各种制冷设备。但制冷剂中含有的氟利昂严重破坏了臭氧层，使地球的一些地方出现了巨大的臭氧层空洞，直接危害着人类的生存。农药化肥的发明和使用提高了农产品的产量，却导致了食物天然品质的破坏，土壤容易板结，肥力下降，水质也遭受严重污染。汽车的广泛使用被誉为工业文明以来人类最伟大的发明之一，极大地方便了人们的工作和生活，但对汽车的狂热追求掩盖了汽车给地球环境带来的负效应，汽车的尾气排放严重污染了环境。20世纪中叶，世界发生的“八大公害事件”（马斯河谷烟雾事件、多诺拉烟雾事件、洛杉矶光化学烟雾事件、伦敦烟雾事件、四日市哮喘事件、水俣事件、富山骨痛病事件、米糠油事件）使人们逐渐认识到：工业革命以来的那种不顾地球生态环境的“高消耗、高投入、高污染”的模式，是不可持续的生产和消费模式，它虽然导致部分地区的“高速发展”和部分人的“高水平享受”，却高度消耗了自然资源并破坏了生态平衡；它虽然使一些地区富裕和发达，却在更多的地方加剧了灾难和不幸。今天，人们在反思中痛心地发现，20 世纪是“全球规模环境破坏的世纪”。

三是科技时代的人类自身道德困境。在现代社会，科学技术的进步并没有带来人类道德水平的进步，反而出现道德滑坡的现象。十九世纪盛行的科学主义主张科学技术万能论。持这种观点的人主张把社会领域里的一切问题用科学技术的定量化、逻辑化来解决，这样，人在他们眼里也只是由一个个元素或原子构成的无生命、没生机的物体。在这种观点的影响下，人与人之间的关系也变得僵硬化，人们之间缺乏温情，人际关系也随之变得淡漠，接踵而至的是社会道德风尚的恶化。卢梭在十八世纪就敏锐地察觉到科学技术对道德的败坏作用，他说：“随着科学与艺术的光芒在我们的天边上升起，德行也就消逝了。这种现象在各个时代和各个地方都可以观察到。”这种人类道德困境，首先表现为科学技术发展对道德规范的冷漠。在巨额金钱的诱惑下，

---

① 叶文虎：《创建可持续发展的新文明——理论的思考》，北京大学出版社 1994 年版，第 11 页。

社会道德沦丧了。对国家来说，表现为对科学技术的垄断。西方发达国家只顾自身的利益，而把他们之外的世界大多数人民当作自己“发财致富的条件”。对个人来说，这表现为对他人的冷漠。高科技工作方式，人们只能同机器、仪表打交道。这样，工作效率提高了，但由于人与人之间的隔离而变得孤独、寂寞起来。其结果是，我们的新技术所产生的种种成果不管有多么惊人，都无法使我们避免陷入“失去我们生活意义感”的危机之中。其次，这种道德困境表现为高科技对现有伦理规范的冲击。譬如基因技术的发展揭示了遗传病等重大疾病的发生机理，为人类自身疾病的诊断和治疗提供了依据和手段；而且也能用于农业等相关产业来改变社会生产、生活和环境，为人类造福。但如果违背保护隐私权这一伦理原则，这将危及个人，甚至群体、民族。还有，克隆技术尽管能为解决人体器官移植提供来源问题，为患有不孕症的夫妇提供要孩子的机会等等，但克隆技术同样会带来重大伦理问题。克隆人这一科技前沿技术的发展，很可能导致人类本身不被看作目的，而沦为一种工具，从而导致社会道德的沦丧甚至崩溃。再次，道德困境还表现为社会表现出越来越多的攻击性。Internet 的普及，为人类交流提供了一个新的平台。但强调言论自由和不受控制的网络世界，却成为犯罪分子违法犯罪的新领域，网络犯罪由此产生，网络上非法潜入黑客，会破坏整个网络系统；网上偷窃、诈骗，电脑病毒的制作和传播，盗版等等，给社会治安带来了新的麻烦和混乱。更加严重的是，现代军事科学技术的飞跃发展，以核武器为代表的高、精、尖的武器大量涌现，给人类生存与发展构成巨大威胁。人类社会不仅目睹了两次世界大战、原子弹使用给人类带来的巨大灾难，而且冷战时期两个超级大国的战略对峙，后冷战时期此起彼伏的地区冲突、民族战争、大国对小国的制裁，都强烈地表现出人类用科学技术在世界范围内争夺主权和地位的攻击性。

二、高碳经济模式导致气候环境恶化

早在 1896 年，诺贝尔化学奖获得者阿累利乌斯就预测：化石燃料燃烧将会增加大气中二氧化碳的浓度，从而导致全球气候变暖。这一预测在今天得到充分的验证。由于近现代的经济基于“化石能源”的经济发展模式，这也意味着经济的发展与碳的排放具有不可分割的联系。因此，自 18 世纪中叶西方兴起工业革命，人类开始大量使用化石燃料，大气中的二氧化碳浓度不断上升。大量的数据已表明由高碳经济发展模式对气候环境造成的后果直接威胁到人类的生存和发展。

一是高碳经济导致全球气候变暖。根据联合国政府间气候变化专门委员会发布的第四份气候变化评估报告，在过去的100年中，由二氧化碳等气体造成的温室效应使全球平均地表气温上升了0.3℃～0.6℃；他们以90%的可信度认为，近50年来的气候变化主要是人为活动排放的二氧化碳、甲烷、氧化亚氮等温室气体造成的；并预测，到2100年全球平均气温将升高1.8℃～4.0℃①。“导致全球变暖的主要原因是人类在近一个世纪以来大量使用矿物燃料（如煤、石油等），排放出大量的等多种温室气体。”② 由于这些温室气体对来自太阳辐射的短波具有高度的透过性，而对地球反射出来的长波辐射具有高度的吸收性，也就是常说的温室效应，导致全球气候变暖。

气候变暖后果造成了冰川融化、海平面上升。近1880～1980年的观察统计，海平面平均上升14厘米。联合国环境署、世界气象组织和世界科学联合会预测到2030年前后全球海平面将上升20～140厘米。位于瑞士苏黎世的世界冰川监测机构跟踪监测了全球9大山脉的30个冰层，监测结果表明这些冰层一直在消融；澳大利亚环境学家警告称，由于海平面上升，世界第二小国图瓦卢、邻国基里巴斯以及印度洋上的马尔代夫三个岛国正面临“灭顶”之灾；照此趋势，由于全球温度不断上升，到了2050年地球南北极地冰山将大幅融化，包括纽约、上海、东京和悉尼等著名国际大都市都将淹没在水中。据统计，全世界大约有半数以上的居民生活在沿海地区，距海只有60公里左右，人口密度比内陆高出12倍。根据美国环境保护署最保守的估算，如果本世纪海平面上升1米，美国可能要损失2700亿至4250亿美元。荷兰学者估计，如果海平面上升1米，全球将有10亿人口的生存受到威胁，500万平方公里的土地（其中耕地约占1/3）将遭到不同程度的破坏。联合国环境计划署和美国环保局一份报告指出，如果不采取相应措施扭转全球变暖的趋势，上升的海洋还将会淹没马尔代夫、塞舌尔和那些沿海海拔较低的城市和地区，

---

① 联合国政府间气候变化委员会：《全球第四次气候评估报告摘要》，2007年5月。

② 赵建军、丁太顺：《工程的环境价值与人文价值》，载《自然辩证法研究》，2011年第5期。

从而造成大量“生态难民”外流。

二是高碳经济导致全球气候异常和酸雨肆虐。由于气候变暖，对整个地球的大气环流造成改变（也包括洋流），厄尔尼诺现象频发，该热的时候不热，该冷的时候不冷，不该热不该冷的时候又会出现炎热和酷寒，干旱和洪灾等极端天气对人类的生活产生了严重的干扰。例如2001年侵袭台湾的纳莉台风造成北部都会区多处淹水，但接着二年却发生史上第二严重旱灾，2002年中欧与东欧发生百年大洪水，2003年欧洲热浪造成两万多人死亡，2005年卡翠纳飓风几乎淹没美国纽奥良大城，而当年亚马逊河却发生百年干旱。2007年，希腊由于长期的严重干旱，发生严重森林大火。这场可怕的大火整整烧掉了近100万英亩森林。无独有偶，在同年的7月和8月间，印度南部、尼泊尔、不丹和孟加拉国出现了一系列反常季风雨引起洪水泛滥。联合国儿童基金会称：“这是现有记忆中最糟糕的一次洪水。”到8月中旬，这一地区已经经转移了大约3000万人，可能有2000多人被洪水夺走性命。据估计，这次洪水造成至少1.2亿美元的经济损失。

酸雨是当今世界普遍关注的环境公害之一，酸雨污染造成的危害日益成为制约全球经济和社会发展的重要因素。酸雨形成的直接起因之一，便是烟囱的碳排放。酸雨在20世纪50~60年代最早出现于北欧及中欧，当时北欧的酸雨是欧洲中部工业酸性废气迁移所至，20世纪70年代以来，许多工业化国家采取各种措施防治城市和工业的大气污染，其中一个重要的措施是增加烟囱的高度，这一措施虽然有效地改变了排放地区的大气环境质量，但大气污染物远距离迁移的问题却更加严重，污染物越过国界进入邻国，甚至飘浮很远的距离，形成了更广泛的跨国酸雨。此外，全世界使用矿物燃料的量有增无减，也使得受酸雨危害的地区进一步扩大。全球受酸雨危害严重的有欧洲、北美及东亚地区。

三是高碳经济导致生物质资源锐减。高碳经济的发展总是伴随着对森林资源的疯狂掠夺。由于世界人口的增长，对耕地、牧场、木材的需求量日益增加，导致对森林的过度采伐和开垦，使森林受到前所未有的破坏。毁灭性的砍伐遍及世界，在俄罗斯，在亚马逊平原、非洲中部和西部，在阿拉加斯加和加拿大西部，到处都是砍伐者。“联合国粮农组织报告说，1991年至

1995 年，每年有 12.6 万平方公里的热带雨林被烧毁或砍伐。”① 尽管中国的森林覆盖率只有 13.92%，人均森林资源仅为世界平均水平的 11.7%，但中国的砍伐至今从未停止过。美国《时代》杂志报道，地球上 80% 的原始森林已被伐倒毁灭，大部分饮用水严重污染，大部分湿地退化、消失，大部分可耕地丧失种植能力。森林的锐减使得物种加快了消亡的脚步。

全球英国约克大学、利兹大学的科学家对过去 5.2 亿年气候与生物多样性之间的关系进行了深入研究，指出地球历史上发生的五次大的物种灭绝事件，有四次与“温室”气候和森林锐减有关。据统计，一个物种的灭绝，起码会影响相关 30 个物种的生存，甚至影响整个地球的生态平衡。但是由于人类的霸道，许多物种都已消失和濒临灭绝。2005 年联合国发布的一个报告显示：“过去 50 年，由于人类对自然环境的大肆破坏，自然物种的消失速度为单纯自然状态下的 100 ~ 1000 倍，近 1/8 的鸟类、1/4 的哺乳动物、1/3 的两栖动物正濒临灭绝，目前平均每天有 70 多个物种从地球上永远消失……”② 长此以往，或许下一个“荣登”生物灭绝名单的，恰恰就是人类自己！

高碳经济导致的气候灾难已使得我们这个蓝色星球千疮百孔，但更为严重的是，因为气候变暖而导致的全球环境问题所造成的影响很可能不可逆转，人类从未面对如此巨大的环境危机，如果我们再不立即采取行动，阻止全球气候变暖，气候变化的影响将再也无法弥补。

三、资源气候危机呼唤低碳社会

资源环境问题早在近代就已经初露端倪。1864 年美国地理学家马什在《人与自然：人类活动改变了的自然地理》一书中，曾敏锐地指出了人类活动已经改变了地球面貌的事实，并提出了警告。随着 21 世纪打来。目前全球的气候将反复无常，气象灾害范围更大、更频繁和更严重，直接威胁到人类的生存与发展。人类文明再一次走到了一个十字路口。

（一）人类社会碳能源利用历史演进

碳排放量是国际社会应对全球气候变化的过程频繁触及到的一个新概念。

---

① 柏强忠：《明天，我们还有水喝吗?》，载《调研世界》，2004 年第 11 期。

② 徐知乾：《地球依然是“钻石王老五”》，载《大科技》（科学之谜），2011 年第 11 期。

从表面上看，碳排放量的高低是人类能源利用方式和水平的反映，但从本质上讲，更是人类经济发展方式的新标识。从人类社会发展的演进历史轨迹来看，人类文明始于低碳。

在原始社会，人类的生存环境是原生的自然环境。从人类诞生之日到农业文明之前的数百万年时间里，人类一直处于原始采集和渔猎时代，在洪荒的原野上过着茹毛饮血、穴居露野的原始生活。那时人类对自然界的作用非常有限，人类是以极其简单的石制、木制的工具，以采集、狩猎、渔捞等劳动方式，去直接获得自然界赐给的“现成产品”。在原始社会人类对资源的开发和利用基本没有，当然不存在碳能源的利用和排放。

在农业社会，人类依赖于大自然生存，遵循自然，简单应用自然资源，耕作植物和饲养动植物主要依靠众人体力，一切用自然的力量来完成。由于生产力发展水平低下，对资源的开发和利用有限，人类对自然生态系统的影响是有限的，大气中二氧化碳含量一直稳定在 250 ~ 280ppm 左右。这个浓度对于地球大气温度的变化起到了平衡作用。当然，农业社会的低碳排放量也是低经济发展水平的标识，农业文明最大的特点是天人合一。

工业社会重组了人类的能源结构，实现了从木材向化石燃料的转型，并以用作经济动力的化石能源大规模开发为显著特征。工业社会极大地推动了生产力的快速发展，生产方式和生活方式都发生了根本性的变化，使人类社会呈现出前所未有的繁荣。工业社会是建立在对化石燃料的勘探、开采、加工、利用基础之上的经济社会，它使人类经济发展方式发生了翻天覆地的变化。近代科技革命，使人类掌握了开发和利用化石能源的手段和方法，直接导致了近代工业革命——蒸汽机革命和电力革命。尽管工业化时期人类积极开发水电、风能和核能，但是，在工业社会的能源结构中化石能源始终占据主导地位。长期以来，以化石能源为基础的工业社会已悄然地把人类带入了“高碳经济”体系，化石能源是以高二氧化碳排放为代价的。在化石能源体系的支撑下，形成了高能耗的工业即高碳工业，甚至连传统的农业也演变成高碳农业，支撑现代农业发展的化肥和农药都是以化石能源为基础的。人们发现化石能源的开发和利用改变了人类经济发展方式和水平，是人类社会物质和财富的评价标识；另一方面，化石能源的使用规模和速度与二氧化碳排放量的增长呈线性相关，并影响着地球自然生态系统的内在平衡性，同时，化石能源的稀缺性和不可再生性也对传统的工业文明提出新挑战。

（二）严峻的现实呼唤低碳时代的到来

遏制全球气候暖化，削减二氧化碳排放量，已成为21世纪全球的共识，从1997年的《京都议定书》到2007年的《巴厘岛路线图》，各国都为碳减排的责任和目标寻求途径和方法。尽管碳减排责任的分担会触及国家利益、发展权利等一系列复杂和敏感问题，但从正面的角度看，它为人类经济发展方式的变革注入了动力。事实上，推动未来社会从高碳经济向低碳经济转型的动因主要来自于两个方面：一是对环境容量有限性的认识。以化石能源为基础的传统工业经济体系所排放的温室气体二氧化碳不可能持续增长，地球大气层环境容量是有限的。科学家认为，当温室气体二氧化碳浓度超过550ppm会导致全球气候变暖、冰川融化、海平面上升，病毒增加、物种减少、灾害气候频繁等。把温室气体排放量控制在大气环境可承受的范围之内，是各国政府的共同责任。

另外，近现代的经济基于“化石能源”的经济发展模式，这也意味着经济的发展与碳的使用和排放具有不可分割的联系。在技术发展日趋成熟、能源成本和碳成本不断攀升、国际减排呼声日益高涨的情况下，寻求“碳依赖”经济发展模式之外的新型发展道路成为可能，这一新的发展模式最典型的特征就是经济发展的“零碳化”。实现社会经济发展向低碳道路迈进，可以在保持经济增长活力的前提下，实现人类的气候目标。低碳道路面临政策保障、技术支持、资金成本、市场竞争等多方面的挑战。一旦国际社会建立起相对稳定和成熟的国际碳减排合作框架，那么确立经济目标与环境目标充分结合的低碳发展道路将成为人类应对气候变化的最根本、最现实的选择。应对气候变化是全球大势所趋，把发展低碳经济作为协调社会经济发展与应对气候变化的基本途径，正逐渐得到全球越来越多国家的共识，其核心就是在市场机制基础上，通过制度框架与政策措施的制定和创新，形成明确、稳定和长期的引导和激励，推动低碳技术的开发和利用，并且调整社会经济的发展模式和发展理念，促进整个社会经济朝向高能效、低能耗和低碳排放的模式转型。

（三）发达国家向低碳战略转型

英国是世界上控制气候变化的倡导者和先行者，也是最早提出“低碳”

概念并积极倡导低碳经济的国家。英国政府在继 2003 年能源白皮书之后，2007 年 3 月，英国通过《气候变化草案》，这是世界上第一个关于气候变化的立法，英国政府承诺到 2020 年削减 26% ~32% 到温室气体排放，2050 年实现温室气体的排量降低 60% 的目标。2008 年 11 月 26 日，英国议会通过了《气候变化法案》，使英国成为世界上第一个为减少温室气体排放、适应气候变化而建立具有法律约束性长期框架的国家。英国政府以《气候变化法案》为指导，设立了以法律约束力为保障的全国性目标。作为全球低碳经济的"领头羊"，在过去 10 年间，英国实现了 200 年来最长的经济增长期，经济增长了 28%，温室气体排放减少了 8%。① 英国的实践证明，经济增长和低碳排放是可以同时实现的。向低碳前进，既是应对气候变化的方法，也是经济繁荣的机会。

作为世界能耗主要大国，美国一贯重视其能源安全。为了带动国内经济恢复增长，美国选择能源产业为突破口，制定了一系列关于新能源和节能增效的法律法规，形成了美国的新能源战略。尽管奥巴马政府的新能源政策因经济危机而起，美国的新能源战略却暗合了当今世界低碳经济时代潮流。2009 年 1 月，奥巴马宣布了"美国复兴和再投资计划"，以发展新能源为投资重点，计划投入 1500 亿美元，用 3 年时间使美国的新能源产量增加 1 倍。为保证政策的连贯性、有效性，奥巴马政府相继制定了三个与新能源政策密切相关的法案，即 2009 年 2 月 15 日出台的《美国恢复与再投资法》，2009 年 6 月 28 日美国众议院通过的《美国清洁能源与安全法案》，随后美国参议院提出了《2010 年美国能源法案》。这些法案的陆续出台，从长期目标来看体现了奥巴马政府的新能源战略思想：是摆脱对外国石油的依赖，促进美国经济的低碳战略转型。

作为太平洋岛国之一的日本，受全球气候变暖的影响远比其他发达国家大。鉴于气候变暖可能给该国农业、渔业、环境和国民健康带来不良影响，日本政府一直在宣传推广节能减排计划，主导建设低碳社会。日本是世界范围内率先提出建设低碳社会的国家之一，声称欲引领世界低碳经济革命，将发展低碳经济作为促进日本经济发展的增长点。2008 年 7 月，日本内阁会议通过了《建设低碳社会行动计划》，提出要重点发展太阳能和核能等低碳能

① 英国贸工部：《我们能源的未来——创建一个低碳经济体》，2003 年 2 月 24 日。

源，使日本早日实现低碳社会，并在预算中对低碳产业发展给予大力扶持。

法国的绿色经济政策重点是发展核能和可再生能源。2008 年 12 月，环境部公布了一揽子旨在发展可再生能源的计划，这一计划有 50 项措施，涵盖了生物能源、风能、地热能、太阳能以及水力发电等多个领域。为了最大限度地节约不可再生能源、保证可持续发展，法国政府制定了一系列保证可持续发展的政策，鼓励开发利用可再生能源和核能，通过扶持发展洁净汽车、降低新房能耗和改善垃圾处理等措施鼓励人们在生活中节能。

四、低碳社会的内涵和特征

（一）低碳社会的内涵及分析

低碳，英文为（Low carbon）主要指较低的温室气体排放，在这里温室气体主要以二氧化碳为主。低碳社会是指应对全球气候变化、能够有效降低碳排放的一种新的社会整体形态，它在全面反思传统工业社会之技术模式、组织制度、社会结构与文化价值的基础上，通过消费理念和生活方式的转变，在保证人民生活品质不断提高和社会发展不断完善的前提下，致力于在生产建设、社会发展和人民生活领域控制和减少碳排放的社会。因此，低碳社会是指排放二氧化碳量低的社会，在这个社会里人们将高碳产业转变为低碳产业，改变现行的高碳生活而回归到低碳生活。低碳社会建立目的是为了减少碳的排放，使人类气候能够在二氧化碳排放减少的情况下得到好转，从而维持一个良性运转的社会。在一个运行良好的低碳社会里必然要包括几个部分：低碳制度、低碳意识、低碳经济或低碳产业以及低碳生活方式，这几个部分是建设低碳社会必不可少的元素，只有将物质的低碳和精神的低碳两个方面都建设好了，才能换回低碳的生态环境。

随着资本主义国家工业化进程的不断发展，资本主义经济得到快速提升的同时生态环境问题成为了制约资本主义国家发展的瓶颈。人口的剧增带来了土地的无节制开采利用，从前的森林、绿洲开采为了人类的居住地，随之而来的便是人类为了得到“幸福”的生活，而砍伐森林、填埋河道、大兴土木。人类活动目的是为了使大自然更好地为自己的幸福生活服务，但由于不恰当的生产方式，导致了种种灾难：温室气体排放过量导致的全球气候变暖和臭氧层空洞，砍伐森林导致的水土流失和荒漠化，围湖造田导致的耕地面积减少等都使人类不断地尝到由于自己过分的活动导致的大自然的报复。低碳概念的提出就是在全球气温持续攀升、臭氧层空洞继续扩大、海平面不断上涨、极端气候频发等世界气候面临越来越严重问题的情况下应运而生的。经济的融合带来的是各方面的融合，气候环境问题也成了许多发展中国家面临的“老大难”问题。一方面许多发展中国家在进行着快速的经济发展，这样势必会在发展的道路上产生生态问题；另一方面由于加入了世界贸易组织等世界的组织，因此就存在着同样的机遇和同样的挑战，发达国家到发展中国家进行贸易投资，但同时也将许多生态问题移嫁到发展中国家，使许多发展中国家成为了生态问题频发的地区。由于这样的情况，因此低碳社会的建立已不仅仅只是针对发达国家而言，而是发达国家和发展中国家都将面临的问题，所以低碳社会的建立已然成为了全球性问题。

（二）低碳社会的特征

技术性：这个概念是现代科技革命的产物。随着工业化的生产和科学技术的持续进步，人类创造了巨大的物质财富并积淀了丰厚的精神财富，极大地推进了人类文明进程。但是，经济的快速发展是建立在人类对自然资源的无限制索取和以牺牲环境为代价的基础之上的，由过度消耗化石能源所导致的全球气候变暖引起了世界的关注。人类困境的产生是碳的过渡排放引起的，排放本身没有任何意义，只是排放过度造成人类困境。从高碳向低碳的过渡，技术是关键，提高碳燃烧率，降低 CO2 的排放，都离不开技术的改进和提高。技术是低碳社会建设的客观要求，加快技术创新在低碳社会建设中具有举足轻重的作用。

系统性：建设这样的社会，既是新问题又有前车可鉴，应该汲取以前社会建设的经验教训，着眼于整体性，把经济变革与整个社会变革联系起来，更与每个社会成员的切身利益相联系，低碳社会建设人人有责。它包括了低碳经济、低碳政治、低碳文化、低碳生活等在内的系统变革。①

现实性：低碳社会概念不同于马克思关于社会形态划分的封建社会、资本主义、社会主义社会等社会形态。它和网络社会、信息社会等有共同之处，强调社会发展某一阶段的特征，这个阶段性持续时间有长有短。不同之处在

---

① 徐新伟：《低碳社会的哲学思考》，中共中央党校博士论文。

于，低碳社会强调的是在现代技术基础上的能源利用方式的转变，通过低碳技术的提高、公众观念的变革，可以达到一定的收效，所以它具有很强的实践可操作性。

第二节 我国低碳社会的发展现状

低碳发展如同可持续发展一样是人类面临的共同任务，两种发展在当代中国社会的交汇融合，不是偶然的，既是现代化建设在一定阶段的要求，也是未来社会进步趋势的反映。两种发展在当代中国的交汇是机遇也是挑战。以科技的发展促进低碳社会建设，在建设低碳社会过程中推动科技的进步，是实现中华民族复兴的必然选择。

一、低碳社会构建的基础之维

低碳社会是指社会的整体性变革，它包括低碳经济、低碳文化、低碳生活在内的社会统一体，通过生产方式、生活方式和消费方式的变革，促进社会系统的整体低碳化。其中，低碳经济是低碳社会的经济支柱和物质基础，具有决定性作用。低碳文化则是建立在经济基础之上的精神文化，它是低碳经济在上层建筑领域的反映，又对低碳经济发展具有导向作用。低碳生活是低碳社会的现实基础，低碳理念融入日常生活当中，成为人们自觉的行为方式，通过生活方式的变革使低碳社会找到现实的立足点。

第一，低碳经济是低碳社会的经济支柱。低碳经济是低碳产业、低碳技术、低碳生活等一类经济形态的总称。它以低能耗、低污染、低排放、低碳含量和高效能、高效率、优环境为基本特征，以应对气候变暖影响为基本要求，以实现经济社会的可持续发展为基本目的，其实质是能源高效利用、清洁能源开发、可持续发展的问题，核心是能源技术和减排技术创新、产业结构和制度创新以及人类生存发展观念的根本性转变。相对于高碳经济，发展低碳经济关键在于降低单位能源消费量的碳排放量，提高能效，实现低碳发展；相对于化石能源为主的经济发展模式，发展低碳经济关键在于改变人们的高碳消费倾向，通过能源替代，抑制化石能源消耗量，实现低碳生存的可持续消费模式。因此，低碳经济首先是具备低能耗特征。由于传统的经济发展模式都是建立在高能耗的基础上，经济得到发展的同时也消耗了大量的物质资源和人力资源。而低碳经济的提出以及低碳能源技术的不断发展，人类在不久的将来能逐渐摆脱对于传统能源的依赖，建立一种全新的经济增长模式和消费模式，将低能耗体现在低碳社会的生产和生活中的各个环节。其次低碳经济具备低排放特征。传统经济发展模式十分依赖化石能源，而化石能源充分燃烧或者燃烧不完全都会向空气中释放出大量的温室气体，因此传统的经济发展模式向来都是温室气体“高排放”的代名词。低碳经济则正好相反，低碳经济发展的关键在于如何解除经济增长与能源消费连带的高碳排放之间的联系，实现两者错位增长，最终达到此长彼消的状态。因此，低碳经济无疑是低碳社会的“低排放”最佳代名词。再者，低碳经济具备低污染特征。高碳经济模式给我们这个星球环境带来了严重污染和破坏，随处可见的生活垃圾、臭气熏天的河流、不断恶化的空气质量。而低碳经济所倡导的高效、节能的生产方式和节约、简单的生活方式，能将人类活动所带来的污染降到最低值，低碳经济所提倡的低碳能源更是低污染的“主力军”。

第二、低碳文化是低碳社会的精神支撑。低碳文化是低碳经济发展的文化支撑。它是一种建立在对传统工业文化所推崇的价值观、利益观和发展观进行反思的基础上，能够有效应对气候变化、发展低碳经济、解决能源安全，实现人类可持续发展和人与自然和谐的新文化。低碳文化要求人们在生产实践和日常生活中，要有“低碳化”意识和行为；在涉及能源消费的活动时，以提倡生态文明和满足人的基本需求、讲究文化质地为目标而少排放、多吸收、再利用，从而把人对自然资源的消耗和对环境、气候的影响控制在地球可承载的范围之内。低碳文化作为一种科学的文化，为改善人的生存境遇提供切实可行的方法和手段，开创新的经济增长点，从而实现低碳繁荣的目标；低碳文化劝导人们适度消费，消除奢侈和浪费，使人从“物化”和“异化”的生存境遇中走出来，实现心身的自由与和谐、人与自然的共生共荣。低碳文化融科学、文化于一体：既有物质生活的丰裕安康，又有精神生活的充实健康；低碳文化是崇尚科学技术的、求真的文化；但它又消除科学技术的非人性因素——“见物不见人”、“见理不见情”和科学主义、技术主义的弊端，从而满足人们物质文明和精神文化的需求。由此可见，低碳文化将会引领未来社会发展的方向，是低碳社会建设的精神基础。同时，低碳文化又是一种新的环境伦理文化。它把伦理的对象从人类扩展到自然，使自然有了不以人的需要为转移的自身价值，有了自我生存的权利。长期以来，伦理学被限定于社会领域，协调的只是人与人的关系，自然存在仅仅是为了满足人的各种需要，并无自身的价值，更谈不上被人尊重的权利。环境伦理立足于系统进化论和生态整体论，论证了自然固有的价值与权力。只要把价值观念、权利意识同价值、权力本身区别开来，承认自然也有主体性特征，那么把伦理关怀从人扩展到自然，这正是环境伦理学的理论贡献。低碳社会理念的提出是对传统自然观念的重新审视和超越，重新确立自然的观念和位置，把人对自然的态度和行为作为衡量人的伦理行为和道德水准的一个新尺度，换句话说，人类认识自身的价值与意义需要一个新的参照系，那就是如何对待自然，这就是建设低碳社会必须考虑的前提性条件。

第三、低碳生活是低碳社会的现实基础。低碳生活是指在现代社会中，人们为了可持续发展，以“低碳”为导向，要求节约资源能源的利用，减少碳排放，确保人与自然、人与社会以及人自身和谐共处、永续发展的生活方式。从另一方面讲，它是一种简单、简约、俭朴和可持续的生活方式。低碳生活的本质内涵，与“环保”、“生态”、“绿色”的价值取向是一致的，实际上就在于通过人的行为（生产、生活等）的改变，处理好人与资源环境的关系，谋求人与自然的永续发展。首先，低碳生活是建立在自然资源的有限性和人类对自然的依赖性的关系基础上，明确生态自然对人类生存和发展的重要性、根本性。作为一种顺应低碳社会自然伦理需求的生活新模式，低碳生活要求人们关注生活的各个细节，把自然与社会发展两者之间的关系作为均衡生活行为的标尺，主动约束自己的行为，改善自己的生活习惯，自然而然地去节约身边各种资源，变不合理消费为低碳消费，过一种有道德的生活。其次，低碳生活是一种有利于促进经济社会可持续、公平、公正发展和人们生活水平提高的生活方式。倡导低碳生活和提高生活质量是一致的，低碳生活的目标是保持经济高速发展，不断提高当代人们生活质量，同时确保代内不同民族、不同地区以及我们的子孙后代生活资源和水平得到公平的体现。因此，低碳生活倡导节俭生活，目的“不是节俭或节约生活，而是节制欲望，约束不必要的或超生活需要的消费行为，使生活消费不偏离生活目的本身”。① 再者，低碳生活是一种低碳社会责任伦理的生活模式，包括正确处理人与自然的关系、关心子孙后代的可持续发展问题、恰当处理社会关系中权力与责任的制衡问题等，要求人们为了人类和整个地球负责任地生活，接受并履行生态危机所带来的各种责任。这种伦理精神在低碳社会的构建中具有普适性和普世性，值得在全世界推广。“天下大事必作于细”，如果人们都能自觉地从日常生活的小事做起，那么每一个人都将为节能减排作出贡献。地球只有一个，科技的进步使我们人类生存的世界变得越来越小，越来越紧密。所有地球的居民都有责任为碳排放行为承担责任。

二、中国低碳社会的“瓶颈”制约

随着国民经济的持续快速发展，能源消费的不断攀升，发达国家历经近百年出现的环境问题在我国近二、三十年集中出现，呈现区域性和复合性特征，存在发生大气严重污染事件的隐忧，大气环境形势非常严峻。因此，我国建立低碳社会面临着几方面的难题：

首先，我国的能源结构不合理，我国是世界级的产煤大国，70%的资源为煤矿，这就决定着我国在资源的开采和利用上面临着高排放高污染的严峻局面。根据有关数据预测，2010 年的产煤量可达 30 亿吨，居世界之首。② 传统的产煤方式以及产煤过程中排放的大量二氧化碳等温室气体，使我国空气质量一直处于中等偏下的状况，特别是我国几个产煤大省，山西，河北等地。我国传统的煤矿资源结构导致我国气候恶化的脚步越来越快，每年北方的沙尘暴天气以及极端天气也是频频发生，在 2010 年春季，北方的沙尘天气竟然影响到了南方部分地区。

其次，我国还处在工业化发展中期，在发展过程中产业结构还处于国际产业链的低端，工业排放量二氧化碳还占全国各行业排放量的首位。由于我国的经济发展比发达国家晚了一百多年，因此在改革发展之初，我国各领域各行业都进行着大刀阔斧地改变，GDP 也随着经济的发展逐年上涨。然而单纯经济 GDP 的增加没有兼顾到生态的发展，各行业在追求经济快速提升时却

---

① 万俊人：《道德之维——现代经济伦理导论》，广东人民出版社 2000 年版，第 294 页。

② http：//news. qq. com/a/20100221/001633. htm

没有注重产业结构的优化升级，许多行业还固守传统的发展模式，仅仅将生产数量作为衡量其收益的指标。以汽车行业为例：由于我国处于工业化发展中期，因此在技术的创新上和节能环保技术上都落后于较发达国家，我国的汽车生产业由于每年对汽车需求的不断增加，所以生产量呈现几何增长趋势，而在汽车生产中排放出的二氧化碳气体也是不可忽视的。据中国汽车工业协会的最新数据，2009 年 1 月到 11 月的汽车销售总量超过 1200 万辆，而 2008 年同期汽车销售总量为 860 万辆。2011 年全年汽车销售超过 1850 万辆，再次刷新全球历史纪录。这样的数据使人们首先感受到了我国国力的增强，人民生活水平的提高，但是面对如此多的汽车，每一辆汽车将排放出多少温室气体，1850 万辆汽车又将排放出多少温室气体呢？不仅仅是交通运输和汽车行业，各个行业对大气污染都有着不可推卸的责任。但是面对着气候的变化，温室效应的扩大，极端气候的频频出现，也很少有真正关注气候环境的企业，就算有关注的也只是将环境问题当做是“一个经济代价问题”。正如莱易斯在《自然的控制》中描述的资本主义国家解决环境问题的方式即是“在官方的授意下，每家公司都迅速分立出一个子公司，‘保证设计生产出能够‘清洁’有害环境的产品’”。①

再次，城市化发展中出现的浪费现象严重影响着我国低碳社会的发展。城市化的实现离不开高楼的修建，路面的扩建，街道的整治以及相应的配套措施的完善。然而在城市化发展过程中，我国出现了大量的浪费现象，一个显著特点就是建筑浪费，不论是商业建筑或是民用建筑都是越建越高，然而其中存在的浪费现象却骇人听闻，不少房主在拿到房之后根据自己的喜好对已经建好的房屋结构进行二次改造，于是大量刚刚砌好的墙壁，门窗被通通砸掉，重新建造。于是乎每每一座新楼修建好后，在以后一两年的时间里，各种改造声将不绝于耳。同时一些建成不久的房屋会由于城市规划等各种原因而推倒重建。这些建筑浪费现象盛行于我国各个城市的房屋建造，这不仅浪费了建筑材料，更使城市的空气弥漫在沙尘之中。因此我国房屋局有关人员讲到我国的房屋年龄只有 30 年，而美国，欧洲等国家的城市可达上百年历史。街道的整治扩建也是每个城市无时无刻不在进行的工程，通常修建几年的路面街道就由于“不适应”当前发展而圈起来重新整治，年复一年的修建

① 莱易斯：《自然的控制》，重庆出版社 1993 年版，第 2 页。

使每一座城市常年陷于污浊的空气之中，而浪费更是不在话下。

我国森林覆盖面积的锐减导致我国森林碳汇的严重不足。我国森林覆盖面积已降至18%，这种减少主要是由于人类无止境的砍伐和破坏森林造成的。森林是二氧化碳最重要的吸收者，它靠吸收二氧化碳，排放氧气来使自然界及人类社会得以永续生存。如果人类继续对森林进行砍伐，不保护森林保护树木，那么最终二氧化碳将越来越多，低碳将成为美丽的梦想。

另外，我国政府在生态气候问题上的关注度不够。我国的生态环境保护法律法规条例等几乎每年都在出台，截至目前，我国已经出台了保护环境法7部、自然资源管理法10部、自然保护和资源管理行政法规51部、各类国家环境标准390项、地方环境保护和资源管理法规600余项。从这一组数据看来，我国在环境保护方面的法律法规已经很多了，按理来说这些法律法规已经囊括了对我国各种资源环境的保护措施，然而事实是，不仅仅是气候没有改善，其他的环境问题也是层出不穷。面对这样一个事实，也许只能归咎于我国政府在环境保护上的“执法不严”。经济的发展是当前我国面临的主要阶段问题，由于我国还处于社会主义发展初期同时又是在社会主义市场经济这样的背景下发展，因此我国的经济发展既有社会主义初期发展中的“大跃进”粗放式生产的一面又有资本主义社会中讲“效益”、“经济”的一面，这样的双重性质使我国社会主义经济发展面临着巨大的困境，即如何将经济的发展与生态的发展同步进行的问题。

最后，我国是人口大国，碳排放总量大，民众应该在环境保护中扮演着重要的作用，但是多数的民众还没有将这个角色扮演好，生态环境保护意识还没有完全形成。由于极端气候的频频出现，夏季的温度越来越高，许多老百姓在夏季都选择在舒适的空调房中休息，为了使自己舒服，许多人将空调温度调得很低，我国将近14亿的人口，如果每户都将空调调低一度，那么这片刻的个人舒服将加剧城市的“热岛效应”，造成城市气候的持续升高。同样买汽车也是多数老百姓在经济较好时采取的消费方式，人们出行以车当步节约了不少时间，但城市中越来越多的汽车尾气也使空气的质量每况愈下，同时也加剧了上文提到的城市“热岛效应”。另外开长明灯，浪费水源，乱扔垃圾等现象都是存在于普通的居民生活之中。这些不良习惯导致了碳排放量的增多，碳排放极不平衡等危机。

三、中国低碳社会建设的综合优势

尽管我国建设低碳社会面临着诸多的挑战与困难，但这并不意味着我们就束手无策了。实际上，世界上的其他国家在发展低碳经济、建设低碳社会上同样面临各自不同方面的挑战与困难。在分析挑战与困难的同时，努力寻找自身的优势，积极推进低碳社会建设的进程。在中国建设低碳社会，必须立足中国现有国情，挖掘存在的潜力，因势利导，综合利用。

一是“天人合一”的文化传统是中国建设低碳社会独有的资源。中国自古以来就有着尊重自然、敬畏生命、勤俭节约的社会文化背景，“天人合一”、“道法自然”、“知常知和”、“知止知足”、“成由勤俭败由奢”等思想更是在历史上促进中华民族生态保护、节能利国方面起到了巨大的作用。进入新世纪以来，中央陆续将建设和谐社会、建设“两型社会”、发展低碳经济作为国家的发展战略。在这样的形势下，民众对环保、绿色生态、自然环境的重要性有了更深刻的认识，整体环境意识水平已有大幅度的提升，以及大力倡导的生态文明理念，为中国建设低碳社会奠定了良好的思想基础。

二是提高自主创新能力，发挥技术成本低的优势。中国经济具有后发优势，与传统工业国家相比，在扩张过程中，建立新企业成本要比改造更新旧企业旧设备的成本低，中国可以以较低的成本来发展低碳经济。从燃料角度来说，在中国采用超临界机组的成本可能会比普通的火力发电更低一些。虽然超临界机组初步投资非常高，但是因为中国现在资金充裕，所以发展低碳技术的投资问题不是很大。而且投资不只是成本，它还意味着回报。研究表明，低碳投资的成本不仅带来节能环保效益，还小于“基准投资”成本①。

三是国家动员体制具有极其强大的能力。“低碳社会建设是一项长期的系统工程，要解除碳锁定，就意味着要推动技术、经济、社会、政治、文化的系统变革。由此观之，中国低碳社会建设的关键优势在于国家动员体制及其强大的能力，只有这种体制及其能力的适当发挥，才有可能实现碳解锁。中国的国家动员体制强调国家在社会经济生活中的中心地位和作用，这种地位和作用为一系列的经济、政治、文化和社会制度安排所保障，并且有着传统

① 姜可隽：《中国发展低碳经济的成本优势》，载《绿叶》，2007年第5期，第16～19页。

的文化心理基础。这种国家动员体制对内具有强大的规划、决策、动员、执行、监督和协调能力，可以快速决策，可以推动社会形成合力，可以保证政策的连续性，可以集中力量办大事。对外而言，这种体制可以有效维护国家主权，推动国家参与国际竞争与合作。在很大程度上，改革开放以来中国经济的长期高速增长奇迹应当归功于这种体制和能力，同时也证明了这种体制对于作为发展中大国的中国的优势。"①

四是可再生能源的自然蕴含量丰富。我国幅员辽阔，风能、太阳能、水能、生物质能蕴藏量丰富，为可再生能源发电提供了资源基础。我国风能资源丰富，分布较广。我国 10 米高层的风能资源储量大于 32 亿千瓦，其中陆地可开发利用的风电储量大于 2 亿千瓦，近海距海面 10 米高层风能储量大于 7 亿千瓦②。我国太阳能资源丰富，全国三分之二以上地区年日照时数超过两千小时。我国水能资源理论蕴藏量超过 6 亿千瓦，西部地区有大量未充分开发利用的水能资源。同时，我国又拥有丰富的生物质（Biomass）资源，为发展生物质能产业提供了坚实的基础。我国年产农作物秸秆约 8 亿吨，年产畜禽粪便 20 多亿吨，加上不宜种植粮棉油的边际性土地种植薯类、高粱等能源作物，预计年替代性潜能相当于 1 亿吨原油。利用家庭畜牧业废弃物发展的农户沼气，在 1990 ~ 2005 年累计向农村居民提供了大约 2.84×10^7 吨标煤能量。中国 2008 年可再生能源"十一五"规划内容，农户沼气和规模化沼气工程到 2010 年底生产 190 亿立方米沼气③。

五是低碳技术革命的历史机遇。从科技进步演进角度，人类历史上的三次科技革命和科技革新推动了生产力的提高，而生产力的提高促进了制度变迁，而制度变迁又促进了科技的更好创新，推动了生产力的更快发展。前车之鉴，后事之师，前三次工业革命，我国都因历史所限，失去了与世界同步发展的好时机。历史又一次呈现重要发展机遇，以低碳技术发展为主要标志的第四次科技革命正在悄然发生。低碳技术，以化石能源高效利用技术和可再生能源利用技术为两大基石，带动产业结构和经济结构的全面升级。低碳技术催生低碳经济全面发展，是后国际金融危机的新经济增长点。此次即将

---

① 洪大用：《中国低碳社会建设初论》，载《中国人民大学学报》，2010 年第 2 期。

② 叶连松、靳新彬：《新型工业化与能源工业发展》，中国经济出版社 2009 年版。

③ 程序：《生物质能与节能减排及低碳经济》，载《中国生态农业学报》，2009 年第 2 期。

到来的第四次科技革命，我国一定要抓住此次历史机遇，成功实现新科技革命，并以此次为带动，实现新工业革命，彻底改变我国作为世界低端产品制造工厂的地位，使我国产业竞争力走在世界前列，使我国产业链从低端走向高端，实现跨越式发展。低碳能源产业发展属于基础产业，但其对整个产业的辐射和带动力却是巨大的。只有成功实现低碳科技革命，发展低碳产业、低碳经济，才能实现我国在新世纪的发展战略。

第三节　低碳社会与低碳科技

低碳技术是相对于高碳技术而言，是指更低的温室气体排放技术。具体地讲，低碳技术是涵盖电力、交通、建筑、冶金、化工、石化等部门以及在可再生能源及新能源、煤的清洁高效利用、油气资源和煤层气的勘探开发、二氧化碳捕获与埋存等领域开发的有效控制温室气体排放的新技术。① 目前世界各国在发展低碳模式的竞争中，日益表现为对低碳技术的掌控与创新程度的追求。因为只有通过低碳技术的突破与创新，才能提高能源利用效率；只有通过低碳技术的体系的构建，才能为各国发展低碳经济提高技术保障与支撑。

一、低碳社会的能源技术体系

能源指的是可以提供能量的资源，这些资源可能是煤炭、石油、天然气等某种物质，也可能是水流动产生的水力、空气流动产生的风力等某种运动。经济的持续发展与能源持续供应紧密相关。人类毫不节制地开采利用了200多年的化石能源已经面临枯竭的危险，要实现人类经济的可持续发展，就必须不能再依赖化石能源，而应该开发和利用新能源和可再生能源，才能保证人类长远目标的实现和经济的可持续发展。

一是太阳能的开发利用。太阳能是取之不尽的可再生能源，可利用量巨

① 杜德利：《我国应建立符合国情的自主低碳产业体系》，载《城市住宅》，2009年第11期。

大。太阳能每秒钟放射的能量大约是1.6×1023kw，是目前世界主要化石能源探明储量的一万倍。太阳的能量是惊人的，因为每40分钟，地球从太阳那里接收到的能量，就足以满足贪婪的现代人类整整一年的能源需求。如果在干燥的沙漠里设置一块边长300千米的正方形太阳能光电板，就能生产出全人类每天吞噬的46兆兆瓦时电量。太阳的寿命至少尚有40亿年，相对于常规能源的有限性，太阳能具有储量的“无限性”，取之不尽，用之不竭。开发利用太阳能是人类解决常规能源匮乏、枯竭的最有效途径。随着科技的发展以及人类开发利用太阳能的技术突破，太阳能利用的经济性将会更明显。太阳能以其独具的优势，是人类理想的替代能源，其开发利用是最终解决常规能源，特别是化石能源带来的能源短缺、环境污染和温室效应等问题的有效途径，其开发利用必将在21世纪得到长足的发展，并在世界能源结构转移中担纲重任，成为21世纪后期的主导能源。①

二是核能的开发利用。原子核的结构是人为控制的，核能是通过原子核结构的变化产生的能量，核反应通过核裂变和核聚变来产生能量，核能的特点是利用率高、清洁无污染。核能发电消耗的核燃料很少，却可以产生大量的电能，从而减少燃料的运输量。我国目前主要是将核反应堆的热能用来发电，核能发电燃料消耗少且燃料丰富；核动力主要应用在地下太空等缺乏空气的地方，由于它耗料少，能量高，一次装入便可利用很长时间，所以可为宇宙飞船、人造卫星、潜艇、航空母舰等提供源源不断的动力，将来核动力有望用于星际间的航行；在农业中核能的利用也很普遍，最常用的技术是用核辐射来育种，为了改变植物的遗传特性，可以采用核辐射诱发基因突变，从而能够在去除劣势品种后获得粮、棉、油的优良品种。

三是氢能源技术的开发和利用。氢是自然界存在最普遍的元素，据估计，氢构成了宇宙质量的75%。地球上的氢主要以化合物的形态贮存于水中，而水是地球上最广泛的物质。除核燃料以外，氢的发热值是所有化石燃料、化工燃料和生物燃料中最高的，为142351kj/kg，是汽油发热值的3倍；同时，氢可以减轻燃料自重，增加运载工具有效载荷，从而降低运输成本；此外，利用氢能源还能够减少温室气体的排放量。当技术成熟时，氢气就可以由取之不尽的水资源来进行制备。氢能源技术开发是一项系统工程，包括制氢、

① 李国英：《2030，太阳能时代》，载《科学大众》（中学生），2011年Z2期。

储氢、输氢、用氢、基础设施建设、氢安全法规等。一旦氢经济社会建立起来，会给人类的生产和生活带来巨大的变革。氢经济的目标是取代现有的石油经济体系，并达到环保要求。“人类使用清洁能源的过程就是逐步脱碳的过程。从汽油、柴油，到天然气、醇醚，再到氢能，碳的使用渐渐变少到最后没有，氢能称得上是未来最为洁净的能源。”①

四是风力发电技术的推广应用。风能作为一种清洁的可再生能源，越来越受到世界各国的重视。其蕴量巨大，全球的风能约为2.74×109MW，其中可利用的风能为2×107MW，比地球风力发电上可开发利用的水能总量还要大10倍。随着切尔诺贝利核电站灾难发生和海湾战争爆发，人们对核电的安全和石油的供应普遍感到担心，而石油价格的不断上涨更促使人们关注风力发电。风力发电是目前技术最成熟、最具开发价值的可再生能源，发展风电对于保障能源安全，调整能源结构，减轻环境污染，实现可持续发展等都具有非常重要的意义。随着科学的进步与发展，风力发电设备的制造和技术水平不断提高。20万千瓦风力发电从实验研究迅速发展成为一项专门的技术，发电成本已接近常规能源发电的成本，利用风力发电的国家越来越多，特别是北欧国家人们认为更适合发展风力发电而不是太阳能发电，这个行业正处在重大转变时刻。我国的风能资源十分丰富，随着我国能源发展战略的实施，国内风电设备的市场逐年扩大，以及兆瓦级风电设备的国产化和成功应用推广，我国即将成为世界风电发展最令人瞩目的国家之一。

五是洁净煤技术推广和利用。相关研究人士指出，清洁煤技术将放在低碳经济与新能源产业领域最重要的位置。富煤贫油少气的资源条件，决定了火电为主体的能源格局短期内不会改变，发展无污染的清洁煤发电技术是我国实现低碳经济的关键。多年来，煤炭清洁、高效利用受到世界各国的普遍重视。“截至目前，在世界范围内比较成熟的煤资源清洁转化技术有6种，并且这些技术大都实现了产业化生产。这6种技术分别为：煤气化技术，煤液化技术，煤制甲醇、二甲醚（DME）、烯烃（MTO）等技术，煤制合成天然气技术，煤制氢技术，二氧化碳捕获与贮存（CCS）技术。”② 为了解决现存

---

① 马晓岚、刘峥毅、王海霞：《氢能就在我们的鼻子底下》，载《科学时报》，2007年第7期。

② 呼跃军：《洁净煤化工前景风光无限》，载《中国化工报》，2008年10月23日。

能源系统的环境污染问题，欧洲、日本、加拿大、澳大利亚等发达国家和地区分别提出了各自的洁净煤技术路线图。这些技术无一例外地采用了以煤气化为基础，以煤制油、煤制氢或煤制化学品与燃气、蒸汽联合循环发电为主线的多联产体系，辅助 CCS，实现二氧化碳的零排放。美国还宣布了“未来发电”示范项目建立世界上首个污染近零排放，化工、电力和氢联合生产的大型试验基地，我国也参与了此项目计划①。

六是生物质能源技术的推广利用。生物质能源与太阳能、风能并称为绿色能源，是一种以农作物秸秆、畜禽粪便、有机垃圾等农林废弃物和环境污染物等生物质为原料，通过现代技术转化成固态、液态或气态燃料的能源，它具有可再生性及清洁无污染等优势，是煤炭、石油和天然气等常规石化能源的有益补充。“化石能源与生物质能源本是同根生，用植物油脂直接做石油化工原料是完全可以的。”② 由于化石燃料的不可再生性，且碳循环是动态的，因而各国日益关注生物能源的开发和研究，并制定了相应的发展战略，如美国的“能源农场计划”，预计到 2016 和 2017 年度生产酒精的玉米使用量将超过玉米总产量的 30%。生物柴油中大豆油使用量将占到大豆油产量的 2/3，从纤维中提炼油料也将逐步进入能源更新计划。巴西的“酒精能源计划”，南部地区一些原本种植谷物和油料作物的土地将被改种甘蔗，中西部地区原本生产大豆的土地也将被改种甘蔗。这样生物燃料总生产量将从目前的大约 5200 万加仑增长到 2016 年的 9200 万加仑。此外还有日本的“阳光计划”、印度的“绿色能源工程”等。

七是海洋能源的综合利用。地球表面的 70% 都被海洋覆盖，海洋能是指依附在海水中的能源，能量丰富。这些能量以潮汐、波浪、温差等的不同形式存在。海洋能具有可再生性、密度低、对环境无污染等特点，应用前景良好。另外，海洋中的硅藻含有多种脂质，含有固醇、蜡、酰基脂质等化合物，一些硅藻的脂质含量高达 70% ~85%。通过改变生长条件，能提高不同种硅藻的脂质含量。全球石油俱乐部评估，1 公顷微藻 1 年能生产 96000 升生物柴油，而 1 公顷油椰子只能生产 5950 升，1 公顷大豆只能生产 446 升。”③。其

① 张玉卓：《从高碳能源到低碳能源——煤炭清洁转化的前景》，载《中国能源》，2008 年第 4 期。

② 汪燮卿：《发展生物质能源要立足不与粮争地》，载《科学时报》，2008 年 7 月 16 日。

③ 范建、常丽君：《未来能源会来自海洋吗?》，载《科技日报》，2008 年 10 月 25 日。

实，美国早在1978年就开始了一项名为“水生种类计划”的研究，证实用微藻制造的生物柴油，其效率是现在石油、柴油燃料的2倍多。日本这方面的研究集中在封闭系统上，非常昂贵，比如应用光纤视觉光发射机。他们获得了高生产率，但仍然不能满足可接受的操作成本要求。产量高、需水少、肥料效率高，微藻的潜在产量超过陆地农作物产量的30倍，海洋微藻的生产优势，加上燃料制取技术的不断进步，广阔的海洋正在成为新能源的希望。

二、低碳社会的交通技术体系

中国作为世界第二大石油进口国，2010年全国累计进口原油2.39亿吨，同比增长17.4%。原油对外依存度达到53.8%，而我国有40%的石油消耗于交通运输业，所以交通运输部门节油是关系到国家能源消耗不可忽视的方面。随着低碳理念的不断深入和城市温室效应的加剧，低碳交通技术体系的发展与应用成为了构建低碳社会的重要因素。

一是发展新能源汽车。发展新能源汽车，构建低碳交通系统，是世界各国解决交通能源和环境问题所采取的共同措施，也是应对气候变化的重点领域之一。新能源汽车是指除使用汽油、柴油作为动力源的汽车，其废气排放量比较低。新能源系列汽车包括电动（混合动力）客车、电动（混合动力）公交车、电动（混合动力）轿车、电动旅游观光车、电动高尔夫车，电动吉普车、太阳能电动车、电动客货车、电动清洁车、电动叉车、电动升降车、电动摩托车、电动三轮车及氢能源、天然等各种新能源、清洁燃料、混合动力车辆及各种低排放、环保节能型汽车。新能源汽车已成为全球汽车工业发展方向。世界主要国家为保障能源安全都在加快新能源汽车研发和市场开拓的步伐。中国经过近年的自主研发和示范运行在这个领域与世界先进水平的差距大大缩小。当前紧迫的任务是通过技术经济、市场需求和经济效益三个方面的充分论证尽快确定技术路线和市场推进措施推动新能源汽车工业的跨越发展。

二是构建大运量公共交通智能系统降低交通出行量。为解决小汽车的高速发展引起的城市交通堵塞、污染及能耗增加等问题，欧洲各国纷纷建立起以公共交通为导向的城市发展模式。德国政府规定在总体交通改善框架下，每个城市根据各自不同的需求，即不同的城市和经济结构选择不同的交通方式。超过30万人口的城市应该保留有轨电车；在市中心的轨道应该部分地引入地下。“50万人口以上的城市，应该考虑建造轻轨系统，并逐步转变成高速轨道系统。”① 如今，德国的公共交通系统已相当发达，以斯图加特市为例，其拥有人口5万，市区面积207km2。由14条轻轨线路以及54条公共汽车线路组成的先进、便捷的市内公共短途交通网络，能将人们顺畅、舒适地运送到市中心的所有地点。奥地利的巴德伊绪市是个不足2万人口的小城市，其城市依托公共交通网络呈线性状态发展。由轻轨、地铁、出租车线路等组成的公共交通系统，使巴德伊绪市中心、沃夫岗湖和“生态城”示范社区相互联系，人们的出行变得十分方便。

三是完善以步行、自行车系统为主导的绿色交通体系。据测算，自行车作为零排放的交通工具，在城市有限空间内的通行能力是小汽车的20倍。因此，规划首先要考虑以人为本，打造舒适、宜人的步行系统和人车分离，构建便捷、安全的自行车廊道系统，并与公共交通系统相结合，以促成居民绿色出行习惯，同时起到控制小汽车膨胀的目标。去年，法国要求全国各省在修建公路和城市建设中优先考虑安排自行车专用道路。在巴黎市内，随着人们对环保的重视，提倡以自行车作为一种保护环境的交通工具的呼声越来越高。巴黎全市设有1450个租车点，每隔200多米就有一个联网租赁站，租赁后可在任一站归还。租车人可在自行车出租点用卡租用自行车，如果使用时间不超过半个小时可享受免费骑车待遇。为方便顾客，租车点24小时开放。而丹麦和荷兰甚至被称为自行车王国。“哥本哈根被国际自行车联盟任命为2008~2011年世界首个“自行车之城”。哥本哈根通过不断改善基础设施，推动自行车的使用力度。仅2008~2009年就投入2500万欧元为自行车修建专用道路及停车场。哥本哈根市政府甚至为市民和旅行者提供免费的自行车服务。其市内有100多个自行车免费停放点，市民和旅行者只需向车锁中投放20丹麦克朗，就能骑车游览全市。最终你可以把自行车还放到任何一个停放点，并将20丹麦克朗取走。”②

---

① 刘涟涟、陆伟：《公共交通在德国城市中心步行区发展中的作用》，载《城市规划》，2010年第4期。

② 王筱鲁：《欧洲城市低碳交通发展的经验与启示》，载《南方论丛》，2011年第2期。

四是制定低碳交通排放技术标准等保障措施。在发展城市低碳交通的过程中，欧洲各国先后建立了比较完善的政策保障制度。为保证空气质量，英国和欧盟先后立法。英国制定了“空气质量战略”，该战略设定了2005年英国空气质量所要达到的目标。而欧盟则出台了“欧盟空气质量框架导则”，制定了2010年空气质量目标。为鼓励更先进、更清洁车辆的使用，2008年2月4日，英国伦敦开始实施“汽车尾气排放管制政策”（简称“低排放区”政策）。该政策主要是对那些生产年代较老的柴油引擎货车、巴士、长途客车、大型有篷货车（空载重量超过1.205吨）以及小巴（5吨以下、8座以上）等进行管制。当车辆行驶到低排放区内，所有不符合低排放区排放标准的车辆均需缴付每日费用，其中重型车辆的收费标准是每日200英镑，轻型车辆的收费标准则是100英镑。如果车主没有按时缴费，将会受到高于正常收费标准数倍的重罚。2006年开始，瑞典政府出台政策对环保汽车进行补贴，一辆环保汽车可以补贴10000瑞典克朗。荷兰和英国还通过对城市交通分区研究，制定差别化的交通发展政策，以使小汽车的分担率趋向合理。

三、低碳社会的建筑节能技术体系

低碳社会建设离不开低碳建筑，建筑施工和维持建筑物运行是城市能源消耗的大户。研究表明，目前建筑能耗已占到城市总能耗的20%左右。而且建筑业的高能耗贯穿建筑材料生产、施工及后期运行、拆除等各阶段。低碳建筑节能体系包括：建筑节能设计与评价技术，供热计量控制技术的研究；可再生能源等新能源和低能耗、超低能耗技术与产品在住宅建筑中的应用等；推广建筑节能，促进政府部门、设计单位、房地产企业、生产企业等就生态社会进行有效沟通。在减少碳排放的进程中，低碳建筑的普及和推广将具有重要的意义。笔者认为实现低碳建筑主要应注意以下几个环节。

一是在建筑节能设计方面。要引入低碳理念，通过新型节能技术和新型节能材料的融合运用，实现建筑低碳化。在规划设计方面，应选用隔热保温的建筑材料，合理设计通风和采光系统，选用节能型取暖和制冷系统，选用低碳装饰材料，避免过度装修，杜绝毛坯房。在建筑能源供应方面，应尽可能采用利用太阳能光伏技术，有条件的地区还可加装风力发电设备，为建筑提供辅助电源。在建筑能源利用方面，应普及节能照明、空调等设备，对于大型公共建筑（如大型商住区），当负荷达到一定规模，用电习惯符合要求时，可采用蓄能设备，降低能源需求。

二是在建筑节水方面：在规划设计时，严格遵循简洁、实用原则，杜绝华而不实的设计，避免因设计不合理造成的水资源浪费，积极采用和推行节水节能的新技术、新工艺，坚决淘汰高耗水、高耗能、高耗材的落后技术和落后工艺，应确保节水器具使用率达到100%。在建筑用水中，要探索循环利用模式和技术，如中水回用、雨水收集利用等技术，以提高水资源的利用效率。①

三是在新材料推广应用方面：近些年来，不少新材料运用于一系列重大市政工程中，这些材料属低碳材料具备绿色、节能、环保的特点。其中对沥青材料性能的改进是最典型的事例，包括旧沥青的再生利用、温拌沥青和冷再生技术等。温拌沥青是最近10年来在欧洲发展起来的，德国、挪威、法国和美国都对其进行了研究。"温拌沥青混合料是一种绿色、节能、环保的路面新材料，它的生产施工温度介于热拌沥青混合料和冷拌沥青混合料之间，其力学性能和路用性能不亚于传统的热拌沥青混合料"②，施工温度可以降低30～50度，降低了石料加热温度和燃油消耗，减轻了沥青老化。据测算温拌沥青生产工艺的改进，使每吨沥青混合料可节油1.5公斤等于减排二氧化碳4.5公斤。此外，温拌沥青混合料保持沥青混合料的基本特性外，在市政工程中施工方便，施工现场无沥青黑烟，保温容易等。并且适用于沥青路面的各结构层，尤其适用于沥青路面建设和维修养护中的薄层罩面和超薄罩面、有更高环保要求的城市道路建设和维修养护以及隧道道面的铺筑。这种材料运用越广，越能体现节能减排和环保的特性。

第四节　低碳时代的中国科技事业展望

以低能耗、低污染标志的低碳经济是低碳社会的经济基础，而低碳经济一个重要的支撑就是"低碳技术"。技术将是决定低碳经济发展速度的关键，

① 刘嘉迅、杨运宇：《低碳城市的发展策略研究》，载《绿色科技》，2011年第10期。
② 贾玉芳、黄艳：《温拌沥青混合料与环境保护》，载《交通标准化》，2011年第16期。

只有通过推进科技进步利用科技创新，提高效能，降低能耗，掌握核心新能源、建筑节能减排、农业技术资源，才能够争得先机，赢得低碳经济的主动权。

一、新能源技术发展迅猛

新能源技术是低碳技术的支柱，包括核能技术、太阳能技术、燃煤、磁流体发电技术、地热能技术、海洋能技术等。其中核能技术与太阳能技术是新能源技术的主要标志，通过对核能、太阳能的开发利用，打破了以石油、煤炭为主体的传统能源观念。我国在新能源技术上投资巨大，取得了令人瞩目的成就，为低碳社会的构建打下坚实的基础。

1. 风电和太阳能光伏发电技术

目前我国已经成为全球领先的风机和太阳能光伏电池板的制造大国。2010 年我国风电机组 34485 台，装机容量 44733. 29MW，风电装机容量全球第一,①，仅华锐风电科技（集团）有限公司在 2010 年的新增风电装机容量就位列全球第二。目前我国已经形成国内风电装备制造能力，整机生产能力达到年产 500 万千瓦，零部件配套生产能力达到年产 800 万千瓦，是世界最大的风力发电机塔架出口商，2009 年我国已经超越美国成为全球最大的风电市场。尽管如此，中国在世界风电技术领域还未能占据领先位置。从 20 世纪 70 年代晚期开始，风电就已经成为一个全球性的产业，我国并网风电起步晚了近 10 年，丹麦、德国、西班牙和美国等国家的风机制造商，由于其进入行业较早而具有“先发优势”，且具备雄厚的技术实力，因此一直走在全球风电技术发展的前列。OECD 欧洲国家和美国掌握着风机制造的核心技术，美国的 GE 等公司在新的风能技术专利上占有绝对优势，全球超过三分之一的风机由丹麦公司生产。

2. 绿色照明技术（LED）

我国 LED 产业发展迅速，目前我国 LED 产业的产量为全球第一，产值位

---

① 《中国风能装机容量全球第一》，http：//epaper. yzdsb. com. cn /201104 /09 /23997. html（访问时间：2011 年 5 月 12 日）

居全球第二。有关专家预计，2011 年中国 LED 产业产值将达到 1800 亿元①。LED 产业链主要包括芯片研发生产、外延片生产、LED 封装及 LED 应用等，前两者属于上游产业，利润约占整个 LED 产业的 70%；后两者分别属于中游产业和下游产业，利润很低，国内 LED 产业集中于封装、散热器等下游应用环节，对上游的外延片、芯片两大关键领域尚没有掌握核心技术。但是，由于我国已经在 LED 封装和散热器技术等方面积累了较丰富的经验，加上我国政府对 LED 核心技术和装备的研发给予积极的政策和资金支持，一旦掌握上游核心技术，就有可能建立系统的技术专利池，避免跨国巨头如美国 Semi LEDs Corporation、荷兰 Lemnis 公司等庞大的专利封锁网，通过技术领先占据国际 LED 市场价值链的高端位置，使我国完全有可能占据这一产业的科技制高点。

3. 氢能源利用技术

氢能是公认的清洁能源，作为低碳和零碳能源正在脱颖而出。近年来，我国和美国、日本、加拿大、欧盟等都制定了氢能发展规划，并且目前我国已在氢能领域取得了多方面的进展，在不久的将来有望成为氢能技术和应用领先的国家之一，也被国际公认为最有可能率先实现氢燃料电池和氢能汽车产业化的国家。目前国内已有数十家院校和科研单位在氢能领域研发新技术，数百家企业参与配套或生产。经过多年攻关，我国已在氢能领域取得诸多成果，我国自主开发了大功率氢燃料电池，开始用于车用发动机和移动发电站。由江苏镇江江奎科技有限公司、清华大学、奇瑞汽车三方自主研发的“示范性氢燃料轿车研制项目”通过国家级专家组评审，标志着我国第一台具有完全自主知识产权的以氢燃料为动力的汽车研制成功，我国氢动力技术已达国际同步领先水平。

4. 核能利用技术

近年来我国的核能利用技术快速发展，令人瞩目。我国第一个由快中子引起核裂变反应的中国实验快堆于 2011 年 7 月 21 日 10 时成功实现并网发电。这一国家“863”计划重大项目目标的全面实现，标志着列入国家中长期科技发展规划前沿技术的快堆技术取得重大突破。这也标志着我国在占领核能技

---

① LED 环球在线：《中国 LED 照明产业“大而不强”隐忧浮现》，http://info.ledgb.com/detail-a42-73691.html（访问时间：2011 年 6 月 2 日）

术制高点，建立可持续发展的先进核能系统上跨出了重要的一步。环球时报谭利娅的文章称："中国科学家日前宣布获得"动力堆/乏燃料/后处理技术"，实现了对核动力堆中燃烧后的核燃料的铀、钚材料回收，大大提高了核燃料利用率，使我国成为极少数几个能够形成核燃料循环的国家之一，在此领域我国将拥有话语权，甚至还能起到一定的引导作用。同时，这一重大技术突破意味着在我国现有核电规模下，我国已经探明的铀矿资源从大约只能使用50年到70年变成足够用上3000年。有媒体表示，此举将极大促进中国的核能工业发展，令中国有望在2030年超越美国成为全球最大原子能制造商。

5. 生物质能源技术

生物质能源一直是人类赖以生存的重要能源，它是仅次于煤炭、石油和天然气而居于世界能源消费总量第四位的能源，在整个能源系统中占有重要地位。我国在生物质能利用方面适合国土资探的物种研究、资源研究等起步较早，有一大批尚未应用的成果；丰原集团等工业企业近年来在发酵等领域的关键技术研发、引进消化方面达到较高水平；我国国土资源特点还决定了我国发展生物产业有得天独厚的条件。综合起来看，我国生物质能利用起步及时，与发达国家基本处于同一起跑线上。根据我国农业部提供数据，2010年我国生物质能发电容量达到5500MW；生物质液体燃料产量达到200万吨；沼气年利用量达到190亿立方；生物质固体成型燃料年利用量达到100万吨。生物质能年利用量占一次能源消耗量的比例，在2010年达1%；2020年要达到4%。

二、低碳建筑技术方兴未艾

低碳建筑是指在建筑材料与设备制造、施工建造和建筑物使用的整个生命周期内，减少化石能源的使用，提高能效，降低二氧化碳排放量。目前，在我国建筑的相关能耗已经超过工业成为了社会第一大能耗行业，已占到总能耗的46.7%，而在住宅使用中产生的能耗与发达国家相比，在同等技术条件下，是发达国家的2~3倍。随着低碳理念不断深入人心，低碳技术的研发和应用引领着我国建筑业的快速发展。

1. 世博零碳馆

上海世博零碳馆，是中国第一座零碳排放的公共建筑。从外形来看，零碳馆更像是两栋造型别致的"小别墅"，而不是展览馆。除了利用传统的太阳能、风能实现能源‘自给自足’外，“零碳馆”还将取用黄浦江水，利用水源热泵作为房屋的天然“空调”；用餐后留下的剩饭剩菜，将被降解为生物质能，用于发电。在每栋房子的屋顶，各安装着11个五颜六色的风帽，房子朝南的墙壁采用的是镂空设计以自然采光；而房子的北面墙壁则被设计为斜坡状。在坡顶设置可开启的太阳能光电板和热电板，另外还将种上一种名叫“景天”的半肉质植物。“景天”不仅有助于防止冬天室内的热量散失，而且还能使零碳馆从周边各展馆中“脱颖而出”。世博会结束，零碳馆将永远保留下来，我们会把它打造成中国首座零碳博物馆。

2. 杭州低碳科技馆

杭州低碳科技馆按照“国家绿色建筑三星级”标准进行设计和建设，是名副其实的低碳建筑。总建筑面积3.37万平方米，预计总投资将超过4亿元。在建材上，将首先选用本地建材，以减少材料运输过程中的碳排放；将选用天然的、可回收的材料；幕墙将尽可能采用太阳能光复材料。此馆预计将在2011年建成，一旦建成将是世界上首个以低碳为主题的科技馆。

3. 成都来福士广场

投资达40亿元、建筑面积逾30万平米的“来福士”广场，运用了地源热泵供热和制冷系统、热回收系统、冷热水蓄藏、中水回用、太阳能等可再生能源的利用等节能环保措施。整个建筑呈大悬挑、大孔洞和不规则倾斜状，其造型新颖独特，与央视新大厦有异曲同工之妙，是国内首座、国际罕见的超高清水混凝土建筑。高度在112m~123m之间，成都来福士广场是国内首座、国际罕见的清水混凝土建筑，也是世界史上最高的清水混凝土建筑。低辐射中空节能玻璃——单银低辐射low-e玻璃，玻璃的高透光性与太阳热辐射的低透过性更完美地结合在一起，普通透明玻璃最高可以降低建筑能耗达70%以上，普通透明玻璃幕墙，每年节约的空调能耗将超过百万元。

4. 保定电谷锦江酒店

电谷锦江酒店还应用了另一种可再生能源建筑应用技术——污水源热泵技术。将城市污水处理后用于整个酒店的采暖、制冷等，使污水实现了循环利用，提高了可再生能源的利用效率。每年可利用中水737万吨，系统运行费比水冷螺杆加蒸汽系统节省188.5万元，每年可节电188万度，节约标准煤752吨，减少二氧化碳排放量546吨，二氧化硫排放量16.54吨，氮化物排放量7.52吨，烟尘排放量12.78吨。

5. 桐乡国际新能源市场光热馆

可能很多人还不知道这幢建筑，恰恰就是这样如贝壳般形状的建筑，整体采光率达到90%左右，如此高的采光率除了地理位置的因素外，整个建筑具有75%的透明度，内部所有透光面板均铺设采光集热板，屋顶20000多平米放置多达15000块自动化光线跟踪面板，另外配备风电补充系统，以至于实现整个建筑全天候运作实现供热供暖供电的一体化，每年可节电100万度，减少二氧化碳排放600吨左右，将降低整个建筑80左右的能耗。这个建筑在2011年建成并投入运营。

6. “低碳水泥“生产技术获得突破

中国是世界水泥生产第一大国，年产量占全球的50%以上。而水泥行业一直未能解决耗能高、污染重、二氧化碳排放多等难题，其碳排放量几乎占到了全国总量的1/5。为此科技部专门立项开展“水泥低能耗制备与高效应用的基础研究”项目研究。以南京工业大学沈晓冬教授为首席科学家的“水泥低能耗制备与高效应用的基础研究”973项目组，联合中国建筑材料科学研究总院、南京工业大学、清华大学、同济大学、华南理工大学等多个国内优势单位，借助于水泥材料性能突破、主要生产工艺和生产装备的技术升级和技术创新围绕水泥结构和熟料矿物组成、熟料分段烧成动力学及过程控制水泥粉磨动力学及过程控制、水泥熟料和物理基础等重大科学问题开展研究，经过公关已经基本掌握了“低碳水泥”这一独特的生产技术，可实现水泥碳排放量减少50%以上。

三、低碳交通技术赶超世界潮流

交通的发展与能源供应和碳排放密切相关，随着以石油为载体燃料的轿车市场规模不断扩大，我国城市交通面临着能源供应瓶颈和碳排放的压力，着就注定我国的交通发展模式必须向低碳转型。在交通领域，轨道交通具有运量大、效率高、能耗低、和无污染等特点，能大幅度降低碳排放强度、提升能源使用率、促进低碳经济社会建设。令人振奋的是，我国的轨道交通，特别是高速铁路经过引进、消化、吸收和创新，整体技术已领先世界先进水平。

1. 高速铁路跨越发展

2010年12月，第七届世界高速铁路大会在北京召开，这次世界高铁大会首次在欧洲以外的国度举行，这标志着我国高速铁路在短短几年已到达和超过了世界先进水平。现如今，我国在工程建造技术、高速列车技术、列车控制技术、客站建设技术、系统集成技术和运营维护技术方面已达到世界先进水平，我国已成为高速铁路系统技术最全、集成能力最强、运营里程最长、运行速度最高、在建规模最大的国家。根据国家规划，今年全路将安排固定资产投资8235亿元，其中基本建设投资7000亿元。"十一五"期间，铁路营业里程达到9万公里以上。"十一五"规划实施以来，我国高速铁路从零开始，目前投入运营里程7055公里，其中既有线提速达到时速200~250公里的线路有2876公里，全国铁路日开行动车组1000多列，日发送旅客达到92.5万人次。今天，我国已经成为世界高铁运营里程最长速度最快的国家。中国高铁在从无到有的发展过程中，带给了人们一系列的速度震撼；用5年时间走完发达国家40年走过的路；394.3公里的"世界第一速"，比波音飞机起飞时的速度快了近100公里。高铁，正在改变着人们、改变着城市。

2. 城市轨道交通异军突起

随着城市人口迅速增长，特别是环境污染与能源危机等一系列问题的爆发，城市轨道交通系统所具备的运量大、速度快、污染轻、能耗少、建设成本低、安全性高等特点引起了世界各国广泛重视，纷纷采用立体化的快速轨道交通来解决日益恶化的城市交通问题，目前城市轨道交通技术应用在我国正处于快速发展阶段。截至2009年上半年，我国北京、上海、广州、南京、天津、重庆、武汉及深圳等城市轨道交通运背里程已达800多公里，全国正在建设的轨道交通共有20条线，总长为603公里。根据国家已批准的15个城市轨道交通网络规划，在近十年中还将建设1733公里；还有若干城市轨道交通网络规划正在报批过程中。这样的建设速度和力度，在世界上也是少有的。以日本东京为例，历史上最快的建设速度是每年建成9公里，而我国北京、上海、广州目前的建设速度已是它的3到4倍。特别是原来上海城市轨道交通的远景规划18条线构成的轨道网络，全长810公里（其中外环线内约400公里），但在2007年7月，又将原规划调高到18条线，总长为970公里。上海城轨交通规划完成后，届时它的客运量将占全部公共交通的60%左右。各种数据表明，中国已形成一个世界上规模最大、发展最快的轨道交通建设市场。

3. 新能源汽车后来居上

近10年来，我国已将新能源汽车作为未来发展的重中之重，并通过加大研发，加强示范等措施，促进新能源汽车快速发展。2001年我国启动了"863"计划电动汽车重大专项，涉及的电动汽车包括3类：纯电动、混合动力和燃料电池汽车，并以这3类电动汽车为"三纵"，又以多能源动力总成控制、驱动电机、动力蓄电池为"三横"，建立"三纵三横"的开发布局。基本跟上了全球的步伐，大体站在了世界同一"起跑线"。2004年，国家发改委发布的《汽车产业发展政策》要突出发展节能环保、可持续发展的汽车技术。从2005年开始，我国政府出台了优化汽车产业结构，促进发展清洁汽车、电动汽车政策措施，明确了2010年电动汽车保有量占汽车保有量的5%～10%；2030年电动汽车保有量占汽车保有量50%以上的发展目标。"十一五"以来，我国又提出"节能和新能源汽车"战略，政府高度关注新能源汽车的研发和产业化。2006～2007年，我国新能源汽车产业的发展取得了重大的进展，自主研制的纯电动、混合动力和燃料电池3类新能源汽车整车产品相继问世。2008年新能源汽车的销量大幅增长，其中乘用车销售899辆，而商用车的新能源车销售1536辆。2009年1月，财政部和科技部发出了《关于开展节能与新能源汽车示范推广试点工作的通知》，在全国13个城市开展节能与新能源汽车示范推广试点工作。2010年6月国家出台《私人购买新能源汽车试点财政补助资金管理暂行办法》。为新能源汽车的市场化发展提供了有力保障。通过10年的努力，我国新能源汽车研发能力由弱变强，形成了比较完整的产业布局。在2010年4月北京国际车展上共有95辆新能源汽车亮相，其中中国首发35辆。2010年上海世博会期间，有超过1000辆新能源汽车在世博场馆和周边运行。

四、与世界同步的CSS低碳技术

CCS（Carbon Capture and Storage）即二氧化碳捕集与封存。作为人类诸多"低碳"努力中的一项重大成果，CCS技术可以有效地减少来自大型发电厂、钢铁厂、化工厂等排放源所产生的二氧化碳排放量，因而引起了全球科学家、环保专家、政治家和企业家的关注。有科学家甚至认为，在所有减少温室气体排放的宏伟蓝图中，CCS 占有首要地位，将会引导人类进入低碳的新纪元。CCS 技术的雏形源自 20 世纪 70 年代美国的石油公司。起初，石油公司采用二氧化碳进行驱油，以提高石油采收率。1989 年，美国麻省理工学院开始了 CCS 这项研究。经过近 40 年的发展，CCS 技术逐渐发展成为在气候变化背景下控制温室气体排放的重要手段，现今得到科学界、政经界越来越多的重视和研究。CCS 的原理很简单，就是将大型发电厂、钢铁厂、化工厂等排放大户排出的二氧化碳收集起来，并用各种方法储存以避免其排放到大气中去。根据统计，CCS 技术可以使火力发电过程中的单位发电碳排放减少 85% ~90%。因此，在低碳经济的转型关头，CCS 就成了一个破解两难的突破口。

经过科学家的共同努力，目前 CCS 单元技术获得了重大突破。但 CCS 全流程技术集成和规模化的问题却必须通过建设和运行不同配置的商业规模 CCS 装置来解决。由于集成技术和系统项目示范经验的缺乏，大多数项目还处于规划研究阶段，按照澳大利亚全球 GCCSI 研究所的统计，目前世界上有 270 个 CCS 项目，其中有 70 个达到每年封存超过 100 万吨二氧化碳的商业级规模，但是真正在运行的商业化项目不超过 10 个，并且主要集中在油气生产领域。

我国对 CCS 技术研究起步较晚，但发展较快。目前，国内正在实施或即将开工的 CCS 示范工程项目有十个，部分环节已经形成了独立的技术力量，CCS 技术集成创新研发力量正在逐渐形成。有分析认为，国内 CCS 研发存量的全要素生产率（TFP）是逐年递增的，并且增速越来越快，这种进步主要来源于两方面：第一，国内外的资金支持；第二，国内研发创新的作用，并且国内研发创新的作用略大于国外 FDI 的作用。我国早期的 CCS 工程以国外合作示范项目为主，在 FDI 的支持下主要针对二氧化碳捕集技术进行示范性研究。如山东的烟台 IGCC 项目示范工程自从 1995 年启动以来，欧盟和日本陆续向中国投资了 8400 万美元，美国和世界环境基金会投资 1500 ~1800 万美元；中国与欧盟签署的合作项目 COACH，从 2006 年开始在中国计划实施 CCS 工程，获得了包括壳牌、BP、挪威国家石油公司等 12 家欧盟大型企业 160 万欧元的资金支持；日本——中国合作强化采油 CCS 项目，获得了日本经济贸易工业部（Ministry of Economy，Trade，and In - dustry，METI）200 亿 ~300 亿日元的资金支持。上述这些与国外合作的 CCS 项目从国外吸收了大量的国外直接投资（FDI)，对我国的 CCS 技术研究和示范起到了积极的促进作用。

随着我国本土研发力量的形成，对 CCS 的研究与示范逐渐从单元技术扩展到全流程技术集成。与欧盟合作的 COACH 项目中，中国方面有清华大学、浙江大学、热物理研究所、热电力研究所、地理地质研究所和华能集团等单位参与了该项目的策划和执行过程；NZEC 项目、日本——中国 EOR 项目和 SPF 项目等，中方参与了研发和项目的运作。国内第一个 IGCC 示范工程项目“绿色煤电计划”于 2005 年 12 月正式启动，它是由中国华能集团等 9 家大型国内公司共同投资组建，目的是研发和示范整体煤气化、氢生产和氢能发电、CO2 的捕集和封存系统。2008 年和 2009 年，中国华能集团在北京和上海的两个热电厂安装了二氧化碳捕集装置并且投产，捕集的二氧化碳主要用于食品（可乐）灌装。2010 年 10 月神华集团“二氧化碳捕获与封存（CCS）工业化示范项目”在鄂尔多斯开工建设。这是全国第一个，也是亚洲最大规模把二氧化碳封存在盐水层的全流程 CCS 项目。目前，这种技术只有少数国家有小规模的工业利用。这说明我国的 CCS 技术已经走在世界前列，如果神华集团的 CCS 工程顺利建成投产，那么就意味着中国将在这个领域内，跨越大半个世纪的技术积淀走到美国的前面。

参考文献

一、专著、文献资料汇编类

1. 《科学的中国》第1~4卷，中国科学化运动协会1933~1934年出版。

2. 《科学》，中国科学社1915~1938年出版。

3. 《科学通讯》，中华全国第一次科学会议筹备委员会，1949年第1期~1950年第10期。

4. 《科学普及通讯》，中央人民政府文化部科学普及局，1950年3月第1期~12月第10期。

5. 《科学普及工作》，中央人民政府文化部科学普及局，1951年1月~10月。

6. 《自然科学》，中华全国自然科学专门学会联合会，1951年第1卷第1~5期。

7. 《中华人民共和国三年来伟大成就》，人民出版社1953年版。

8. 龚育之著：《列宁、斯大林论科学技术工作》，中国科学院出版社1954年版。

9. 中国现代史资料编辑委员会翻印：《苏维埃中国》，1957年版。

10. 《科学普及工作》，中华全国科学技术普及协会，1957年5月创刊号~1958年第10期。

11. 中国科学院历史研究所第三所编：《陕甘宁边区参议会文献汇编》，北京科学出版社1958年版。

12. 《科学技术工作》（半月刊），中华人民共和国科学技术协会全国委员会，1958年第1~3期。

13. 《科学通报》，中国科学院，1950年第1卷第1期~1959年第20期。

14. 《科学大众》，科学大众社1950年~1965年版。

15. 《科学画报》，中国科学社 1950 年 ~ 1966 年版。

16. 《马克思恩格斯选集》，人民出版社 1972 年版。

17. 《列宁选集》，人民出版社 1972 年版。

18. 《爱因斯坦文集》，商务印书馆 1976 年版。

19. 《毛泽东文集》1 ~ 5 卷，人民出版社 1977 年版。

20. 《马克思恩格斯列宁斯大林论科学技术》编辑组：《马克思恩格斯列宁斯大林论科学技术》，人民出版社 1978 年版。

21. 张国辉：《洋务运动与中国近代企业发展》，中国社会科学出版社 1979 年版。

22. 马恩列斯编译局研究室：《五四期间期刊介绍》，三联书店 1979 年版。

23. 《斯大林选集》（下卷），人民出版社 1979 年版。

24. 《马克思恩格斯军事文集》第 1 卷，战士出版社 1981 年版。

25. 张水良：《执日战争时期中国解放区农业大生产运动》，福建人民出版社 1981 年版。

26. 《中央革命根据地史料选编》（下），江西人民出版社 1982 年版。

27. 《三中全会以来重要文献选编》（上、下），人民出版社 1982 年版。

28. 《知识分子问题文献选编》，人民出版社 1983 年版。

29. 《朱德选集》，人民出版社 1983 年版。

30. 中共中央马克思恩格斯列宁斯大林著作编译局马恩室：《马克思恩格斯著作在中国的传播》，人民出版社 1983 年版。

31. 武衡主编：《抗日战争时期解放区科学技术发展史资料》（第 1 ~ 7 辑），中国学术出版社。

32. 《晋察冀抗日根据地史料选编》（上册），河北人民出版社 1983 年版。

33. 方志敏、邵式平：《回忆闽浙赣皖苏区》，江西人民出版社 1983 年版。

34. 《毛泽东书信选集》，人民出版社 1983 年版。

35. 魏宏运：《抗日战争时期晋察冀边区财政经济史料选编》（第一篇总论），南开大学出版社 1984 年版。

36. 武衡主编：《东北区科学技术发展史资料（解放战争时期和建国初期）》（综合卷），中国学术出版社 1984 年版。

37. 《李大钊文集》（上册），人民出版社 1984 年版。

38. 《周恩来统一战线文选》，人民出版社 1984 年版。

39. 《周恩来选集》（上、下），人民出版社 1984 年版。

40. 《聂荣臻回忆录》（上、下），解放军出版社 1984 年版。

41. 《聂荣臻同志和科技工作》，光明日报出版社 1984 年版。

42. 《陈独秀文章选编（上册）》，三联书店1984年版。

43. 杨建新等：《五星红旗从这里升起——中国人民政治协商会议诞生纪事暨资料选编》，文史资料出版社1984年版。

44. 国家科委科技管理局：《科技体制改革的探索与实践》，湖南科学技术出版社1985年版。

45. 《严复集》(5)，中华书局1986年版。

46. 《川陕革命根据地历史文献选编》(上)，四川人民出版社1986年版。

47. 《延安自然科学院史料》，中共党史资料出版社、北京工学院出版社1986年版。

48. 《革命根据地经济史料选编》(下)，江西人民出版社1986年版。

49. 国家科委：《科学技术白皮书第1号》，科技文献出版社1986年版。

50. 太行革命根据地史总编委会：《太行革命根据地史稿（1937～1949)》，山西人民出版社1987年版。

51. 谭克绳、欧阳植梁主编：《鄂豫皖革命根据地斗争史简编》，解放军出版社1987年版。

52. 李泽厚：《中国现代思想史论》，东方出版社1987年版。

53. 《建设有中国特色社会主义》(增订本)，人民出版社1987年版。

54. 《十二大以来重要文献选编》，人民出版社1986年（上、中)、1988年（下)。

55. 《瞿秋白文集》第2卷，人民出版社1988年版。

56. 诸大建编著：《当代中国的科学技术事业》，当代中国出版社1989年版。

57. 何志平主编：《中国科学技术团体》，上海科学普及出版社1990年版。

58. 国家科委政策法规司编：《马克思、恩格斯、列宁、毛泽东、周恩来、邓小平论科学技术》，科学技术文献出版社1990年版。

59. 《陕甘宁边区抗日民主根据地（回忆录)》，中央党史资料出版社1990年版。

60. 国家统计局科技统计司：《中国科学技术四十年》，中国统计出版社1990年版。

61. 《中国科学技术团体》，上海科普出版社1990年版。

62. 薄一波：《若干重大决策与事件的回顾》(上、下)，中共中央党校出版社1991年版。

63. 吴光宗、戴桂康主编：《现代科学技术革命与当代社会》，北京航空航天大学出版社，1991年版。

64. 胡绳：《中国共产党的七十年》，中共党史出版社1991年版。

65. 武衡主编：《科技战线五十年》，科学技术文献出版社1992年版。

66. 中央党校出版社编辑部编：《论科学技术是第一生产力》，中共中央党校出版社1991年版。

67. 中国人民解放军总参谋部通信部编研室：《红军的耳目与神经——土地革命战争时期通讯兵忆录》，中共党史出版社1991年版，序言。

68. 《陈毅传》，当代中国出版社1991年版。

69. 中央教育科学研究所编：《老解放区教育资料（三）》（解放战争时期），教育科学出版社1991年版。

70. 中共中央党史研究室：《中国共产党历史大事记》，1991年版。

71. 《毛泽东选集》（第1~4卷），人民出版社1991年（第7、8卷）、1999年。

72. 《十三大以来主要文献选编》，人民出版社1991年（上、中）、1993年（下）。

73. 中共中央办公厅调研室：《党和国家领导人论科学技术工作》，科学出版社1992年版。

74. 陈建新著：《当代中国科学技术发展史》，当代中国出版社1992年版。

75. 潘琦主编：《邓小平科学技术思想研究》，广西科学技术出版社1992年版。

76. 陈卫平：《第一页与胚胎》，上海人民出版社1992年版。

77. 冷溶：《为了实现中华民族的雄心壮志——邓小平与中国现代化建设的三步发展战略目标》，中央文献出版社1992年版。

78. 梁清海等主编：《当代中国科学技术总览》，中国科技出版社1992年版。

79. 严博非编：《中国当代科学思潮（1949~1991）》，三联书店上海分店出版社1993年版。

80. 顾龙生：《毛泽东经济年谱》，中共中央党校出版社1993年版。

81. 沈玉春，江子章：《科技管理》，科学技术文献出版社1993年版。

82. 田禾著：《毛泽东思想与科技兴国》，重庆出版社1993年版。

83. 《陈独秀著作选》第2卷，上海人民出版社1993年版。

84. 《邓小平文选》第1卷、第2卷、第3卷，人民出版社1994年、1994年、1993年。

85. 《建国以来重要文献选编》（第1~20册），中央文献出版社。

86. 叶文虎：《创建可持续发展的新文明——理论的思考》，北京大学出版社1994年版。

87. 马来平著：《中国科技思想的创新》，山东科技出版社1995年版。

88. 中央文献研究室编：《新时期科学技术工作重要文献选编》，中央文献出版社1995年版。

89. 《中国科学技术团体》（增补），上海科普出版社1995年版。

90. 《周恩来外交文选》，人民出版社 1995 年版。

91. 《刘少奇年谱》（上、下），中央文献出版社 1996 年版。

92. 《中国科学报》，1997 年 8 月 29 日。

93. 《以知识为基础的经济》，机械工业出版社 1997 年版。

94. 王宏生著：《中华人民共和国科学与技术》，当代中国出版社 1997 年版。

95. 殷登祥等著：《当代中国科学技术和社会的发展》，湖北人民出版社 1997 年版。

96. 诸大建编著：《20 世纪科技革命与社会发展》，同济大学出版社 1997 年版。

97. 李万忍著：《邓小平科技思想研究》，人民出版社 1997 年版。

98. 林今柱等著：《科技革命与当代中国的命运》，中国纺织出版社 1997 年版。

99. 赵玉林等著：《科教兴国论》，湖北教育出版社 1998 年版。

100. 李京文著：《科技进步与中国现代化》，中国物资出版社版 1998 年版。

101. 李晴臻、安维复著：《科技生产力论》，山东大学出版社 1998 年版。

102. 岳庆平著：《中南海三代领导集体与共和国科教实录》（上、中、下），中国经济出版社 1993 年版。

103. 何亚平著：《现代科学技术革命与邓小平理论》，浙江人民出版社 1998 年版。

104. 杨德才等编著：《20 世纪中国科学技术史稿》，武汉大学出版社，1998 年版。

105. 赵旭东：《技术革命对国家的影响》，上海人民出版社 1998 年版。

106. 《建国以来毛泽东文稿》，中央文献出版社 1990 年（第 4 册）、1992 年（第 7 册）、1996 年（第 9、12 册）、1998 年（第 11 册）。

107. 《江泽民同志党的建设讲话选读》，中共山东省委组织部 1998 年版。

108. 《周恩来经济文选》，中央文献出版社 1998 年版。

109. 《十四大以来重要文献选编》，人民出版社 1996 年（上）、1997 年（中）、1999 年（下）。

110. 《毛泽东文集》第 6～8 卷，人民出版社 1999 年版。

111. 国家统计局国民经济综合统计司：《新中国五十年统计资料汇编》，中国统计出版社 1999 年版。

112. 国家科技部：《中国技术创新政策（1999.1～2000.9）》，科学技术文献出版社 2000 年。

113. 冷德熙主编：《我们这个世纪：20 世纪中国的现代化历程》，中国财政经济出版社，2001 年。

114. 林得宏主编：《现代科学技术概论》，南京大学出版社，2001 年。

115. 辛向阳：《世纪之梦——中国人对民主与科学的百年追求》，山东人民出版社

2001 年。

116.《马克思恩格斯全集》，人民出版社 1972 年（第 1 ~ 3、23 卷），1979 年（第 47 卷），1995 年（第 1、4、30、46 卷（下）），1998 年（第 31 卷），2001 年（第 44 卷）。

117.《十五大以来重要文献选编》，人民出版社 2000 年（上）、2001 年（中）。

118. 江泽民：《论科学技术》，中央文献出版社 2001 年版。

119. 王克修：《先进生产力论》，湖南人民出版社 2002 年版。

120. 崔禄春著：《建国以来中国共产党科技政策研究》，华夏出版社 2002 年版。

121. 许先春、林振义编：《江泽民科技思想研究》，浙江科技出版社 2002 年版。

122. 中国科普研究所：《中国科普报告 2002》，科学普及出版社 2002 年版。

123. 国家统计局、科学技术部：《中国科技统计年鉴 2002》，中国统计出版社 2002 年版。

124. 国家统计局：《中国统计年鉴 2003》，载《国际统计年鉴 2003》，中国统计出版社 2003 年版。

125. 沈谦芳著：《高举科学的旗帜——论江泽民的科技思想》，江西高校出版社 2003 年版。

126. 丁长青著：《科学技术学》，江苏科学技术出版社 2003 年版。

127. 龚育之著：《自然辩证法在中国》（新编增订本），北京大学出版社 2005 年版。

128. 曾敏著：《中国共产党科技思想研究》，四川人民出版社 2005 年版。

129.《江泽民文选》（第 1、2、3 卷），人民出版社 2006 年版。

130. 胡锦涛：《高举中国特色社会主义伟大旗帜为夺取全面建设小康社会新胜利而奋斗——在中国共产党第十七次全国代表大会上的报告》（2007 年 10 月 15 日），人民出版社 2007 年版。

131. 余谋昌：《当代社会与环境科学》，辽宁人民出版社 1986 年版。

132. 余谋昌：《文化新世纪》，东北林业大学出版社 1996 年版。

133. 陈文化：《腾飞之路——技术创新论》，湖南大学出版社 1999 年版。

134. 万俊人：《道德之维——现代经济伦理导论》，广东人民出版社 2000 年版。

余谋昌：《生态文化论》，河北教育出版社 2001 年版。

135. 何怀宏主编：《生态伦理——精神资源与哲学基础》，河北大学出版社 2002 年版。

136. 魏晓笛：《生态危机与对策》，济南出版社 2004 年版。

137. 沈国明：《21 世纪生态文明环境保护》，上海人民出版社 2005 年版。

138. 王学：《低碳经济——生态文明的必由之路》，经济日报出版社2010年版。

139. 中国人民大学气候变化与低碳经济研究所：《低碳经济——中国用行动告诉哥本哈根》，石油工业出版社2010年版。

140.《中共第十七次全国代表大会文件汇编》，人民出版社2007年版。

141.［德］李斯特：《政治经济学的国民体系》，商务印书观1961年版。

142.［法］卢梭：《论科学与艺术》，陈修斋译，商务印书馆1963年版。

143.［英］J. D. 贝尔纳著：《科学的功能》，陈体芳译，商务印书馆1982年版。

144.［苏］布哈林：《历史唯物主义理论》，人民出版社1983年版。

145. A·拉契科夫《科学学》，科学出版社1984年版。

146.［美］里查得·P·萨特米尔著：《科研与革命——中国科技政策与社会变革》袁南生等译，国防科技大学出版社1989年版。

147.［美］J·R·麦克法夸尔、费正清：《剑桥中华人民共和国科技史（1949～1965)》，中国社会科学出版社1990年8月版。

148.［美］J·R·麦克法夸尔、费正清：《剑桥中华人民共和国科技史（1962～1982)》，中国社会科学出版社1992年10月版。

149.［英］J·D·贝尔纳著：《科学的社会功能》，商务印书馆1995年版。

150.［美］吉尔博特·罗慈曼：《中国的现代化》，江苏人民出版社1998年版。

151. DePartment of Trade Industry . Energy Reviews Challenge：A White PaPer on Energy［R］. London：DTI，2006。

152. World Commission on Environment and Development：Our Common Future. Oxford：Oxford University Press，1987。

二、论文类

1. 邓辰西：《工业战先上的技术革新与技术革命运动新论语》，载《新论语》，1960年第6期。

2. 赵欲樵：《技术革新和技术革命群众运动的新阶段》，载《团结》，1960年第3期。

3. 史光：《早期的人民无线电广播事业》，载《中国科技史料》，1982年第3期。

4. 尹恭成：《近现代中国科学技术团体》，载《中国科技史料》，1985年第5期。

5. 龚育之：《一段历史公案和几点理论思考》，载《自然辩证法研究》，1991年第11期。

6. 杜蒲：《对“文革”前夕及“文革”时期党内“左”倾思潮的文化考察》，载

《毛泽东思想研究》，1992 年第 4 期。

7. 方学邦：《毛泽东在技术革命问题上的成功经验及其教训》，载《中国青年政治学院学报》，1993 年第 4 期。

8. 鼎增寿：《毛泽东同志的科技思想》，载《教育研究》，1993 年第 10 期。

9. 席庆义、沈林：《毛泽东与我国科技发展初探》，载《合肥工业大学学报》，1994 年第 1 期。

10. 陈福寿：《毛泽东技术革命思想的基本形成》，载《毛泽东思想研究》，1994 年第 1 期。

11. 杨忠泰：《论毛泽东的科学技术思想》，载《宝鸡文理学院学报》（哲学社会科学版），1994 年第 2 期。

12. 吴乃华编：《五四科学思想初探》，载《人文杂志》，1994 年第 3 期。

13. 王章维、卫金桂：《五四运动对中国自然科学发展的影响》，载《北京党史研究》，1994 年第 3 期。

14. 张青棋：《毛泽东科技思想初探》，载《安徽大学学报》（哲学社会科学版），1994 年第 4 期。

15. 陈福寿：《试论周恩来的科技思想》，载《毛泽东思想研究》，1994 年第 4 期。

16. 李德敏、胡多英：《论邓小平的科技体制改革思想》，载《广西社会科学》，1994 年第 5 期。

17. 唐菊英、唐连英：《浅论抗战时期毛泽东的科技思想》，载《科学技术与辩证法》，1994 年第 6 期。

18. 袁剑平：《邓小平科技思想的四个层次》，载《探索》，1995 年第 2 期。

19. 李云涛：《毛泽东的科技革命思想》，载《胜利论坛》，1995 年第 3 期。

20. 肖德：《论毛泽东技术引进思想及实践》，载《毛泽东思想研究》，1995 年。

21. 杨德才：《中国近百年科学技术史的分期及其划时代事件》，载《科学技术与辩证法》，1996 年第 5 期。

22. 颜振军、刘海波：《科技政策的兴起及研究现状》，载《科学学研究》，1997 年第 2 期。

23. 马佰莲：《新中国科技发展战略的三次转移》，载《南昌大学学报》（社会科学版），1997 年第 2 期。

24. 张青棋：《毛泽东的科技思想与邓小平的继承和发展》，载《学术界》，1997 年第 3 期。

25. 陈国庆：《新技术革命与党的工作重心转移》，载《韩山师范学院学报》，1998 年第 4 期。

26. 阎艳：《建构21世纪绿色科技思想》，载《道德与文明》，1999年第1期。

27. 杜桂娥：《关于"科学技术是第一生产力"理论探析》，载《辽宁师范大学学报》（社科版），1999年第1期。

28. 刘辉：《解放战争后期党的知识分子政策及其实践》，载《教学与研究》，1999年第2期。

29. 孙孝科：《毛泽东、邓小平科技思想之比较》，载《广东行政学院学报》，1999年第2期。

30. 胡茂桐：《从毛泽东的"教育革命"到邓小平的教育改革》，载《毛泽东思想研究》，1999年第2期。

31. 黄伟：《对毛泽东"技术加政治"思想观点的探讨》，载《当代中国史研究》，1999年第2期。

32. 周光召：《中国科学技术发展的回顾与展望》，载《学会月刊》，1999年第3期。

33. 张彦：《科学启蒙：一个百年的主题》，载《江苏社会科学》，1999年第3期。

34. 周晨虹：《矛盾改革创新——三代领导集体对社会主义发展动力的探索》，载《齐鲁学刊》，1999年第6期。

35. 吴焕新：《"科学技术是第一生产力"论断的理论与实践探源》，载《湖湘论坛》，1999年第6期。

36. 魏宏运：《抗战初期工厂内迁的剖析》，载《南开学报》，1999年第5期。

37. 韩士元：《农业自动化的内涵及评价，载《天津社会科学》，1999年5期。

38. 姚晓娜：《科学技术发展的伦理原则，载《科学技术与辩证法》，2000年第1期。

39. 胡江滨：《创业·发展·创新——中共三代领导人的科技思想简论》，载《中南财经大学学报》，2000年第4期。

40. 苏多杰：《建国以来党的科技发展战略及其启示》，载《攀登》，2001年第Z1期。

41. 王静：《五四时期知识分子群体对我国科技进步的贡献》，载《东疆学刊》，2001年第1期。

42. 张九庆：《中国科技发展的世纪回顾与展望》，载《中国科技信息》，2001年第1期。

43. 张明国：《中国共产党早期科学技术政策述评》，载《北京化工大学学报（社会科学版）》，2001年第2期。

44. 刘长林：《论陈独秀对科玄两派的批评》，载《同济大学学报》（社会科学版)，2001 年第 2 期。

45. 沈晓阳：《毛泽东关于技术革命的思想》，载《理论学习》，2001 年第 2 期。

46. 刘洪民编：《党的三代领导集体科技思想发展简析》，载《中国科技论坛》，2001 年第 4 期。

47. 梁海虹：《从马克思“生产力理论”看邓小平关于“科学技术是第一生产力”的思想》，载《西安航空技术高等专科学校学报》，2001 年第 4 期。

48. 朱长久编：《陈独秀的科学思想探析》，载《安徽史学》，2001 年第 4 期。

49. 周伟民、刘国华：《江泽民科技进步论思想论述》，载《科学学与科学技术管理》，2001 年第 4 期。

50. 杨春满：《论以毛泽东为核心的第一代中央领导集体的科技思想》，载《信阳师范学院学报》（哲学社会科学版），2001 年第 5 期。

51. 卜毅然：《论戊戌变法中的科技强国思想》，载《东北财经大学学报》，2001 年第 5 期。

52. 李悦：《中华年民族必以科技兴盛而崛起》，载《当代思潮》，2001 年第 5 期。

53. 俞睿：《论中国共产党主要领导的科技思想》，载《山西高等学校社会科学学报》，2001 年第 6 期。

54. 刘永兰、姜海英：《对毛泽东科技思想的历史考察》，载《山西高等学校社会科学学报》，2001 年第 10 期。

55. 汤洪高：《中国共产党科技创新 80 年的历史启示》，载《中国高等教育》，2001 年第 12 期。

56. 路甬祥：《中国共产党与中国科技事业的发展》，载《求是》，2001 年第 14 期。

57. 杨丽凡：《发展科技的指导思想：从延安时期到建国初期》，载《自然科学史研究》，2002 年第 1 期。

58. 鲍健强：《绿色科技的发展特点和理性思考》，载《广东工业大学学报》（社会科学版），2002 年第 2 期。

59. 厚宇德：《历史上阻碍中国科技发展因素之透视》，载《科学学研究》，2002 年第 3 期。

60. 王敏：《对科技伦理问题的思考——恐怖活动中高科技的阴影》，载《理论导刊》，2002 年第 6 期。

61. 朱长江：《对 20 世纪 50 年代技术革命运动的反思》，载《中国农业大学学报》（社会科学版），2002 年第 3 期。

62. 廖清胜：《试论江泽民对马克思主义科技思想的新发展》，载《科技与社会》，2002 年。

63. 宋庆贵：《论毛泽东技术思想的得失及特征》，载《哈尔滨工业大学学报》（社会科学版），2002 年第 4 期。

64. 王琼玉：《构建 21 世纪的科技伦理观》，载《广西社会科学》，2003 年第 4 期。

65. 谢咏梅：《中国 1978～1988 年国家技术观的演进路径》，载《哈尔滨工业大学学报》（社会科学版），2002 年第 4 期。

66. 牛君、搴向斌：《建国后前七年我国发展科技的理论与实践》，载《内蒙古民族大学学报》，2002 年第 5 期。

67. 蔡瑛：《试论抗战时期中国共产党的科技思想》，载《党史研究与教学》，2002 年第 5 期。

68. 赵小芒：《江泽民对马克思、邓小平科技思想的继承和发展》，载《理论学习》，2002 年第 6 期。

69. 路甬祥：《中国近现代科学的回顾与展望》，载《自然辩证法研究》，2002 年第 8 期。

70. 段治文：《试论二三十年代中国的科学团体与科学发展》，载《自然辩证法研究》，2002 年 8 月第 18 卷第 8 期。

71. 曾得高：《中国共产党人对马克思科技生产力观的创新发展》，载《生产力研究》，2003 年第 1 期。

72. 黄少成：《邓小平的科技思想新论》，载《辽宁工学院学报》（社会科学版），2003 年第 1 期。

73. 许广玉：《浅谈江泽民科技思想的主要内容》，载《山西高等学校社会科学学报》，2003 年第 3 期。

74. 皋艳、马梦诗：《略论三代领导人的科技思想》，载《南京医科大学学报》（社会科学版），2003 年第 4 期。

75. 柳鸣：《历史需要反思》，载《中国高新技术企业》，2003 年第 4 期。

76. 周青山：《第三代领导集体科技思想的创新与发展》，载《辽宁工程技术大学学报》（社会科学版），2003 年第 5 期。

77. 孙秀云、王为全：《马克思恩格斯论科技与人的全面发展》，载《内蒙古民族大学学报》（社会科学版），2003 年第 5 期。

78. 王超航：《浅析邓小平科教兴国战略思想》，载《辽宁行政学院学报》，2003 年第 6 期。

79. 郭重庆：《对中国科技发展滞后的思考》，载《权威论坛》，2003 年第 6 期。

80. 李运祥：《建国以来党的科技政策的沿革及伟大实践》，载《科技进步与对策》，2003 年第 7 期。

81. 常立农、陈彬：《论党的三代领导核心对科技思想的继承与发展关系》，载《学术探索》，2003 年 9 月。

82. 游和平：《毛泽东、邓小平、江泽民的科技思想探析》，载《安庆师范学院学报》（社会科学版），2003 年第 12 期。

83. 徐彬：《企业技术创新：远虑解近忧》，载《科学时报》，2003 年第 13 期。

84. 宾长初：《“五四”时期陈独秀科学观的内涵与价值》，载《许昌学院学报》，2004 年第 1 期。

85. 彭国兴：《陈独秀、胡适、蔡元培科技思想比较》，载《长安大学学报》（社会科学版），2004 年第 1 期。

86. 李文玲、刘伟洋、李昭：《近代“科学救国”思想及活动对中国社会的影响》，载《河北科技师范学院》（社会科学版），2004 年第 1 期。

87. 黄备荒：《论江泽民科技思想的主要特征》，载《周口师范学院学报》，2004 年第 1 期。

88. 王威孚、王智：《1956 ~ 1979：技术革命与文化革命思想的扬抑轨迹》，载《学术交流》，2004 年第 1 期。

89. 何增光：《中国近代科技落后的原因及启示》，载《技术经济》，2004 年第 2 期。

90. 赵琳琳：《论邓小平、江泽民的科技思想》，载《吉林师范大学学报》（人文社会科学版），2004 年第 2 期。

91. 张芳山、易绍林：《中共三代领导人社会主义社会发展动力论之比较分析》，载《南昌大学学报》（人社版），2004 年第 2 期。

92. 黎晓岚：《毛泽东科技思想评析》，载《玉林师范学院学报》（哲学社会科学），2004 年第 2 期。

93. 刘丽：《重视道德对科技发展的价值导向》，载《辽宁工学院学报》，2004 年第 2 期。

94. 杨吉兴：《毛泽东对马克思主义科学技术理论的贡献》，载《甘肃社会科学》，2004 年第 3 期。

95. 黄时进：《论功利主义科学观对可持续发展的影响》，载《科学技术与辩证法》，2004 年第 3 期。

96. 潘鋐：《毛泽东科技思想发展轨迹》，载《党史纵览》，2004 年第 3 期。

97. 宋玉忠：《建国前党的科教兴国战略思想萌芽探析》，载《陕西教育学院学报》，2004 年第 3 期。

98. 刘立：《邓小平科技思想与新时期中国共产党科技政策》，载《中国科技论坛》，2004 年第 4 期。

99. 郑巧英：《1978 年全国科学大会前后中国科技政策初探》，载《自然辩证法通讯》，2004 年第 4 期。

100. 金文玲：《中国近代科技滞后的原因解析》，载《晋阳学刊》，2004 年第 5 期。

101. 徐金城：《江泽民科技思想探析》，载《学海》，2004 年第 6 期。

102. 林辉：《论毛泽东的"技术革命"思想》，载《党史研究与教学》，2004 年第 6 期。

103. 柯育芳、张军：《1949～1994 年中国科学技术发展战略研究》，载《求索》，2004 年第 7 期。

104. 艾恪：《领导人谈高科技》，载《中国青年科技》，2004 年第 10 期。

105. 刘兆立：《邓小平科技思想的深刻内涵及时代意义》，载《科技情报开发与经济》，2004 年第 11 期。

106. 覃凤英：《试论邓小平科技思想的现实意义》，载《科技和产业》，2005 年第 1 期。

107. 孙国际：《开放引进与自主创新不可偏废》，载《发明与创新》，2005 年第 1 期。

108. 李纲要：《略论科学发展观的内涵和本质》，载《理论学习》，2005 年第 1 期。

109. 叶帆：《科技发展观指导下的新科技思想》，载《科学管理研究》，2005 年第 2 期。

110. 钱易：《科学发展观与科技伦理问题》，载《高等工程教育研究》，2005 年第 2 期。

111. 宋庆贵：《"大跃进"运动中的技术革命评析》，载《哈尔滨工业大学学报（社会科学版）》，2005 年第 3 期。

112. 冯洁：《党的三代领导核心之科技思想的继承与创新》，载《理论界》，2005 年第 3 期。

113. 李守可：《毛泽东"赶超"战略探析》，载《延安大学学报》（社会科学版），2005 年第 4 期。

114. 丁祖豪、范立：《科技发展与人的发展》，载《华北电力大学学报》（社会科学版），2005 年第 4 期。

115. 杨丽娟、陈凡：《科学、技术能混同立法吗？——对我国当代科技立法的思考》，载《科学学研究》，2005 年第 4 期。

116. 王耀东：《邓小平"科学技术是第一生产力"思想及其发展》，载《山西高等学校社会科学学报》，2005 年第 4 期。

117. 姚琦：《论邓小平科技思想对马克思主义的继承和发展》，载《经济与社会发展》，2005 年第 5 期。

118. 秦健：《中央三代领导集体核心对马克思科技思想的继承和发展》，载《学习论坛》，2005 年第 5 期。

119. 张怡：《新时期发展观的伦理思考》，载《广西社会科学》，2005 年第 6 期。

120. 李开文、刘霁堂：《科学发展观下的我国科技发展取向》，载《湖北社会科学》，2005 年第 6 期。

121. 蒙云龙：《刘少奇科技思想散论》，载《沿海企业与科技》，2005 年第 9 期。

122. 丁湘城、罗勤辉：《试论我国的技术引进与自主创新的关系》，载《科技与经济》，2006 年第 1 期。

123. 梅永红：《自主创新与国家利益》，载《中国软科学》，2006 年第 2 期。

124. 蒋慕东：《进化论在中国的传播历程及意义》，载《连云港师专学报》，2006 年第 2 期。

125. 曹慧、周俭初：《简述建国后我国科技体制发展历程》，载《科技与经济》，2006 年第 2 期。

126. 李天华：《毛泽东"技术革命"思想对建设创新型国家的指导意义》，载《毛泽东思想研究》，2006 年第 4 期。

127. 郭广、陈璋：《科技进步与人的全面发展》，载《金陵科技学院学报》（社会科学版），2006 年第 4 期。

128. 汤萱、王威孚、李明星：《科学技术可持续发展环境伦理观解读》，载《理论月刊》，2006 年第 6 期。

129. 贯智：《伦理观回归：现代科技发展的必然抉择》，载《法制与社会》，2006 年第 8 期。

130. 黄金汉：《对技术引进中自主创新的思考》，载《中国检验检疫》，2006 年第 10 期。

131. 路风：《理解"自主创新"》，载《软科学研究》，2006 年第 10 期。

132. 吴荣秀、刘保峰：《再谈邓小平尊重知识尊重人才思想》，载《求实》，2006 年第 S1 期。

133. 张雁、严恺：《中国近代科技落后的原因与未来科学技术发展展望》，载《世界科技研究与发展》，2002 年第 2 期。

134. 薛建明：《历史与现实视野中的科技创新》，载《理论学刊》，2006 年第 10 期。

135. 王志强：《中国共产党的科技政策思想（1949～1956）》，北京大学（博士论文），1999 年。

136. 王守权：《科技革命与中国现代化》，中国社会科学院（博士论文），2002 年。

137. 段治文：《当代中国的科学文化变革》，浙江大学（博士论文），2004 年。

138. 徐志宏：《马克思科学观初探》，复旦大学（博士论文），2004 年。

139. 王莹：《欧洲低碳经济发展模式对中国的启示》，东北财经大学（博士论文），2010 年。

140. 高宏星：《低碳社会的哲学思考》，中共中央党校（博士论文），2011 年。

141. 田苗：《城市低碳经济发展的矛盾分析》，河北大学（博士论文），2011 年。

142. 付允、汪云林、李丁：《低碳城市的发展路径研究》，《科学对社会的影响》2008 年第 2 期。

143. 夏堃堡：《发展低碳经济，实现城市可持续发展》，载《环境保护》，2008 年第 3 期。

144. 张玉卓：《从高碳能源到低碳能源——煤炭清洁转化的前景》，载《中国能源》，2008 年第 4 期。

145. 李建建、马晓飞：《中国步入低碳经济时代——探索中国特色的低碳之路》，载《广东社会科学》，2009 年第 6 期。

146. 王仕军：《低碳经济研究综述》，载《开放导报》，2009 年第 5 期。

147. 郭印、王敏杰：《国际低碳经济发展经验及对中国的启示》，载《改革与战略》，2009 年第 10 期。

后　记

从历史的角度来看，经历技术能力上升中的国家，往往也伴随着其国际地位与国际影响力的不断提高；相反，那些失去了科技领先地位的大国，国际影响力最终也会逐渐下降。正如马克·扎切瑞·泰勒（Mark Zachary Talor）所指出的，“科技的更新对国际关系产生了重要的影响，首先，国家的技术能力影响了国家的经济增长、工业实力以及军事威力，因此，国家之间的技术能力差别就会影响到国家之间的权力均衡，并且决定了国家对战争与联盟形成的估算；其次，技术能力影响了一个国家的进出口情况，从而决定了该国的贸易状况；第三，由技术变革所推动的经济增长也会吸引外来投资，国家的技术能力还会影响国际金融的流动。”因此，一个国家的科技实力，在当今社会，直接决定着该国的国际地位。

一般而言，一国领导人或执政党对科学技术及其与现代化关系的认识愈深刻、把握愈准确，则该国现代化战略的制定和实施就能够契合科技革命的时代潮流。因此，以中国共产党成立以来九十多年的发展历程为研究时段，以党和国家领导人的科技思想演进发展为主线，以党带领全国人民发展科学技术事业的实践为依托；重点探讨某些重大决策出台的历史背景、现实原因、指导思想、主要政策措施和实施效果，以及对我国未来科技事业发展的方向和趋势。这将有利于推动我国科技事业的不断进步，有利于实现我国经济模式的转变和低碳社会的构建，从而实现中国现代化三步走战略。

此书出版得到了淮阴工学院社会学重点建设学科建设资金的资助。在此，表示衷心的感谢！由于水平有限和时间仓促，文中难免存在诸多疏漏和不足之处，祈盼读者批评指正。

作　者